Praktische Betriebslehre

Von Dipl.-Ing. Heinz Tschätsch
Professor an der Fachhochschule Konstanz

Mit 84 Bildern, 48 Beispielen und 58 Tabellen

B. G. Teubner Stuttgart 1983

CIP-Kurztitelaufnahme der Deutschen Bibliothek

Tschätsch, Heinz:
Praktische Betriebslehre / von Heinz Tschätsch. –
Stuttgart : Teubner, 1983.

ISBN 978-3-519-06304-9   ISBN 978-3-663-01470-6 (eBook)

DOI 10.1007/978-3-663-01470-6

Satz: Elsner & Behrens GmbH, Oftersheim

Umschlaggestaltung: W. Koch, Sindelfingen

Vorwort

Die industrielle Fertigung hat sich in den letzten Jahrzehnten durch die Anwendung und Einführung neuer Technologien, durch neue wissenschaftliche Erkenntnisse in den Fertigungsmethoden und durch die Einführung moderner vollautomatischer Betriebsmittel in ihrer Gesamtstruktur verändert.

Deshalb ist es heute von besonderer Bedeutung, daß der Ingenieur im Industriebetrieb nicht nur technische Kenntnisse besitzt, sondern das Gesamtgeschehen im Betrieb überschauen kann. Nur wenn der Ingenieur auch über Organisationsformen im Betrieb, vor allem aber über Fertigungsverfahren und Kostenfragen informiert ist, wird seine schöpferische Arbeit zu Produkten führen, die wirtschaftlich hergestellt werden können und damit auf dem Markt wettbewerbsfähig sind.

Das Buch soll dazu beitragen, solche Kenntnisse auf dem Gebiet der Fertigungsvorbereitung, der Betriebsorganisation und der Kostenrechnung zu vermitteln.

Die Darstellung der behandelten Themen wurde bewußt einfach gehalten, damit sie dem Titel „Praktische Betriebslehre" gerecht wird. Deshalb kann das Buch sowohl für Einführungsvorlesungen an Fachhochschulen als auch an Fachschulen und Berufsfortbildungslehrgängen eingesetzt werden.

Für den Praktiker soll das Buch ein Nachschlagewerk sein, in dem er sich schnell orientieren kann.

Konstanz, Mai 1983 H. Tschätsch

Hinweise auf DIN-Normen in diesem Werk entsprechen dem Stand der Normung bei Abschluß des Manuskriptes. Maßgebend sind die jeweils neuesten Ausgaben der Normblätter des DIN Deutsches Institut für Normung e. V. im Format A 4, die durch die Beuth-Verlag GmbH, Berlin und Köln, zu beziehen sind. − Sinngemäß gilt das gleiche für alle in diesem Buche angezogenen amtlichen Richtlinien, Bestimmungen, Verordnungen usw.

Inhalt

1 Betriebsstrukturen

Jeder Industriebetrieb muß als Grundlage für eine erfolgreiche Zusammenarbeit aller Betriebsangehörigen sowie zur Erreichung seiner technischen und wirtschaftlichen Ziele abteilungsmäßig gegliedert werden. Die Aufgabenbereiche aller Abteilungen und deren Unterabteilungen müssen im Rahmen des Zusammenwirkens des Ganzen klar festgelegt sein. Unterstellungs- und Weisungsbefugnisse sind genau zu umreißen, um ein reibungsloses Funktionieren des Betriebes zu gewährleisten.

Jeder Betriebsangehörige — Angestellte wie Arbeiter — muß seinen Aufgabenbereich genau kennen. Jeder muß wissen, wer sein Vorgesetzter ist und zu welchen Mitarbeitern er selbst Weisungsbefugnis hat.

Deshalb braucht der Industriebetrieb eine bestimmte Organisationsform, in der die Kompetenzen der Mitarbeiter eindeutig festgelegt sind. Wie man die Struktur eines Betriebes aufbaut, hängt von den Besonderheiten des Unternehmens ab.

Den Plan, der die funktionellen Zusammenhänge zeigt, bezeichnet man als Strukturplan. Dabei unterscheidet man drei Systeme:

— Funktionssystem,

— Liniensystem,

— Stabliniensystem.

Außer diesen drei grundsätzlichen Betriebsstrukturen gibt es noch Mischformen davon.

Jeder Betrieb muß in der Wahl der Organisationsform auf seine Verhältnisse (Eigenart der Produktion, örtliche Verhältnisse, Art und Qualifikation der Arbeitskräfte) abgestimmt sein.

1.1 Funktionssystem

Im Funktionssystem sind fachliche Weisungszuständigkeit und personelle Unterstellung getrennt.

Fachspezialisten (Bild 1) leiten rein fachlich einzelne Betriebsbereiche und haben das Weisungsrecht

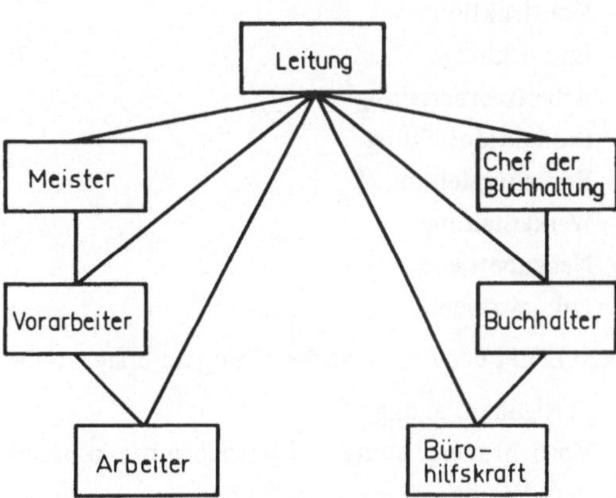

Bild 1 Funktionssystem

in ihrem jeweiligem Fachgebiet. Die gleichen Mitarbeiter, die fachlich einem bestimmten Fachexperten unterstellt sind, sind personell einem anderen Weisungsberechtigten unterstellt.

V o r t e i l e   d e s   S y s t e m s : Alle Abteilungen und deren Mitarbeiter erhalten von fachlich am besten geeigneten Spezialisten ihre Anweisung.

N a c h t e i l e   d e s   S y s t e m s : Weil die gleichen Mitarbeiter von zwei oder mehr als zwei verschiedenen Stellen ihre Weisung erhalten, kommt es oft zu Überschneidungen der Anordnungen. Dadurch entstehen Mißverständnisse, die die Zusammenarbeit und den Betriebsfrieden stören.

A n w e n d u n g : Dieses veraltete System findet man in der Gegenwart überwiegend noch in staatlichen Verwaltungen, Schulen und Kleinbetrieben.

1.2 Liniensystem

Im Liniensystem sind fachliche und personelle Weisungsberechtigung in einer Hand. Durch Linien (Leitlinien) werden bei diesem System

— die Weisungsbefugnisse
— die Abteilungszugehörigkeit
— und die Unterstellung (wer ist wem unterstellt)

klar und eindeutig abgegrenzt.

Ein Beispiel einer Gliederung nach dem Liniensystem zeigt der Strukturplan nach Bild 2.

Die Leiter des kaufmännischen Bereichs und des technischen Bereichs sowie die Leiter der Personal-, der Rechts- und der Planungsabteilung sind der Geschäftsleitung direkt unterstellt, desgl. die Abteilung Prüfwesen bzw. Kontrolle (Stabsstelle).

Diese direkte Unterstellung ist notwendig, damit der Kontrollchef gegenüber dem für die Produktion verantwortlichen technischen Leiter in seiner Entscheidung frei ist. Der Kontrollchef ist dem technischen Leiter nur in Fragen der technischen Ausrüstung mit Meßmitteln, der Meßmethoden und der personellen Besetzung unterstellt.

Zum Bereich der technischen Leitung gehören die Abteilungen:

— Konstruktion
— Entwicklung
— Arbeitsvorbereitung
— Produktionsleitung
— Fertigungsleitung
— Werkerhaltung
— Nebenbetriebe
— Laboratorien

Dem Leiter der Arbeitsvorbereitung unterstehen die Abteilungen:

— Fertigungsplanung
— Vorrichtungsplanung und Betriebsmittelkonstruktion
— Zeitplanung

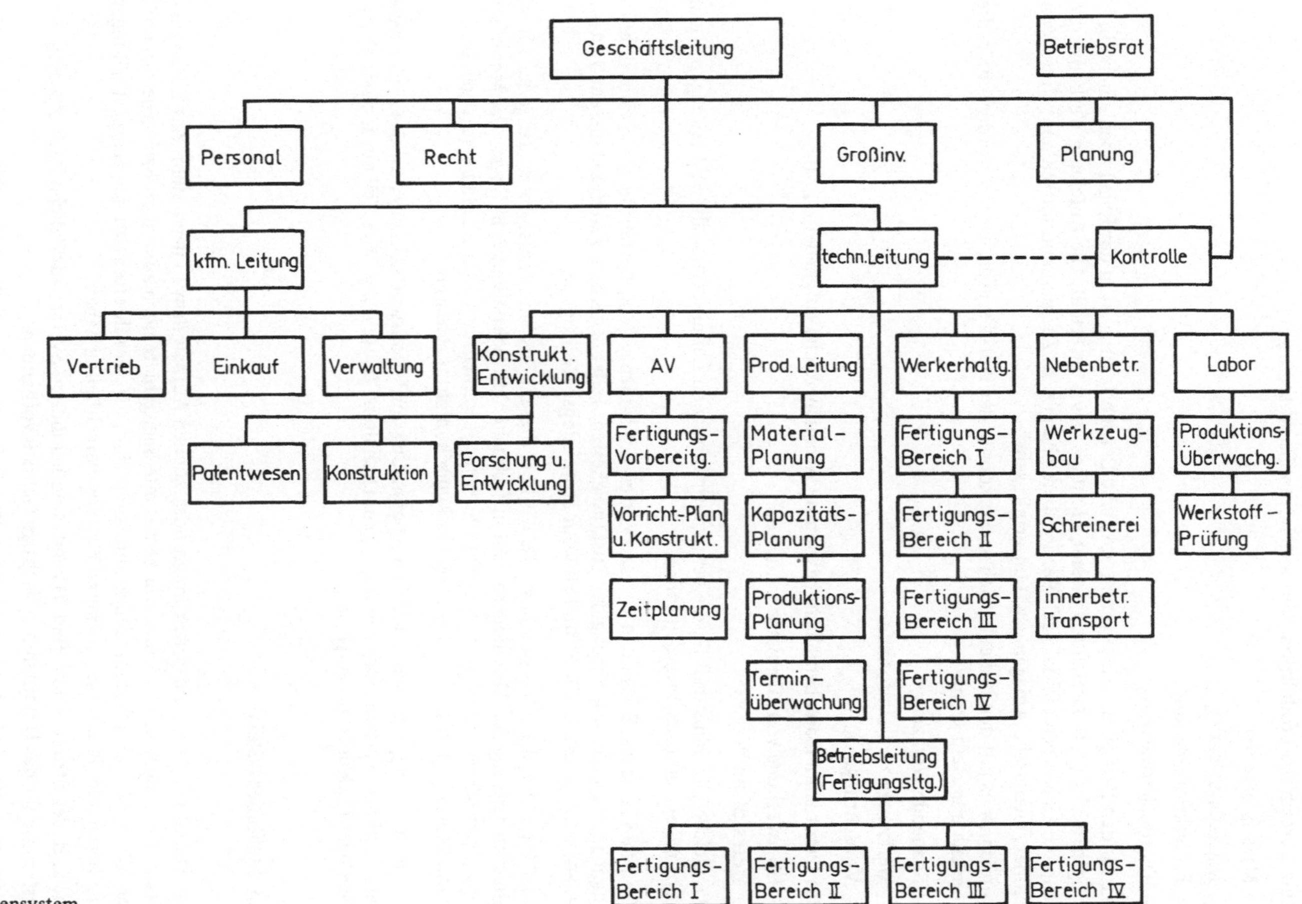

Bild 2 Liniensystem

Zum Bereich der Produktionsleitung gehören die Abteilungen:

— Materialplanung

— Kapazitätsplanung

— Produktionsplanung

— Terminüberwachung

Die für den Fertigungsablauf verantwortliche Betriebsleitung ist in der Regel noch einmal in Fertigungsbereiche (z. B. Dreherei, Fräserei, Montage usw.) unterteilt. Die Abteilung Werkerhaltung kann ebenfalls noch einmal nach Betriebsbereichen (z. B. Zerspannungsmaschinen, Umformmaschinen, chemische Anlagen usw.) unterteilt sein.

Ähnlich ist es mit den Nebenbetrieben. So könnte der Werkzeugbau, wenn erforderlich, in drei Bereiche unterteilt werden:

— Spanende Werkzeuge

— Werkzeuge zum Umformen

— Vorrichtungsbau

Das Labor kann man ebenfalls in bestimmte Arbeitsbereiche aufgliedern. Z. B.

— Überwachung von chemischen Anlagen

— Werkstoffprüfung

Das gleiche gilt sinngemäß für die dem kaufmännischen Leiter unterstellten Abteilungen, die hier nicht näher untersucht werden sollen.

V o r t e i l e   d e s   S y s t e m s : Der Vorteil des Liniensystems besteht in der klaren, durch Leitlinien angezeigten Abgrenzung der Zuständigkeiten. Jeder Mitarbeiter weiß bei diesem System genau, wem er unterstellt ist und zu wem er weisungsberechtigt ist.

N a c h t e i l e   d e s   S y s t e m s : Es wird bei diesem System vorausgesetzt, daß jeder Abteilungsleiter zur Leitung der Abteilung sowohl in fachlicher Hinsicht als auch in Fragen der Menschenführung gleichermaßen geeignet ist. Dies ist aber nicht immer der Fall, weil ein hervorragender Fachmann keineswegs auch zugleich ein guter Menschenführer sein muß.

A n w e n d u n g : Wegen der klaren Abgrenzung der Verantwortlichkeiten ist das Liniensystem dem Funktionssystem eindeutig überlegen. Deshalb ist heute der größte Teil der Industriebetriebe nach dem Liniensystem aufgebaut.

1.3 Stabliniensystem

Das Stabliniensystem entspricht im grundsätzlichen Aufbau dem Liniensystem. Zur Beratung der Geschäftleitung sind hier jedoch für bestimmte Sachgebiete noch zusätzlich Fachexperten vorhanden, die der Geschäftleitung direkt unterstellt sind, die aber ihrerseits zu den Hauptabteilungen nur eine beratende Funktion, aber keine Weisungsberechtigung haben.

Wie z. B. der Strukturplan (Bild 3) zeigt, sind bei diesem System zusätzliche Fachexperten für bestimmte für das Unternehmen wichtige Gebiete vorhanden.

In der optischen Industrie könnte das z. B. ein Physiker, der als Wissenschaftler spezifische Kenntnisse auf dem Gebiet der Optik hat, sein. Er kann, weil er vom Produktionsgeschehen unabhängig ist, für die Geschäftsleitung neutrale Gutachten erarbeiten und ihr damit die Einführung eines neuentwickelten Gerätes empfehlen oder auch von einer Einführung abraten.

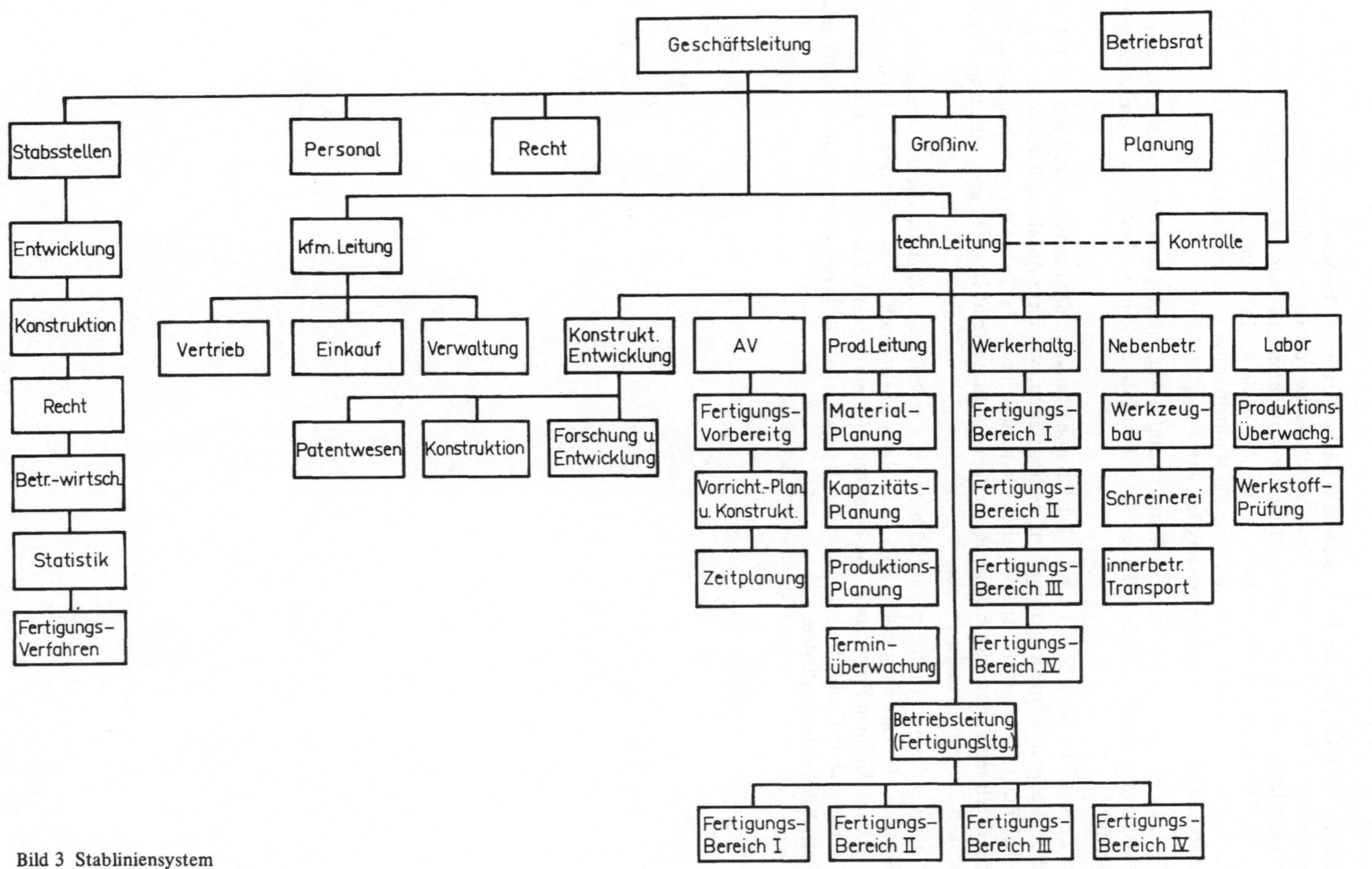

Bild 3 Stabliniensystem

Solche Fachexperten, die für verschiedene Sachgebiete (z. B. Forschung und Entwicklung, Fertigungsfragen, Personalfragen) eingesetzt werden, sollen der Geschäftsleitung bei wichtigen Entscheidungen helfen bzw. durch ihre unabhängigen Gutachten eine Entscheidung möglich machen. Derartige Entscheidungshilfen sind z. B. notwendig, wenn die Fertigung eines neuen Gerätes große Investitionen erfordert. Es wäre vorher die Marktsituation zu prüfen, um sicherzustellen, daß für diese Geräte eine echte Absatzchance besteht.

V o r t e i l e d e s S y s t e m s : Klare eindeutige Abgrenzung der Zuständigkeiten in den Hauptabteilungen. Durch zusätzliche Experten wird die Entscheidungssicherheit der Geschäftleitung erhöht.

N a c h t e i l e d e s S y s t e m s : Die Beratungsfunktion der Fachexperten kann bei den zuständigen Hauptabteilungsleitern zur Verärgerung führen, weil diese Abteilungsleiter in der Beratung einen Eingriff in ihr Arbeitsgebiet sehen. So wird sich z. B. der Leiter der Abteilung Konstruktion, der durch seine jahrelange Erfahrung mit allen Details vertraut ist, nicht gern von einem Berater in seine Belange hineinreden lassen.

A n w e n d u n g : In Industriebetrieben, deren Produktion diffizil ist und immer dem neuesten Stand der Technik entsprechen muß (z. B. Raumfahrttechnik), oder in Betrieben, bei denen andere Faktoren für ihren Fortbestand von besonderer Bedeutung sind. Zunehmend setzt man solche Berater auch in Großbetrieben ein, in denen diese Experten übergeordnete Richtlinien für ganze Betriebsbereiche erarbeiten.

2 Aufgaben der technischen Abteilungen

In diesem Abschnitt sollen nur die für den Ingenieur besonders wichtigen technischen Abteilungen beschrieben werden (Zusammenfassung s. Tabelle 1).

An der Spitze der technischen Abteilungen steht der technische Leiter. Er ist verantwortlich für den gesamten technischen Bereich, sowohl für die Produktion selbst, als auch für die Konstruktion und Entwicklung und die Planung der Fertigung. Er ist aber auch verantwortlich für den Einsatz der Mitarbeiter im technischen Bereich. Darüber hinaus ist er verantwortlich für die Sicherheit im Betrieb. Dazu gehört nicht nur die Sicherheit der Betriebsmittel, sondern vor allem auch die Schutzmaßnahmen, die zur Sicherheit der im Betrieb tätigen Menschen dienen.

Wegen der umfangreichen Aufgabengebiete und der hohen Verantwortung, die der technische Leiter zu tragen hat, setzt die Stellung des technischen Leiters folgende Qualifikation voraus:

— Abgeschlossene Ausbildung als Dipl.-Ing. oder Dipl.-Ing. (FH)

— Wenigstens 10 Jahre Berufserfahrung in gleichen oder ähnlichen Branchen (in der Fertigung, der Fertigungsplanung, der Kalkulation und der Konstruktion)

— Besondere Fähigkeiten zur Menschenführung

— Organisatorische Fähigkeiten

— Lebensalter nicht unter 35 Jahren

2.1 Arbeitsvorbereitung

In der Arbeitsvorbereitung werden die Arbeitsaufträge bis zur Fertigungsreife vorbereitet. Weil diese Arbeit sehr umfangreich ist, verteilt man sie auf drei Unterabteilungen, in denen jeweils Fachspezialisten für die dort auszuführenden Arbeiten sitzen.

2.1.1 Fertigungsvorbereitung

In der Fertigungsvorbereitung wird festgelegt, wie die zu fertigenden Teile, von denen in der Arbeitsvorbereitung Zeichnungen oder Muster vorliegen, am wirtschaftlichsten hergestellt werden können. Es werden dort im einzelnen festgelegt:

— Arbeitsverfahren

— Arbeitsfolge

— zu verwendende Werkzeugmaschinen

Bei der Wahl der Arbeitsverfahren wird entschieden, ob das Werkstück spangebend (Drehen, Bohren, Fräsen usw.) oder spanlos (Stauchen, Fließpressen, Prägen usw.) erzeugt werden soll.

Wenn die Arbeitsverfahren ausgewählt sind, werden die technologischen Bedingungen und die sich daraus ergebenden Kräfte und Antriebsleistungen zu jedem Arbeitsverfahren ermittelt. Bei den spangebenden Arbeitsverfahren sind das:

— Schnittgeschwindigkeit

— Vorschub

— Schnittiefe

— Wahl des Werkzeugwerkstoffes

— Wahl der Werkzeugart und Form

— Berechnung der Schnittkräfte

— Berechnung der Maschinenantriebsleistung

Bei den spanlosen Arbeitsverfahren sind das:

— Verformungsgeschwindigkeit

— Umformkräfte

— zur Umformung erforderliche Arbeit

— Art der Glühung (z. B. Weichglühen mit den dazu notwendigen Temperaturen und Haltezeiten)

— Oberflächenbehandlung der Werkstücke vor der Umformung (z. B. Beizen, Bondern, Beseifen)

Wenn die technologischen Daten festliegen, dann wird die Arbeitsfolge geplant. Darin wird ausgesagt, in welcher Reihenfolge die gewählten Arbeitsverfahren eingesetzt werden, z. B. Sägen, Drehen, Bohren usw.

Nun kann man zur Ausführung der einzelnen Arbeitsoperationen die dafür erforderlichen Werkzeugmaschinen wählen. Hier reicht es aber nicht, wenn man nur die Maschinenart, z. B. Spitzendrehmaschine, angibt. Die einzusetzende Maschine ergibt sich aus der Abmessung des Werkstückes und den festgelegten technischen Daten.

Alle Daten, die in dieser Planungsarbeit in der Fertigungsvorbereitung zur Herstellung eines bestimmten Werkstückes zusammengetragen wurden, werden nun in den Fertigungsplan (s. Kapitel 6) übertragen. Dieser Plan enthält alle Daten in komprimierter und zugleich übersichtlicher Form.

2.1.2 Zeitstudienabteilung

Die Zeitstudienabteilung ermittelt nun zu den gewählten Arbeitsverfahren mit den vorgegebenen Arbeitsbedingungen die erforderlichen Fertigungszeiten (s. dazu Kapitel 4). Aus den Fertigungszeiten können dann die Fertigungskosten bestimmt werden.

2.1.3 Betriebsmittelkonstruktion

Unter Betriebsmitteln versteht man Werkzeuge und Vorrichtungen, die als Hilfsmittel um ein bestimmtes Arbeitsverfahren ausführen zu können notwendig sind.

Wenn z. B. ein Werkstück durch Stanzen hergestellt werden soll, dann ist dazu ein Stanzwerkzeug erforderlich. In der Betriebsmittelkonstruktion ist in diesem Fall das Stanzwerkzeug zu konstruieren. In einem anderen Fall ist vielleicht die Konstruktion für eine Bohrvorrichtung zu erstellen, um bestimmte Werkstücke wirtschaftlich bohren zu können.

In der Betriebsmittelkonstruktion werden also alle Hilfsmittel konstruiert, die man zur Fertigung benötigt und die man nicht als Normteile kaufen kann.

Wegen der sachlichen Verknüpfung zwischen Fertigungsvorbereitung und Betriebsmittelkonstruktion ist diese Abteilung in der Regel der Arbeitsvorbereitung unterstellt.

In Großbetrieben kann die Betriebsmittelkonstruktion auch eine eigenständige Abteilung sein.

2.2 Produktionsleitung

Die Produktionsleitung mit dem Produktionsleiter an der Spitze ist für den zeitlichen Ablauf, d. h. für die terminliche Disposition der Produktion verantwortlich. Sie soll die Produktion so lenken, daß die gewünschten Produktionsstückzahlen zum richtigen Zeitpunkt erreicht werden. Die Produktionsleitung unterteilt sich in vier Bereiche.

2.2.1 Materialplanung

In dieser Abteilung wird für die vorliegenden Aufträge das Material disponiert. Die terminliche Disposition ergibt sich aus den von der Verkaufsabteilung den Kunden zugesicherten Lieferterminen. Die erforderlichen Materialmengen und die Rohlingsabmessungen entnimmt der Materialplaner dem Fertigungsplan. Zusätzliche Qualitätsforderungen, z. B. Gefügezustand oder Mindestzugfestigkeiten, erhält er vom Labor.

2.2.2 Kapazitätsplanung

In dieser Abteilung wird geprüft, ob die Kapazität der Produktionsmittel für die Durchführung der geplanten Aufträge ausreicht.

Aus sogenannten Maschinenbelegungsplänen kann der Planer erkennen, ob ein bestimmter Auftrag auf einer bestimmten Maschine zu einem festgelegten Zeitpunkt noch ausgeführt werden kann; d. h. er prüft, ob für diesen Auftrag zu dem gewünschten Zeitraum noch eine Maschine frei ist.

2.2.3 Produktionsplanung

In dieser Abteilung wird der Durchlauf bzw. die Durchlaufzeit eines Fertigungsloses geplant. Dabei wird festgelegt, an welchem Tag das Los in die Produktion geht, wann es auf welcher Maschine bearbeitet wird und wann es den Betrieb im fertigbearbeiteten Zustand verlassen muß.

Unter Fertigungslos oder Fertigungslosgröße versteht man die Menge an Teilen (s. Kapitel 8), die geschlossen durch die Fertigung läuft. An Plantafeln kann der Planer in dieser Abteilung genau ersehen, wann und wo welches Los in der Produktion sein muß.

2.2.4 Terminüberwachung

Diese Abteilung hat die Aufgabe, die in der Produktionsplanung disponierten Termine im Betrieb zu überwachen. Sie prüft in den einzelnen Fertigungsbereichen, ob die geplanten Produktionszahlen in der Fertigung nun auch tatsächlich hergestellt wurden.

Gibt es Abweichungen, dann muß die Produktionsleitung mit der Betriebsleitung sprechen und durch geeignete Maßnahmen die entstandene Lücke schließen. Durch eine gute Produktionsüberwachung werden Schwachstellen im Betrieb sichtbar, die dann von den zuständigen Abteilungen beseitigt werden können.

Tabelle 1 Zusammenfassung der wichtigsten Aufgaben der technischen Abteilungen

Abteilung	Unterabteilung	Aufgaben
Arbeits- vorbereitung	Fertigungsvorbereitung	Festlegung von: Arbeitsverfahren Arbeitsfolge Werkzeugen technologischen Werten (v, a, s) Werkzeugmaschinen Berechnung von Schnittkräften und Antriebs- leistungen
	Zeitstudienabteilung	Gestaltung der Arbeitsplätze Festlegung der Arbeitszeiten
	Betriebsmittel- konstruktion	Konstruktion von Werkzeugen und Vorrich- tungen für die Fertigung
Produktions- leitung	Materialplanung	Planung der Materialmenge und deren Bereitstellungstermin
	Kapazitätsplanung	Überprüfung der Kapazität der für einen bestimmten Auftrag erforderlichen Produk- tionsmittel (Überprüfung der Kapazität mit Maschinenbelegungsplan)
	Produktionsdurchlauf- und Terminplanung (Produktionsplanung)	Durchlaufplanung der zum Auftrag gehörenden Fertigungslose Festlegung der Zeiten, wann welches Los an welcher Maschine sein muß Produktionsbeginn und Ende
	Terminüberwachung	Überwachung der von der Produktionsplanung festgelegten Termine Rückmeldesystem: Fertigungsbereiche melden an Terminabteilung die gefertigten Stückzahlen Terminabteilung vergleicht Ist- mit Sollzahlen
Betriebsleitung	Fertigungsbereiche, z. B. Dreherei Fräserei Montage usw.	Verantwortlich für die Durchführung der Produktion Sie sorgt dafür, daß die von der Produktion festgelegten Stückzahlen nach den Angaben der Arbeitsvorbereitung termingemäß gefertigt werden
Prüfwesen	Wareneingangskontrolle	Maßliche und mengenmäßige Prüfung der einge- henden Fertigungswerkstoffe und Zubehörteile
	Fertigungskontrolle (fliegende Kontrolle)	Verhinderung von Ausschuß an der Fertigungsmaschine Durch laufende Stichprobenprüfungen (mehrmals pro Schicht) soll am Entstehungsort Ausschuß rechtzeitig erkannt und damit weitest- gehend vermieden werden
	Endkontrolle	Prüft die fertigen Erzeugnisse und entscheidet über Ausschuß und Nacharbeit

Tabelle 1 Fortsetzung

Laboratorium	Wareneingangsprüfung	Prüfung des Fertigungsmaterials in bezug auf chemische Zusammensetzung, mechanische Eigenschaften (Zugfestigkeit, Dehnung, Verformbarkeit), Gefügezustand
	Betriebsüberwachung	Überwachung von chemischen und thermischen Anlagen chemische Bäder: Beiz- Bonder- } Bäder Eloxal- Ofenanlagen: Temperaturen und Haltezeiten
		Überwachung der in der Fertigung befindlichen Halbzeuge auf Glühzustand, Gefüge, Festigkeit usw.
Werkzeugbau	Werkzeuge für die spanlose Formgebung Werkzeuge für die spangebende Formung Vorrichtungen	Herstellung der für die Fertigung erforderlichen Werkzeuge und Vorrichtungen nach Angaben der Arbeitsvorbereitung, Zeichnungen der Betriebsmittelkonstruktion und Terminvorgaben der Produktionsleitung
Werkerhaltung	Betriebsbereiche, z. B. Dreherei Fräserei Presserei usw.	Verantwortlich für die Betriebsfähigkeit aller Produktionsanlagen
Konstruktion und Entwicklung	Entwicklung	Entwickelt und erprobt neue Geräte und baut Prototypen
	Konstruktion (Neukonstruktion)	Erstellt von den entwickelten Prototypen Konstruktionszeichnungen und überprüft dabei die Elemente auf fertigungsgerechte Gestaltung und Funktionssicherheit Legt Werkstoffe fest und verbessert die Prototypen durch konstruktive Überarbeitung
	Änderungskonstruktion	Führt Änderungen an vorhandenen Konstruktionen, zur Verbesserung der Funktion oder weil Kundensonderwünsche vorhanden sind, durch

2.3 Betriebsleitung

An der Spitze der Betriebsleitung steht der Betriebsleiter, der für die Durchführung der Produktion in den ihm unterstellten Fertigungsbereichen verantwortlich ist. Die Betriebsleitung ist dafür verantwortlich, daß die von der Produktionsleitung vorgegebenen Stückzahlen termingerecht nach den von der Arbeitsvorbereitung vorgegebenen technologischen Werten produziert werden.

Die jedem Fertigungsbereich vorstehenden Bereichsleiter, Meister und Vorarbeiter (s. Strukturplan), sind die Mitarbeiter des Betriebsleiters. Sie alle haben sicherzustellen, daß die Produktion in bezug auf Menge und Qualität der Erzeugnisse planungsgemäß abläuft.

2.4 Prüfwesen (Kontrolle)

Die wichtigste Aufgabe der Abteilung Prüfwesen ist die Sicherung der Qualität der Erzeugnisse. Um das zu erreichen, muß vor allem die Entstehung von Ausschuß in der Fertigung verhindert werden. Die Abteilung Prüfwesen kann man z. B. in drei Bereiche unterteilen.

2.4.1 Wareneingangskontrolle

Sie hat die Aufgabe, die eingehenden Güter (Rohmaterial, Zubehörteile, elektrische Ausrüstungen), die im eigenen Werk nicht hergestellt werden, maßlich und in ihrer Funktion zu prüfen. Außerdem wird von ihr auch die Menge der angelieferten Teile geprüft.

2.4.2 Fertigungskontrolle (fliegende Kontrolle)

Wenn der Kontrolleur in dieser Abteilung seine Kontrolltätigkeit an vielen Stellen ausführt, dann bezeichnet man diese Art der Kontrolle als Laufkontrolle oder fliegende Kontrolle.

Dabei geht der Kontrolleur in einem ihm zugeteilten Arbeitsbereich von Arbeitsplatz zu Arbeitsplatz und kontrolliert dort die laufende Produktion. Durch sie wird in einem festgelegten zeitlichen Rhythmus z. B. alle 60 Minuten die laufende Produktion an den Arbeitsplätzen, also da, wo der Ausschuß entstehen kann, geprüft.

Stellt der Prüfer am Arbeitsplatz eine Toleranzüberschreitung fest, dann kann er, bevor erst viele Ausschußteile entstehen, die Produktion sofort unterbrechen.

Sehr oft arbeitet man auch mit statistischen Aufzeichnungen. Dann kann man schon aus der Aufzeichnung, die zu verschiedenen Prüfzeiten entstanden ist, eine Toleranzverschiebung erkennen. Mit Hilfe solcher Aufzeichnungen kann man schon im voraus sagen, wann z. B. ein Werkzeugwechsel vorgenommen werden muß.

2.4.3 Endkontrolle

In der Endkontrolle (s. Kapitel 11) werden dann je nach Art der Produktion alle Teile noch einmal überprüft.

2.5 Laboratorium

Das Labor ist verantwortlich für die Werkstoffprüfung hinsichtlich der chemischen Zusammensetzung, der mechanischen Eigenschaften (Zugfestigkeit, Dehnung, Verformbarkeit), des Glüh- und des Gefügezustandes, der Korrossionsbeständigkeit usw. Auch das Labor kann man in Bereiche unterteilen.

2.5.1 Eingangsprüfung

Bei der Eingangsprüfung werden die für die Fertigung und die Funktion des herzustellenden Teiles wichtigen Eigenschaften wie z. B. Festigkeit, Oberflächenbeschaffenheit usw. geprüft.

2.5.2 Betriebsüberwachung

In diesem Laborbereich werden die im Betrieb laufenden Anlagen und die in der Fertigung befindlichen Teile (z. B. Glühzustand oder das Gefüge der Werkstücke vor einer Preßoperation) überwacht.
Bei Anlagen, wie z. B. Beiz- oder Bonderbädern, müssen die Temperaturen und die Konzentration der Medien überwacht werden. Bei Öfen sind die Temperaturen und die Haltezeiten zu überwachen, um einen bestimmten Gefügezustand zu erhalten.
Je nach Art des Betriebes werden die für die Fertigung wichtigen Anlagen und die in der Fertigung befindlichen Werkstücke vom Labor kontrolliert.

2.6 Werkzeugbau

Er ist verantwortlich für die Bereitstellung der zur Fertigung notwendigen Werkzeuge und Vorrichtungen. Der Werkzeugbau erhält die technischen Zeichnungen für die zu erstellenden Werkzeuge z. B. von der zur Arbeitsvorbereitung gehörenden Betriebsmittelkonstruktion. Die Fertigungstermine erhält er von der Produktionsplanung.
Der Werkzeugbau ist ein Kernstück jedes Fertigungsbetriebes, weil eine optimale Fertigung und die Qualität der Produkte auch von der Güte der Werkzeuge abhängig sind.

2.7 Werkerhaltung

Die Werkerhaltung hat die Aufgabe, alle Produktionsanlagen betriebsbereit und einsatzfähig zu erhalten. Aus Betriebsmittelkarteien und statistischen Aufzeichnungen kann man im Betrieb die Reparaturanfälligkeit der einzelnen Anlagen bzw. deren Maschinenelemente erkennen. Mit Hilfe solcher Unterlagen kann eine gutgeleitete Werkerhaltung Reparaturen vorbeugend planen.

2.8 Konstruktions- und Entwicklungsabteilung

Die Abteilung Konstruktion ist verantwortlich für die Neu- und die Änderungskonstruktionen der Produkte, die im Unternehmen gefertigt werden. Sie entscheidet über die Gestaltung, führt die Festigkeitsberechnungen aus und bestimmt die einzusetzenden Werkstoffe.
Die Abteilung Entwicklung entwickelt neue Produkte oder führt spezifische Untersuchungen an bereits entwickelten Erzeugnissen durch. Neue Erzeugnisse werden als Prototypen erstellt und so lange geändert, bis sie funktionssicher sind. Dann wird das Produkt von der Konstruktionsabteilung konstruktiv überarbeitet und fertigungsgerecht gestaltet. Bei bereits vorhandenen Erzeugnissen untersucht die Abteilung Entwicklung z. B. Schwachstellen, die sich aus Reklamationen ergeben haben.

2.9 Aufgaben eines bestimmten Mitarbeiters

Für eine bestimmte Position, die ein Mitarbeiter innerhalb des Strukturplanes einnimmt, werden in einer sogenannten S t e l l e n b e s c h r e i b u n g die Aufgaben, Pflichten und Rechte für diese Stelle definiert. Aus den Aufgaben ergibt sich zugleich die erforderliche Qualifikation für die beschriebene Position.

In einem gut geführten Betrieb liegen zumindest für alle wichtigen Positionen (bis zum Abteilungsleiter) solche Stellenbeschreibungen vor. Sie sind eine wichtige Unterlage für die Personalabteilung, weil sie daraus bei einer Neueinstellung die erforderliche Qualifikation für diese Stelle ersehen kann. Umgekehrt kann der neue Mitarbeiter aus der Stellenbeschreibung ersehen, was in dieser Position von ihm erwartet wird.

Innerhalb des Betriebes werden durch die Stellenbeschreibung die Rechte und Pflichten der Stelleninhaber gegeneinander abgegrenzt. Dadurch werden Mißverständnisse, z. B. in der Weisungsbefugnis, weitestgehend vermieden und das Betriebsklima verbessert. Je klarer die innerbetriebliche Ordnung, um so besser ist das Zusammenwirken der Mitarbeiter.

Wie eine solche Stellenbeschreibung aufgebaut ist, soll hier beispielhaft für die Stelle des Leiters der AV gezeigt werden (Tabelle 2).

Tabelle 2 Stellenbeschreibung (Betriebsstruktur: Liniensystem)

1. **Bezeichnung der Stelle**
   Leiter der Arbeitsvorbereitung

2. **Unterstellung**
   Der Stelleninhaber ist unmittelbar unterstellt: dem technischen Leiter;
   mittelbar unterstellt: der Geschäftsleitung.

3. **Weisungsrecht**
   Der Stelleninhaber ist unmittelbar weisungsberechtigt: zu allen Bereichsleitern der AV (Betriebsmittelkonstruktion, Zeitplanung, Fertigungsplanung); zu allen Mitarbeitern der AV;
   mittelbar weisungsberechtigt: Werkzeugbau, Werkerhaltung, Meisterbereiche in Abstimmung mit dem Betriebsleiter.

4. **Stellvertretung**
   Der Stelleninhaber wird vertreten durch den Leiter der Fertigungsplanung.

5. **Aufgaben des Stelleninhabers**
   Technische Aufgaben:
   Der Stelleninhaber ist verantwortlich für die gesamte Fertigungsplanung (Arbeitsverfahren, Arbeitsfolge, technologische Werte, Wahl der Maschinen);
   die Zeitplanung (Arbeitsplatzgestaltung, Zeitfestlegung);
   Betriebsmittelkonstruktion und Bereitstellung der Betriebsmittel;
   technische Korrespondenz (Angebote für Maschinen, Werkzeuge und Werkstoffe);
   Vorschläge für technische Investitionen.

   Personelle Aufgaben:
   Aufsichtspflicht bezüglich der Arbeitsleistung der Mitarbeiter, der Einhaltung der Arbeitszeit;
   Entscheidung über Personalbedarf (in Abstimmung mit der technischen und der Personalleitung);
   Entscheidung über die erforderliche Qualifikation der Mitarbeiter;
   verantwortlich für die innerbetriebliche Aus- und Weiterbildung der Mitarbeiter;
   verantwortlich im Einvernehmen mit der Personalleitung für Entlassungen ungeeigneter Mitarbeiter;
   Teilnahme an übergeordneten Abteilungsleiterkonferenzen.

Tabelle 2 Fortsetzung

---

6. **Besondere Befugnisse**

Unterschriftsberechtigung: für Anfragen und Anforderungen von Angeboten;

Unterschriftsberechtigung mit zusätzlicher Gegenzeichnung durch den Dienstvorgesetzten Technischen Leiter: Anfragen für Großprojekte (ab 100 000,– DM);
Schriftverkehr mit Vorentscheidungen für große Projekte; soweit dieser Schriftverkehr nicht direkt von der Abteilung Einkauf geführt wird.

Bestellungen von Investitionsgütern werden ausschließlich von der Abteilung Einkauf ausgeschrieben. Hier zeichnet der Stelleninhaber in der rechten unteren Ecke mit seinem Namenskurzzeichen nur ab und bestätigt damit die sachliche Richtigkeit

7. **Erforderliche Qualifikation des Stelleninhabers**

Ausbildung: abgeschlossene Ausbildung als Dipl.-Ing. oder Dipl.-Ing. (FH);

Alter: nicht unter 30 Jahren;

Berufserfahrung: wenigstens 6 Jahre Berufserfahrung in der gleichen Branche und auf dem Sektor der AV; davon wenigstens 2 Jahre in gehobener Position, z. B. Gruppenleiter für das Zeitwesen, Fertigungsplanung o. ä.

Fähigkeiten zur Menschenführung.

---

3 Arten der Fertigung

Die Fertigungsarten charakterisieren die Fertigung, bezogen auf die Stückzahl, die von einem bestimmten Teil oder einem Gerät gefertigt wird. Dabei unterscheidet man zwischen Muster-, Einzel-, Serien- und Massenfertigung (Zusammenfassung s. Tabelle 3).

Eine besondere Art der Fertigung, die nicht bzw. nur bedingt von der Stückzahl abhängt, ist die Fließfertigung.

Charakteristische Merkmale für die Fertigungsarten sind:

— die zu fertigende Stückzahl

— die Arbeitsunterlagen, nach denen gefertigt wird (Zeichnungen, Arbeitsunterweisung für die Arbeitsvorbereitung)

— die Auswahl der Maschinen

— die Qualifikation der Arbeitskräfte

— die Anordnung der Maschinen und Fertigungseinrichtungen

3.1 Musterfertigung

Unter Musterfertigung versteht man die Herstellung von Einzelstücken eines bestimmten Produktes, das neu entwickelt wurde und erprobt werden soll.

3.1.1 Zu fertigende Stückzahl

Es wird jeweils nur ein Musterstück zur Erprobung der Funktion hergestellt. An diesem Erprobungsmuster werden so lange Veränderungen vorgenommen, bis das Musterstück den Vorstellungen des Entwicklers entspricht.

3.1.2 Arbeitsunterlagen

Zeichnungen Es liegen für die Musterfertigung nur Entwurfszeichnungen (Zusammenstellungszeichnungen) mit den wichtigsten Hauptmaßen vor. Die Zeichnungen sind oft nur Handskizzen, die weder auf normengerechte noch auf fertigungsgerechte Gestaltung überprüft sind. Im Vordergrund steht die Funktionsfähigkeit.

Arbeitsunterweisung Eine Arbeitsunterweisung, in der festgelegt wird, wie die Einzelteile gefertigt werden sollen (Arbeitsverfahren, Bearbeitungsfolge), gibt es nicht.

3.1.3 Maschinen

Art der Maschinen In der Musterfertigung werden nur Universalmaschinen eingesetzt.

Anordnung der Maschinen Alle zur Herstellung eines Funktionsmusters erforderlichen Maschinen und Einrichtungen sind in einer Versuchswerkstatt zusammengefaßt.

3.1.4 Qualifikation der Arbeitskräfte

Die Arbeitskräfte sind hochqualifizierte Facharbeiter und Meister. Sie müssen praktisch alle Arbeitsverfahren beherrschen und die Universalmaschinen bedienen können. Sie sollen darüber hinaus mitdenken und evtl. Fehler im Funktionsmuster erkennen.

Bei der Musterfertigung arbeitet der Entwicklungsingenieur unmittelbar mit dem Fertigungsingenieur und dem Fachpersonal in der Versuchswerkstatt zusammen.

3.2 Einzelfertigung

Unter Einzelfertigung versteht man die Herstellung von Einzelstücken oder kleinen Stückzahlen eines Produktes nach verbindlichen Zeichnungen.

3.2.1 Zu fertigende Stückzahl

Kleine Stückzahlen (z. B. 1 bis 20 Stück)

A n w e n d u n g :

Reparaturbetrieb: Anfertigung von Ersatzteilen

Vorrichtungs- und Werkzeugbau: Herstellung von Betriebsmitteln

Apparatebau: Herstellung von chemischen Anlagen

Schiffbau: Herstellung von Schiffen

Maschinenbau: Herstellung von Sondermaschinen, Transferstraßen

Tabelle 3 Arten der Fertigung

Bezeichnung	Stückzahl	Zeichnung	Arbeitsplan Fertigungsplan	Arbeitskräfte	Betriebsgliederung
Muster- und Entwicklungsfertigung	1 Erprobungsmuster	nur Handskizzen	nein, rein handwerkliche Fertigung	hochqualifizierte Facharbeiter	Versuchswerkstatt, nur Universalmaschinen
Einzelfertigung	1 bis 10	verbindliche Zeichnung	nur grober Arbeitsplan mit Arbeitsfolge	Facharbeiter	zentrale Werkstatt, überwiegend Universalmaschinen
Serienfertigung	10 bis 2000	verbindliche Zeichnung	detaillierte Arbeitspläne	40% Facharbeiter, 60% Hilfsarbeiter	mechanische Fertigung und Montage getrennt, überwiegend Einzweckmaschinen
Massenfertigung	große Stückzahlen über einen langen Zeitraum	verbindliche Zeichnung	genaueste Fertigungspläne	20 bis 30% Facharbeiter, 70 bis 80% angelernte Arbeiter	Aufstellung der Maschinen erzeugnisgebunden (Taktstraße-Fließarbeit) ausschließlich Einzweck- und Sondermaschinen

3.2.2 Arbeitsunterlagen

Zeichnungen Es wird hier im Gegensatz zur Musterfertigung nach verbindlichen Zeichnungen gearbeitet.

Arbeitsunterweisung Es werden von der Arbeitsvorbereitung nur die wichtigsten Arbeitsverfahren und Arbeitsfolgen festgelegt. Eine Feinplanung, in der für jeden Arbeitsgang die technologischen Bedingungen angegeben werden, wird in der Einzelfertigung nicht bzw. nur für besonders diffizile Werkstücke durchgeführt. Der Aufwand wäre für die kleinen Stückzahlen zu groß. Deshalb entscheidet hier in den meisten Fällen der hochqualifizierte Facharbeiter selbst, mit welchen technologischen Werten er arbeitet.

3.2.3 Maschinen

Art der Maschinen Überwiegend Universalmaschinen, es sei denn, daß das herzustellende Produkt (z. B. im Schiffbau) besondere Einrichtungen (spezielle Schweißeinrichtungen) erfordert.

Anordnung der Maschinen Die Maschinen und Einrichtungen sind nach Abteilungen (z. B. Dreherei, Fräserei, Montage) geordnet.

3.2.4 Qualifikation der Arbeitskräfte

Hochqualifizierte Facharbeiter in den einzelnen Fertigungsbereichen, von denen aber bezüglich der Gestaltung des Werkstückes keine Mitwirkung erwartet wird.

3.3 Serienfertigung

Serienfertigung liegt vor, wenn ein Erzeugnis in größeren Stückzahlen hergestellt wird. Eine Serie ist ein in sich geschlossene Menge in der ein Produkt in bestimmten Zeitabständen hergestellt wird.

3.3.1 Zu fertigende Stückzahl

Mittlere bis größere Stückzahlen (z. B. 20 bis 5000 Stück)

A n w e n d u n g :

Maschinenbau: Herstellung von kleineren Maschinen (z. B. kleine Pressen, kleine Drehmaschinen, Schweißgeräte usw.)

Möbelindustrie: Tische, Stühle, Schränke

Automobilbau: (hier wird in der Regel in Großserien gefertigt)

3.3.2 Arbeitsunterlagen

Zeichnungen Nach fertigungsgerecht ausgeführten Teilzeichnungen mit zusätzlichen Hinweisen wie z. B. Schleifzugaben, Härteanweisungen und Fließlinienverläufe. Die Fertigungszeichnungen sind bis zum letzten Detail in bezug auf fertigungstechnische Gestaltung, Normen und Austauschbarkeit der Teile durchdacht.

Arbeitsunterweisung Die Arbeitsunterweisung erfolgt mit Fertigungsplänen, in denen der gesamte Fertigungsablauf in allen Einzelheiten festgelegt wird:

— Arbeitsverfahren

— Arbeitsfolge

— Technologische Werte, mit denen gearbeitet werden soll (z. B. Schnittgeschwindigkeit, Vorschub, Schnittiefe uws.)

— Werkzeuge (Werkzeugwerkstoff, Winkel am Werkzeug bei den Zerspanungswerkzeugen bzw. konstruktive Gestaltung, Werkzeugwerkstoffe und Einbauhärten bei den Umformwerkzeugen)

— Hilfsvorrichtungen (z. B. Bohrvorrichtungen, Spann- oder Montagevorrichtungen)

— Fertigungszeiten für alle Arbeitsgänge

3.3.3 Maschinen

Art der Maschinen Mehrzweckmaschinen mit gewissen Sondereinrichtungen, die die Nebenzeit verkürzen.

Einzweckmaschinen werden nur in Einzelfällen eingesetzt. In der Großserienfertigung wird die Mehrzweckmaschine durch Einzweckmaschinen (Bohr-, Fräs- und Schleifeinheiten) ersetzt.

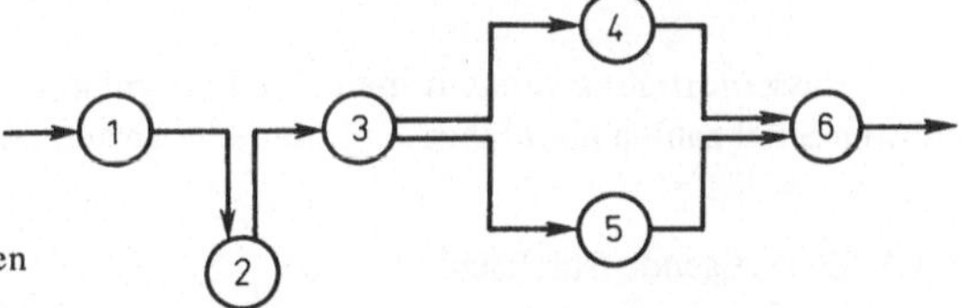

Bild 4
Reihenfertigung mit loser Verkettung der Maschinen
1 bis 6 = Arbeitsstationen

Bild 5 Fließinsel zur Tubenherstellung mit fest installierten Fördereinrichtungen — Presse — Beschneidemaschine
— Wasch- und Lackieranlage (Werkfoto der Fa. Herlan & Co. Karlsruhe)

Anordnung der Maschinen In der klassischen Serienfertigung mit mittleren Stückzahlen sind die Maschinen und Einrichtungen meist nach Abteilungen (Dreherei, Fräserei, Montage) geordnet.

Es ist jedoch auch möglich, kleinere Fließinseln (Bild 4) zu bilden. Von einer Fließinsel spricht man, wenn 3 oder 4 Maschinen so hintereinander angeordnet sind, daß das Werkstück in der richtigen Arbeitsfolge, mit geringsten Transportwegen, von Maschine zu Maschine geht.

Bei größeren Stückzahlen kann auch der Zwischentransport durch Fördereinrichtungen noch automatisiert werden (Bild 5).

3.3.4 Qualifikation der Arbeitskräfte

Angelernte Arbeiter und Facharbeiter etwa im Verhältnis 5 : 1.

Die normalen, relativ einfachen Produktionsmaschinen, werden überwiegend von angelernten Arbeitern bedient. Das Umrüsten und der Werkzeugwechsel werden von Einrichtern (Maschineneinstellern) vorgenommen, die in der Regel qualifizierte Facharbeiter sind.

3.4 Massenfertigung

Unter Massenfertigung versteht man eine Fertigung, in der ein bestimmtes Gerät in großen und größten Stückzahlen über lange Zeiträume hergestellt wird.

3.4.1 Zu fertigende Stückzahl

Große bzw. größte Stückzahlen

Anwendung:

Fertigung von Zündkerzen

Herstellung von bestimmten Schraubentypen, die in großen Stückzahlen benötigt werden

Den Automobilbau bzw. die Herstellung von PkWs rechnet man nicht zur Massen-, sondern zur Großserienfertigung, weil dort eben in jeder Serie eine begrenzte Stückzahl hergestellt wird. Bezüglich der maschinellen Einrichtung, der Arbeitskräfte und der Anordnung der Maschinen, gelten in der Automobilfertigung praktisch die gleichen Bedingungen wie in der Massenfertigung.

3.4.2 Arbeitsunterlagen

Zeichnungen Vor Fertigungsbeginn wird für jedes Einzelteil die Zeichnung überprüft auf:
— Funktionsgerechtigkeit (erfüllt das Teil die ihm zugedachte Funktion?)
— Austauschbarkeit
— Herstellbarkeit (fertigungsgerechte Gestaltung). Das Teil soll auf möglichst einfachen Sondermaschinen mit normalen Arbeitsverfahren wirtschaftlich herstellbar sein.

Die Zeichnung enthält zusätzliche Angaben, wie Härtehinweise und Schleifzugaben, Angaben über die Form von Zwischenstadien bei spanlos hergestellten Teilen, um z. B. einen bestimmten Fließlinienverlauf zu erreichen.

Arbeitsunterweisung Die Arbeitsunterweisung erfolgt bis ins letzte Detail. Neben den in Abschn.

3.3.2 aufgeführten Unterweisungen werden in der Massenfertigung noch zusätzliche Angaben zur Gestaltung des Arbeitsplatzes gemacht.

Die Art des Transportes zu und von den Fertigungseinrichtungen und die zu verwendenden Transportmittel sind ebenfalls Bestandteil der Arbeitsunterweisung.

In der Betriebsmittelkonstruktion wird die Gestaltung der Arbeitsplätze und die Gestaltung der Transporteinrichtungen mit den Fertigungseinrichtungen zeichnerisch genau dargestellt. Aus dem Zusammenwirken von Fertigungs- und Transporteinrichtungen ergeben sich bei vollautomatisierten Anlagen die Taktzeiten.

3.4.3 Maschinen

Art der Maschinen In der Massenfertigung werden ausschließlich Einzweck- und Sondermaschinen, die auf die spezielle Fertigung in allen Details abgestimmt sind, eingesetzt. Durch die Automatisierung der Arbeits- und Rücklaufbewegungen, der Werkstückzuführung und der Werkstückspannung werden bei diesen Einzweckmaschinen kürzeste Nebenzeiten und damit auch kürzeste Fertigungszeiten erzielt.

Für das Bohren und Fräsen verwendet man oft Mehrspindelbohr- und Fräseinheiten, die gleichzeitig mehr als 20 Bohrungen einbringen bzw. zur gleichen Zeit viele Flächen fräsen.

Anordnung der Maschinen In der Massenfertigung sind die Maschinen nach dem Fertigungsfluß, d. h. nach der Reihenfolge der Arbeitsgänge geordnet. Man spricht deshalb von Fließstraßen, bei denen die Transportwege ein Minimum sind und der Transport von Maschine zu Maschine weitestgehend automatisiert ist.

Bei Montagearbeiten erfolgt der Transport von Arbeitsplatz zu Arbeitsplatz durch Fließbänder. Ein solches Fließband in Linienbauweise zeigt Bild 6. Das aus einzelnen Baueinheiten aufgebaute Doppelgurt-Montageband zeigt handbetätigte und automatisierte Arbeitsplätze. Der lose aufgelegte Werkstückträger befördert das auf ihm liegende Werkstück von Montagestation zu Montagestation (Bild 7). Durch Vereinzeler (Bild 8) wird der Werkstückträger an den Arbeitsstationen angehalten. Nach Ausführung der Montagearbeit läuft der Werkstückträger mit dem Werkstück weiter. Die Bandstrecken zwischen den Stationen dienen als Puffer. Die leeren Werkstückträger werden auf dem untenliegenden Transportband zurückgeführt.

Ein Fließband mit taktabhängigen, automatisch arbeitenden Arbeitsplätzen und zusätzlich drei Handarbeitsplätzen zeigt Bild 9. Auf zwei Gurten werden die Werkstückträger in einem festgelegten

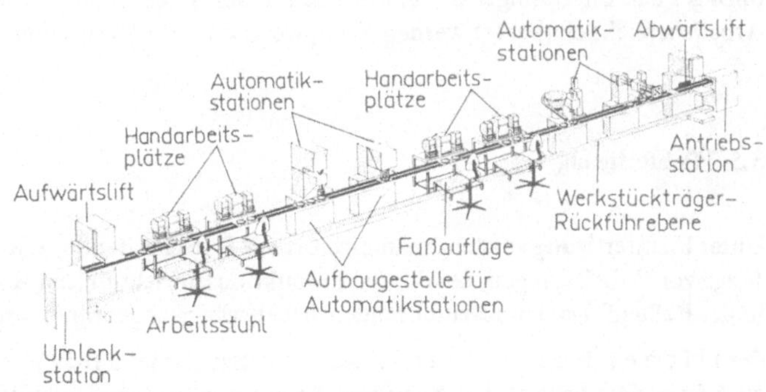

Bild 6 Montagefließband mit automatischen und Handarbeitsstationen in Linienbauweise (Werkfoto der Fa. Bosch-Industrieausrüstung, Stuttgart)

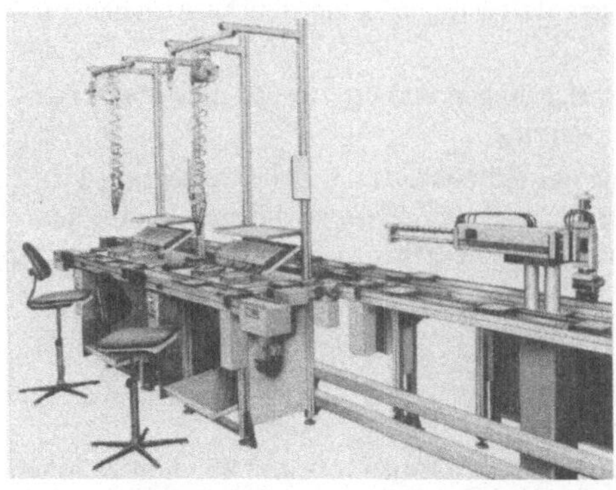

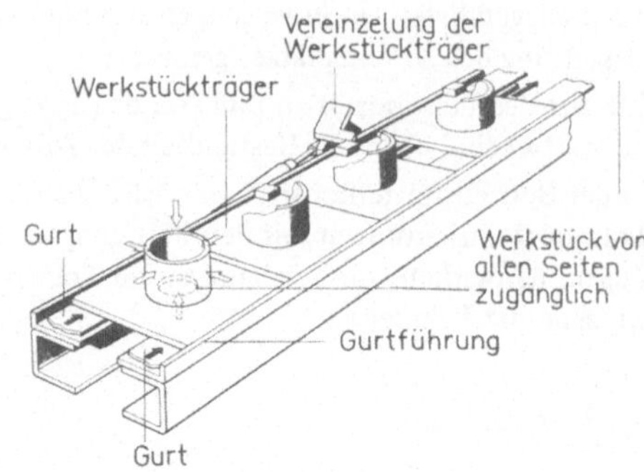

Bild 7 Muster einer Montagestation (Werkfoto der
Fa. Bosch-Industrieausrüstung, Stuttgart)

Bild 8 Vereinzeler zum Anhalten des Werkstückes auf
dem Fließband (Werkfoto der Fa. Bosch-Industrieausrüstung, Stuttgart)

Takt zu den Arbeitsstationen gefördert. Am Ende der ersten Bandstrecke wird der Werkstückträger
durch einen Querschieber auf Band 2 geschoben. Dort wird die Bearbeitung in entgegengesetzter
Flußrichtung fortgesetzt. Am Ende des Bandes 2 befinden sich taktunabhängige Handarbeitsplätze
an denen Kontroll- und evtl. notwendige Nacharbeiten ausgeführt werden können.

Eine vollautomatische Fertigungsstraße, in der alle Arbeiten, der Transport, das Spannen der Werkstücke und die Bearbeitung vollautomatisch ausgeführt werden, bezeichnet man als T r a n s f e r -
s t r a ß e. Eine solche Transferstraße zur vollautomatischen Bearbeitung von Getriebegehäusen
zeigt Bild 10.

3.4.4 Qualifikation der Arbeitskräfte

Überwiegend angelernte Arbeitskräfte. Facharbeiter werden nur eingesetzt
— an kritischen Stellen im Arbeitsfluß
— als Maschineneinrichter
— als Vorarbeiter

Begabte angelernte Arbeitskräfte, die an vielen Arbeitsplätzen eingearbeitet sind, setzt man als
Springer ein. Ein Springer ist ein Mitarbeiter, der praktisch an jedem Arbeitsplatz eines bestimmten
Arbeitsbereichs eingesetzt werden kann, wenn dort ein Mitarbeiter ausfällt.

3.5 Fließfertigung

Unter Fließfertigung versteht man eine örtlich fortschreitende, zeitlich bestimmte, lückenlose
Folge von Arbeitsgängen, bei der die Produktionseinrichtungen (Maschinen- oder Montageplätze)
in der Reihenfolge der auszuführenden Arbeitsgänge angeordnet und miteinander verkettet sind.

Ö r t l i c h e r F o r t s c h r i t t : Der Arbeitsgegenstand (das Werkstück) wird von Arbeitsplatz
zu Arbeitsplatz bewegt. Die Bewegung kann stetig (wie am laufenden Fließband) oder in bestimmten Zeitintervallen (z. B. alle 30 Sekunden bewegt sich das Transportmittel und bringt das Werkstück zum nächsten Arbeitsplatz) erfolgen.

Z e i t l i c h   b e s t i m m t : Damit wird gesagt, daß die Zeit des Arbeitsfortschrittes genau festgelegt ist. Wenn der Transport des Werkstückes nicht kontinuierlich ist, sondern in bestimmten
Zeitabständen erfolgt, dann bezeichnet man diesen Zeitabstand als "Taktzeit". Sie ergibt sich
aus der Länge der Bearbeitungszeit an den einzelnen Arbeitsstationen und aus der gewünschten
Stückzahl pro Schicht. Deshalb ist es in einer Fließfertigung besonders wichtig, daß die Zeiten an
den einzelnen Arbeitsplätzen gut aufeinander abgestimmt sind.

Ist die Bearbeitungszeit eines Arbeitsganges wesentlich größer als die angestrebte Taktzeit, dann
muß eine Aufteilung in mehrere Arbeitsgänge erfolgen.

L ü c k e n l o s e   F o l g e : Das heißt, daß der Arbeitsfortschritt zeitlich abgestimmt, in lücken-
loser Folge, verläuft.

3.5.1 Unterscheidungsmerkmale einer Fließfertigung

Eine Fließfertigung unterscheidet man nach Art der Verkettung in:

Reihenfertigung Bei dieser sind die Maschinen nur lose miteinander verkettet (Bild 4). Es sind
Freiräume für eine Zwischenlagerung vorgesehen. Die Fördersysteme sind flexibel, von Handein-
gabe bis zur losen Verkettung.

Fertigungsketten Bei den Fertigungsketten sind die Fördereinrichtungen und die Puffer (Zwischen-
lager) fest installiert und schon relativ fest verkettet (Bild 5). In gewissen Grenzen besteht noch
Flexibilität.

Fließ- oder Transferstraßen Hier wird der Werkstückdurchlauf durch fest installierte Fördereinrichtungen in genau festgelegten Taktzeiten erzwungen (Bild 9 und 10).

P l a n u n g   d e s   A r b e i t s t a k t e s : Die Taktzeit wird zunächst auf die gewünschte Stückzahl
pro Schicht abgestimmt. Rechnerisch läßt sie sich wie folgt ermitteln:

$$t_T = \frac{t_{eff}}{z}$$

t_T	in min	Taktzeit
t_{eff}	in min	die in einer Schicht tatsächlich zur Verfügung stehende Arbeitszeit (effektive Arbeitszeit)
z	in Stück	Stückzahl der zu fertigenden Werkstücke

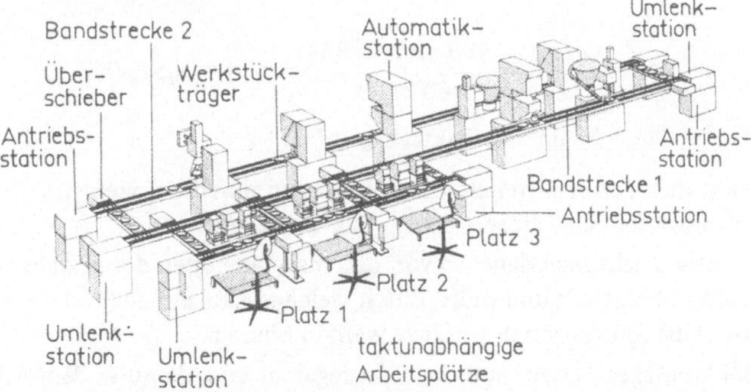

Bild 9 Fließband in Karreebauweise mit automatisch arbeitenden taktgebundenen Arbeitstationen und zusätzlichen nicht taktgebundenen Arbeitsplätzen (Werkfoto der Fa. Bosch-Industrieausrüstung, Stuttgart)

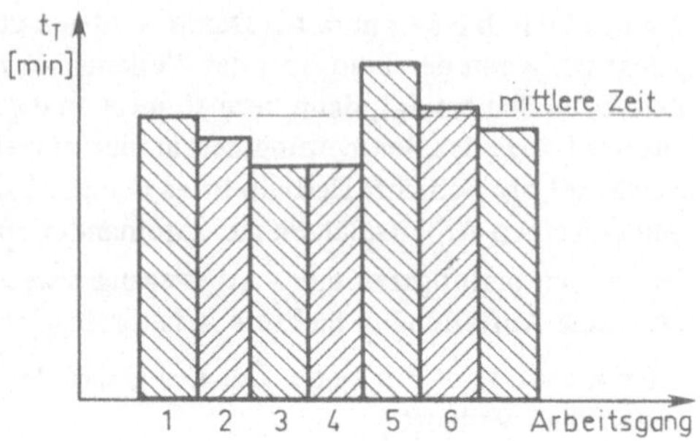

Bild 11 Staffeldiagramm zur Festlegung der optimalen Taktzeit

Bild 10 Transferstraße zur vollautomatischen Bearbeitung von Getriebegehäusen (Werkfoto der Zahnradfabrik Friedrichshafen)

$$t_{eff} = t_s \cdot \eta_w$$

t_{eff} in min   effektive Arbeitszeit pro Schicht
t_s in min   Arbeitszeit pro Schicht
η_w —   Werkstattausnutzungsfaktor $\eta_w = 0,8$ bis $0,9$

Der Werkstattausnutzungsfaktor gibt an, wieviel Zeit von der zur Verfügung stehenden Arbeitszeit pro Schicht unmittelbar für die Produktion genutzt werden kann.

Beispiel 1

In der 40-Stunden-Woche stehen 5 Arbeitstage à 8 Arbeitstunden zur Verfügung. Dann ist bei einem Werkstattausnutzungsfaktor $\eta_w = 0,834$ die effektive Arbeitszeit pro Schicht

$$t_{eff} = 480 \text{ min} \cdot 0,834 = 400 \text{ min/Schicht}$$

Beispiel 2

Pro Schicht sollen z = 80 Geräte hergestellt werden. Wie groß ist die erforderliche Taktzeit pro Gerät?
L ö s u n g :

$$t_T = \frac{t_s \cdot \eta_w}{z} = \frac{480 \text{ min} \cdot 0,834}{80 \text{ Stück}} = 4,98 \text{ min/Stück}$$

$t_T = 5$ min   als Taktzeit gewählt

Nach dieser so ermittelten Taktzeit müssen nun die einzelnen Arbeitsgänge so aufgeteilt werden, daß sie einschließlich Transport diese Taktzeit ergeben.

Praktisch geht man dabei so vor, daß man die Zeiten der einzelnen Arbeitsgänge als Staffeldiagramm (Bild 11) darstellt und prüft, durch welche Maßnahmen (andere Arbeitsverfahren, andere Werkzeuge usw.) die Spitzenzeiten verkürzt werden können.

Bei Montagearbeiten muß der Takt regelbar sein, damit er dem Arbeitstempo der Menschen, das von äußeren und Witterungseinflüssen abhängig ist, angepaßt werden kann (z. B. bei Gewitterschwüle oder Föhn kann die Leistungsfähigkeit der Menschen verringert sein).

3.5.2 Voraussetzungen für eine Fließfertigung

Fertigungsmenge Die Fertigungsmenge sollte so groß sein, daß die sich aus der Taktzeit und der Stückzahl ergebende Zeit eine volle Schicht oder ein ganzzahliges Vielfaches davon ergibt.

Aufgliederung der Arbeitsgänge Die Arbeitsgänge müssen so abgestimmt sein, daß sich bei jedem Arbeitsgang etwa die gleiche Bearbeitungszeit oder ein ganzzahliges Vielfaches davon ergibt.

Um dies zu erreichen, müssen manchmal Arbeitsgänge in zwei oder drei Teilarbeitsgänge zerlegt werden. Dadurch erhöht sich die Anzahl der Arbeitsfolgen und führt zur Vergrößerung der Anlage. Mit der Vergrößerung der Anlage steigt auch der Maschinenstundensatz.

Beherrschung der Fertigung Als beherrscht gilt eine Arbeitsoperation dann, wenn

— die geforderten Toleranzen mit Sicherheit gehalten werden können,

— die Werkzeugstandzeiten beherrscht sind, so daß für alle Arbeitsstationen ein Werkzeugwechsel in festgelegten Zeitintervallen vorgenommen werden kann,

— die eingesetzten Maschinen nicht störanfällig sind.

3.5.3 Vor- und Nachteile der Fließfertigung

Vorteile

— K ü r z e s t e D u r c h l a u f z e i t : weil jedes einzelne Werkstück sofort an die nächste Station weitergeleitet wird.

   Bei einer Bearbeitung in Losen (z. B. Serienfertigung) bleibt das Teil so lange am Arbeitsplatz, bis das ganze Los bearbeitet ist.

— O p t i m a l e N u t z u n g d e r P r o d u k t i o n s a n l a g e : Unter der Voraussetzung, daß eine Taktstraße voll genutzt wird (während einer ganzen Schicht ausgelastet ist), ist die Auslastung der Anlage gut. Je größer die Nutzungszeit, um so kleiner der Maschinenkostensatz (s. Abschn. 7.3.3).

— G e r i n g e r e U n f a l l g e f a h r : weil nur noch wenig manuell gearbeitet wird und die Tätigkeiten über lange Zeit gleich bleiben.

Nachteile

— E m p f i n d l i c h g e g e n K o n s t r u k t i o n s ä n d e r u n g e n : Eine Änderung der Konstrukton des zu bearbeitenden Teiles hat eine Änderung des Arbeitsverfahrens und damit der Produktionsanlage zur Folge.

— S t ö r e m p f i n d l i c h : Wenn nur eine Arbeitsstation ausfällt, steht die ganze Anlage.

— H o h e r I n v e s t i t i o n s a u f w a n d : Automatisierte Fertigungseinrichtungen, Werkstück-, Spann- und Fördereinrichtungen erfordern hohe Investitionen.

— H o h e r P l a n u n g s a u f w a n d : Wenn eine Fließfertigung funktionieren soll, dann muß alles (Werkzeuge, Maschinen, Transporteinrichtungen) bis in das letzte Detail geplant werden.

4 Bestimmung der Fertigungszeit

Die für die Herstellung eines Werkstückes erforderliche Zeit setzt sich zusammen aus:

– Hauptzeit t_h

– Nebenzeit t_n

– Verteilzeit t_v

– Rüstzeit t_r

Die für eine bestimmte Stückzahl m erforderliche Zeit, die zu einem Auftrag gehört, bezeichnet man als Auftragszeit T.

Die graphische Darstellung nach Refa (Bild 12) zeigt den Zusammenhang der einzelnen Zeitelemente.

In mathematischer Schreibweise lautet die Auftragszeit:

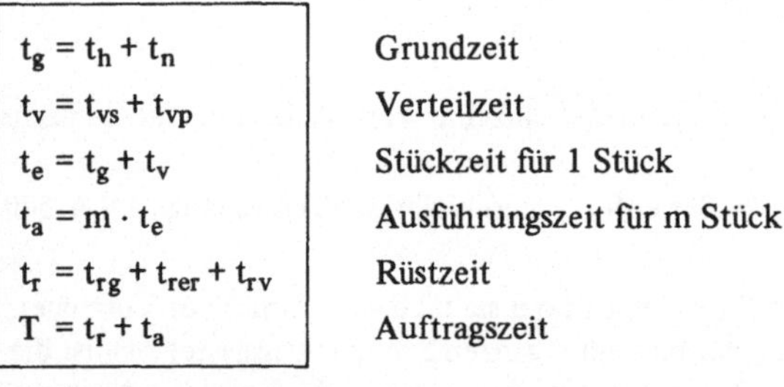

$t_g = t_h + t_n$	Grundzeit
$t_v = t_{vs} + t_{vp}$	Verteilzeit
$t_e = t_g + t_v$	Stückzeit für 1 Stück
$t_a = m \cdot t_e$	Ausführungszeit für m Stück
$t_r = t_{rg} + t_{rer} + t_{rv}$	Rüstzeit
$T = t_r + t_a$	Auftragszeit

t_g	in min	Grundzeit		t_{vs}	in min	sachlich bedingte Verteilzeit
t_h	in min	Hauptzeit		t_{vp}	in min	persönlich bedingte Verteilzeit
t_n	in min	Nebenzeit		t_r	in min	Rüstzeit
t_{er}	in min	Erholzeit		t_{rg}	in min	Rüstgrundzeit
t_v	in min	Verteilzeit		t_{rer}	in min	Erholzeit
				t_{rv}	in min	Rüstverteilzeit
				t_e	in min	Stückzeit für 1 Stück
				m		Anzahl der für einen Auftrag zu fertigenden Werkstücke
				t_a	in min	Ausführungszeit für m Werkstücke
				T	in min	Auftragszeit

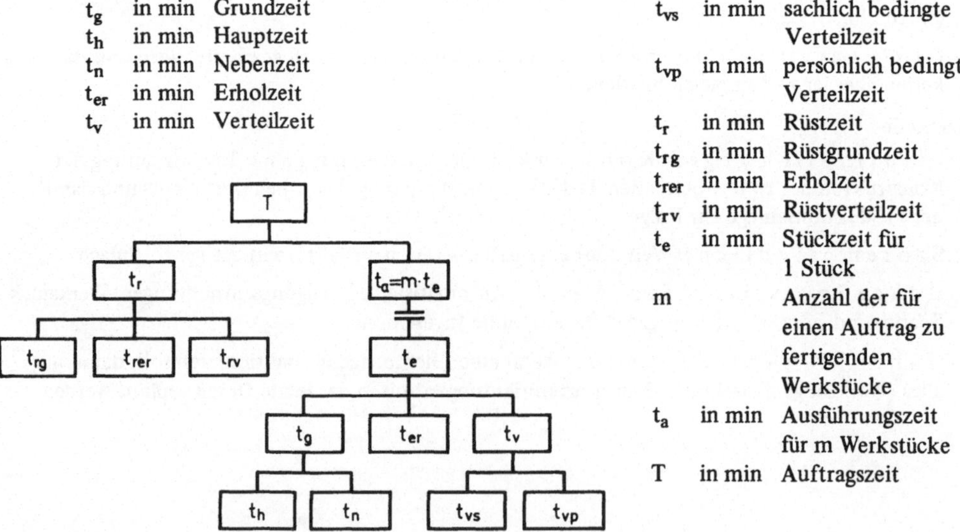

Bild 12 Zusammensetzung der Auftragszeit T aus Haupt-, Neben-, Verteil- und Rüstzeit und der zu fertigenden Stückzahl (nach Refa-Methodenlehre des Arbeitsstudiums, Teil 2)

4.1 Definition und Bestimmung der Zeiten

4.1.1 Hauptzeit (für Maschinenarbeit)

Die Hauptzeit ist die Zeit, in der ein unmittelbarer Arbeitsfortschritt erzielt wird.

Beim Drehen ist das die Zeit, in der der Drehmeißel im Eingriff ist bzw. die Zeit, in der der mechanische Vorschub der Maschine läuft. Sie läßt sich rechnerisch eindeutig bestimmen.

$$t_h = \frac{L \cdot i}{s \cdot n}$$

t_h in min	Hauptzeit (Maschinenzeit)	n in min^{-1}	Drehzahl
i	Anzahl der Schnitte	L in mm	Gesamtweg
		ℓ in mm	Länge des Werkstückes
s in mm	Vorschub pro Umdrehung	ℓ_a in mm	Anlaufweg
		ℓ_u in mm	Überlaufweg

Diese Gleichung zur Bestimmung der Hauptzeit gilt für alle spangebenden Arbeitsverfahren. Man muß lediglich den Gesamtweg L, der in die Zeitrechnung eingeht, für jedes Verfahren bestimmen (Bild 13).

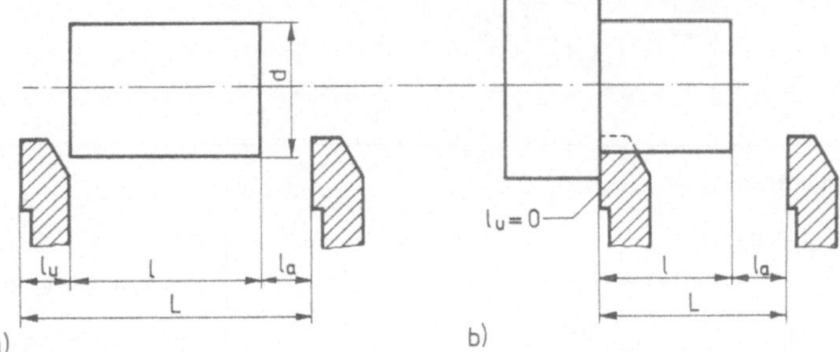

Bild 13 Wege beim Langdrehen
a) wenn die ganze Länge bearbeitet wird, b) bei Werkstücken mit Bund

Bevor der mechanische Vorschub z. B. beim Drehen eingeschaltet wird, führt man das Werkzeug von Hand oder mittels Eilgang bis kurz vor das Werkstück. Diesen Abstand bis zum Werkstück bezeichnet man als Anlaufweg ℓ_a. Den Weg, der vom Schnittende bis zum Abschalten des mechanischen Vorschubes entsteht, bezeichnet man als Überlaufweg ℓ_u.

Beim Drehen an der Spitzendrehmaschine kann man für

$$\ell_a = \ell_u = 2 \text{ mm}$$

annehmen. Bei Drehautomaten ergeben sich diese beiden Wege aus der Anordnung der Werkzeuge zum Werkstück.

Tabelle 4 zeigt, wie man die Gesamtwege L für einige Verfahren bestimmen kann.

Die Drehzahl n ergibt sich aus der Schnittgeschwindigkeit v, die man aus Richtwerttabellen entnehmen kann, und dem Ausgangsdurchmesser d des Drehteiles bzw. dem Bohrerdurchmesser beim Bohren oder dem Fräserdurchmesser beim Fräsen.

Tabelle 4 Gesamtwege L zur Bestimmung der Hauptzeit beim Drehen, Bohren, Fräsen, Schleifen und Sägen

Verfahren	Gesamtweg L

Langdrehen

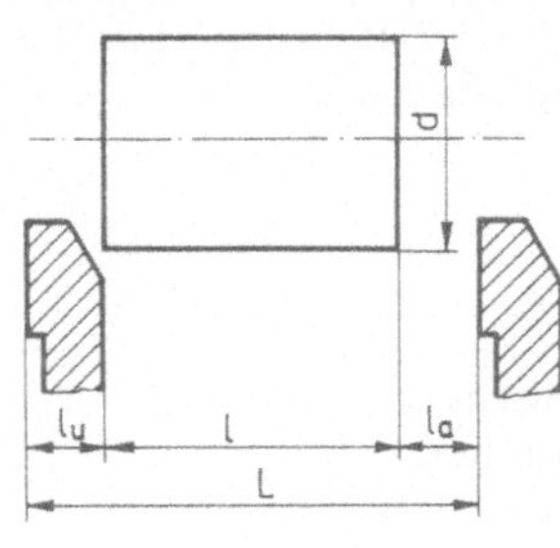

$$L = \ell_a + \ell + \ell_u$$

$$\ell_a \approx \ell_u \approx 2 \text{ mm}$$

L in mm   Gesamtweg des Werkzeuges
ℓ in mm   Werkstücklänge
ℓ_a in mm   Anlaufweg des Werkzeuges
ℓ_u in mm   Überlaufweg des Werkzeuges

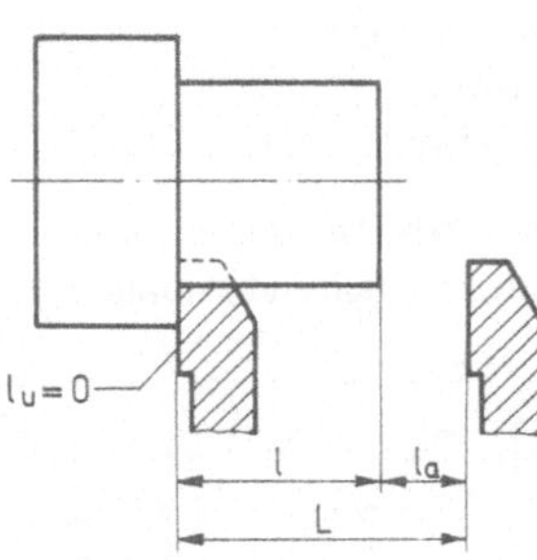

$$L = \ell_a + \ell + \ell_u \qquad \ell_u = 0$$

$$L = \ell_a + \ell$$

Plandrehen

Vollzylinder

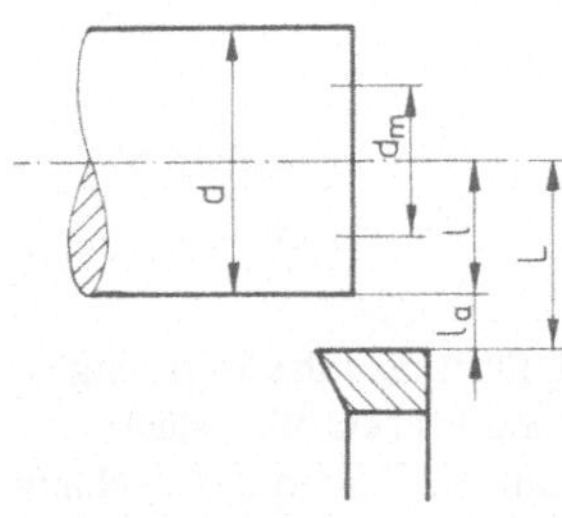

$$L = \ell_a + \ell = \ell_a + \frac{d}{2}$$

$$d_m = \frac{d}{2}$$

L in mm   Gesamtweg des Werkzeuges
ℓ_a in mm   Anlaufweg
d in mm   Werkstückdurchmesser

Hohlzylinder

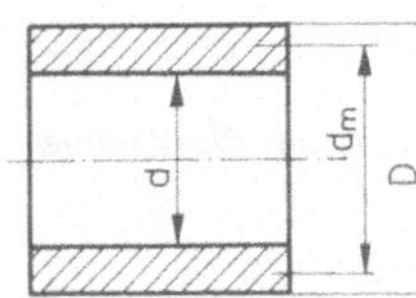

$$L = \ell_a + \ell + \ell_u = \ell_a + \frac{D - d}{2} + \ell_u$$

$$d_m = \frac{D + d}{2}$$

$$n = \frac{v \cdot 10^3 \text{ mm/m}}{d_m \cdot \pi}$$

n in min^{-1} Drehzahl
v in m/min   Schnittgeschwindigkeit
d_m in mm   mittlerer Werkstückdurchmesser

Tabelle 4 Fortsetzung

Bohren ins Volle

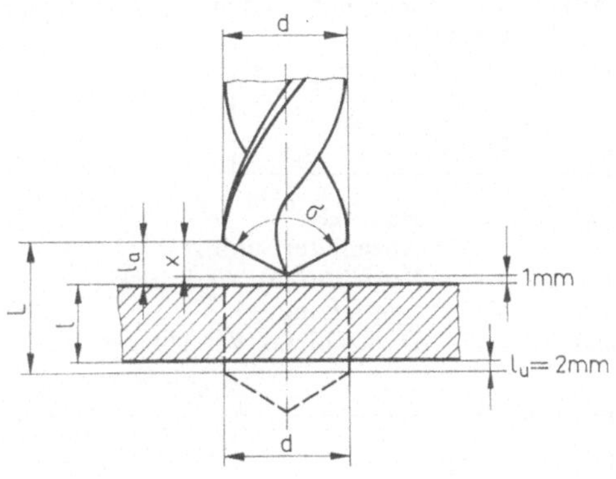

$$L = \ell_a + \ell + \ell_u$$

$$\ell_a = x + 1$$

L in mm   Gesamtweg des Bohrwerkzeuges
ℓ_a in mm   Anlaufweg
ℓ in mm   Länge der Bohrung
ℓ_u in mm   Überlaufweg

$$x = \frac{d}{2 \cdot \tan \frac{\sigma}{2}}$$

x in mm   Länge der Bohrerspitze
d in mm   Durchmesser des Bohrers
σ in °   Spitzenwinkel des Bohrers

Aufbohren

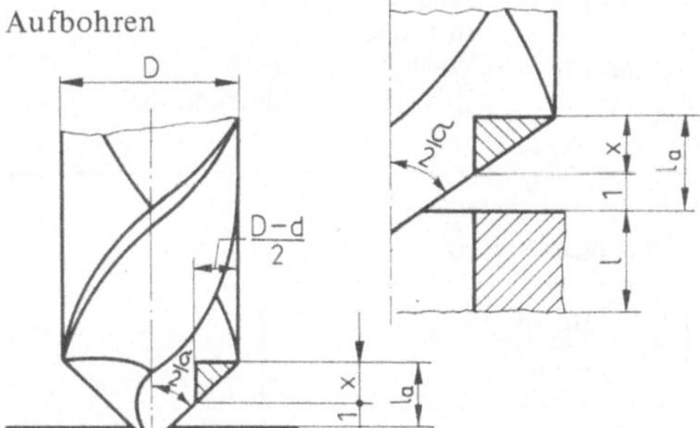

$$L = \ell_a + \ell + \ell_u$$

$$\ell_a = x + 1$$

ℓ in mm   Dicke des Werkstückes

$$x = \frac{D - d}{2 \cdot \tan \frac{\sigma}{2}}$$

x in mm   Abstandsmaß
D in mm   Fertigbohrdurchmesser
d in mm   Vorbohrdurchmesser

Walzenfräsen

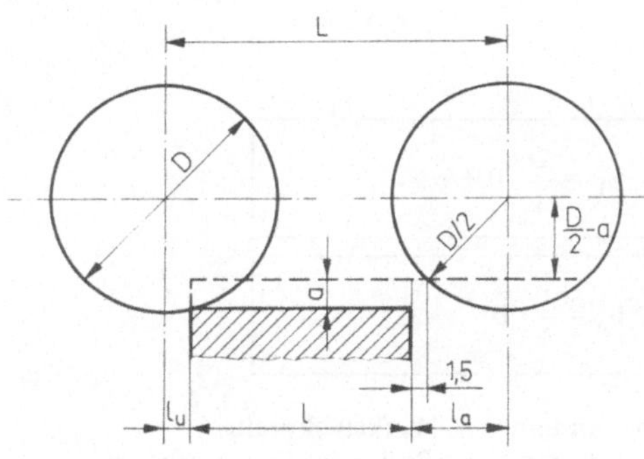

$$L = \ell_a + \ell + \ell_u$$

Für das Schruppen gilt:

$$\ell_a = 1{,}5 + \sqrt{D \cdot a - a^2} \qquad \ell_u = 1{,}5 \text{ mm}$$

$$L = \ell + 3 + \sqrt{D \cdot a - a^2}$$

Für das Schlichten gilt:

$$L = \ell + 3 + 2 \cdot \sqrt{D \cdot a - a^2}$$

L in mm   Gesamtweg
ℓ in mm   Werkstücklänge
D in mm   Fräserdurchmesser
a in mm   Schnittiefe

Tabelle 4 Fortsetzung

Rundschleifen

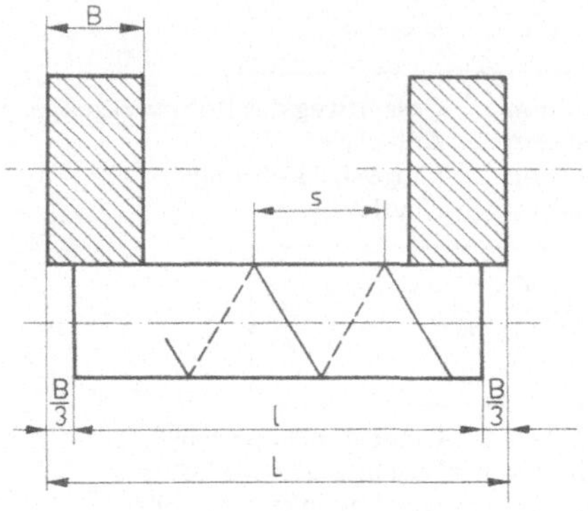

Außen- und Innenrundschleifen
mit Längsvorschub

$$t_h = \cdot \frac{L \cdot i}{s \cdot n_w}$$

t_h in mm   Hauptzeit
i Anzahl der Schliffe
s in mm   Vorschub pro Werkstück-
                 umdrehung
n_w in min^{-1} Drehzahl des Werkstückes

$$L = \ell - \frac{1}{3}\,B$$

L in mm   Weg der Schleifscheibe
                 in Längsrichtung
ℓ in mm   Werkstücklänge
B in mm   Breite der Schleifscheibe

Flachschleifen

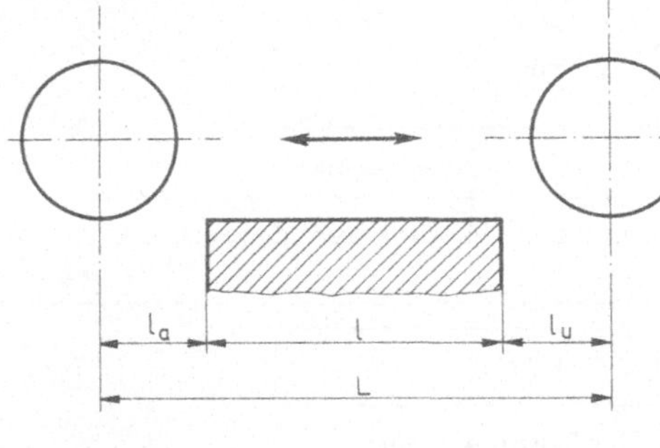

Umfangsschleifen

$$t_h = \frac{B_b \cdot i}{s \cdot n}$$

t_h in min   Hauptzeit
B_b in mm   Weg der Schleifscheibe
                   in Querrichtung
i Anzahl der Schliffe
                   mit Ausfeuern
s in mm/DH   Vorschub je Doppelhub
n in DH/min   Anzahl der Doppelhübe
                   pro Minute

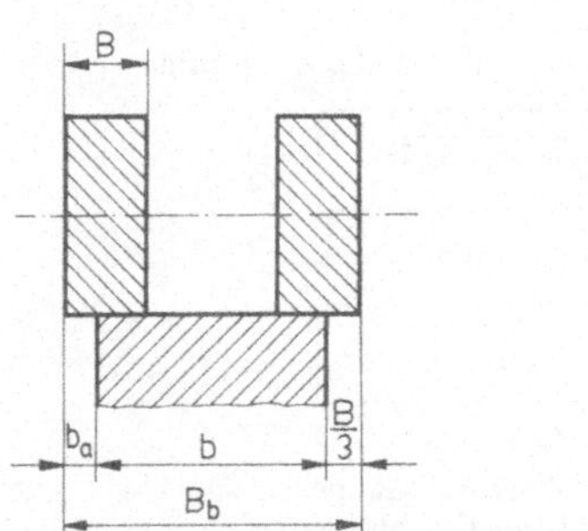

$$B_b = \frac{2}{3} \cdot B + b$$

$$b_a = \frac{1}{3} \cdot B$$

b in mm   Werkstückbreite
B in mm   Breite der Schleifscheibe
b_a in mm   Überlauf der Schleifscheibe

Tabelle 4 Fortsetzung

Sägen (Kreissäge)

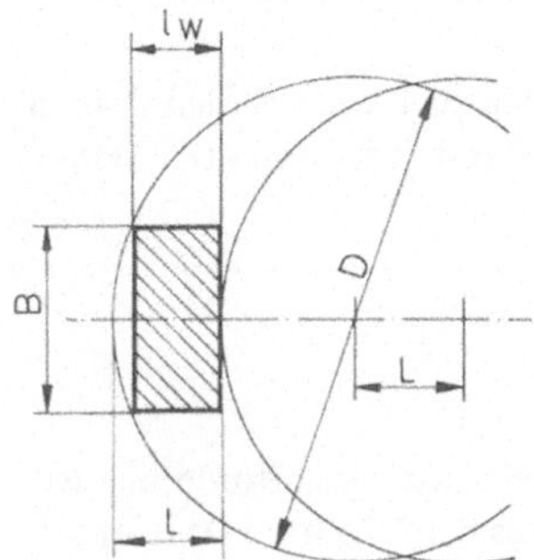

$$L = \ell_w + \frac{D}{2} - \frac{1}{2}\sqrt{D^2 - B^2}$$

ℓ_w in mm   Dicke des Materials
in Vorschubrichtung
D   in mm   Sägeblattdurchmesser

$$t_h = \frac{L}{u}$$

L   in mm   Gesamtweg
u   in mm/min Vorschubgeschwindigkeit

$$n = \frac{v \cdot 10^3 \text{ mm/m}}{d \cdot \pi}$$

n   in min^{-1} Drehzahl
v   in m/min   Schnittgeschwindigkeit
d   in mm   Werkstückdurchmesser (Bohrer oder Fräser)

Beispiel 3

Wie groß ist die Hauptzeit beim Drehen, wenn eine Welle mit 2 Schruppschnitten langgedreht werden soll?

G e g e b e n :
Wellenlänge $\ell = 600$ mm
Wellendurchmesser $d = 120$ mm (vor dem Drehen)
An- und Überlauf $\ell_a = \ell_u = 2$ mm
Schnittgeschwindigkeit $v = 116$ m/min (aus Richtwerttabelle)
Vorschub $s = 1$ mm/U
vorhandene Drehzahlen an der Maschine:
$n = \ldots, 140, 180, 224, 280, 355, 450, \ldots$

L ö s u n g :

Bestimmung der Drehzahl

$$n = \frac{v \cdot 10^3 \text{ mm/m}}{d \cdot \pi} = \frac{116 \text{ m/min} \cdot 10^3 \text{ mm/m}}{120 \text{ mm} \cdot \pi} = 307{,}7 \text{ min}^{-1}$$

$n = 280 \text{ min}^{-1}$ gewählt

Bestimmung des Gesamtweges L

$$L = \ell_a + \ell + \ell_u = 2 \text{ mm} + 600 \text{ mm} + 2 \text{ mm} = 604 \text{ mm}$$

Bestimmung der Hauptzeit

$$t_h = \frac{L \cdot i}{s \cdot n} = \frac{604 \text{ mm} \cdot 2}{1{,}0 \text{ mm/U} \cdot 280 \text{ U/min}} = 4{,}31 \text{ min}$$

4.1.2 Nebenzeit

Nebenzeiten sind Hilfszeiten, die für Nebentätigkeiten, die nur mittelbar zur Erfüllung der Arbeitsaufgaben beitragen, anfallen. Beim Drehen sind das z. B. Werkstück ein- und ausspannen, Span anstellen, Schlitten zurückfahren.

Diese Zeiten entstehen für planmäßige Arbeiten, die sich bei jedem Werkstück wiederholen. Nebenzeiten werden durch Zeitstudien oder mit Hilfe von „Zeitmeßsystemen mit vorbestimmten Zeiten" (SvZ) ermittelt.

4.1.3 Verteilzeit

Die Verteilzeit t_v ist die Zeit, die zusätzlich zur Ausführung eines Arbeitsauftrages erforderlich ist. Sie kann sachlich bedingt sein (t_{vs}, z. B. das Reinigen des Arbeitsplatzes bei Schichtende) oder persönlich bedingt sein (t_{vp}, z. B. der Gang zur Toilette). Die Verteilzeiten werden mit Hilfe von vorher durch Zeitaufnahmen ermittelten Verteilzeitprozentsätzen z_v in % aus der Grundzeit t_g ermittelt.

$$t_v = \frac{z_v}{100\%} \cdot t_g$$

t_v in min   Verteilzeit
z_v in %   Verteilzeitprozentsatz
t_g in min   Grundzeit

4.1.4 Rüstzeit

Die Rüstzeit t_r ist die zur Vorbereitung des Arbeitsplatzes erforderliche Zeit. Beim Drehen ist es z. B. das Bereitstellen und das Einspannen des Drehmeißels. Das Aufschrauben des Dreibackenfutters oder der Planscheibe auf die Hauptspindel sind ebenfalls Tätigkeiten, die in die Rüstzeit eingehen.

4.1.5 Auftragszeit

Die Auftragszeit T ist die Zeit, die zur Ausführung eines Auftrages notwendig ist.

4.2 Systeme der Zeitermittlung für manuelle Arbeiten

Bei manuellen Arbeiten, z. B. einer Montagearbeit in einer Fließfertigung, kann man die Hauptzeit nicht mit einer Formel rechnerisch bestimmen. Hier gibt es zwei Möglichkeiten für die Zeitermittlung:
— Zeitstudien nach Refa am Arbeitsplatz
— Einsatz von Systemen vorbestimmter Zeiten.

4.2.1 Zeitbestimmung durch Zeitstudien nach REFA

Mit Hilfe von Zeitaufnahmen am Arbeitsplatz werden die zur Ausführung einer bestimmten Arbeit erforderlichen Zeiten bestimmt. Bevor jedoch eine solche Zeitaufnahme vorgenommen werden kann, muß zuerst der Arbeitsplatz optimal gestaltet werden. Nur so sind dann bei der Zeitaufnahme realistische Zeiten zu erwarten.

Bei einer solchen Zeitaufnahme sind aber nicht nur die relativ genau erfaßbaren Einzelzeiten zu messen, sondern auch der Leistungsgrad des Werkers zu schätzen. Dieses Leistungsgradschätzen ist eine Schwachstelle dieses Verfahrens, weil es sehr oft zu Auseinandersetzungen zwischen dem Zeitnehmer und dem Arbeitnehmer, dessen Arbeitszeit gemessen wurde, führt.

Aus den gemessenen, vom Menschen beeinflußbaren Zeiten, der Verteilzeit und dem geschätzten Leistungsgrad läßt sich die Zeit je Einheit t_e rechnerisch wie folgt bestimmen:

$$t_e = (t_g + t_v) \cdot \frac{L}{100} = \left[t_h + t_n + (t_h + t_n) \cdot \frac{z_v}{100} \right] \cdot \frac{L}{100}$$

$$\boxed{\; t_e = \left[(t_h + t_n) \left(1 + \frac{z_v}{100\%} \right) \right] \cdot \frac{L}{100\%} \;}$$

t_e in min   Zeit je Einheit
t_h in min   Hauptzeit
t_n in min   Nebenzeit
z_v in %   Verteilzeitprozentsatz
L in %   Leistungsgrad
t_{er} in min   Erholzeit

Wenn die Erholzeiten nicht bereits in der Verteilzeit erfaßt sind, dann müssen sie zusätzlich addiert werden.

$$t_e = (t_g + t_v + t_{er}) \cdot \frac{L}{100}$$

Beispiel 4
Bestimmen Sie die Vorgabezeit je Einheit.
G e g e b e n :
Gemessene vom Menschen beeinflußbare Zeiten
Hauptzeit: 14,5 min, Nebenzeit: 6,0 min
Verteilzeitprozentsatz: $z_v = 12\%$
Geschätzter Leistungsgrad: 110%

$$t_e = \left[(t_h + t_n) \left(1 + \frac{z_v}{100\%} \right) \right] \cdot \frac{L}{100\%} = \left[(14,5 + 6) \left(1 + \frac{12\%}{100\%} \right) \right] \cdot \frac{110\%}{100\%}$$

L ö s u n g :

$$t_e = 20,5 \text{ min} \cdot 1,12 \cdot 1,1 = 25,2 \text{ min}$$

4.2.2 Zeitbestimmung mit Systemen vorbestimmter Zeiten

Definition und Einsatzgebiete Systeme vorbestimmter Zeiten (SvZ) sind Verfahren, mit denen Sollzeiten für die Ausführung manueller Tätigkeiten bestimmt werden. Sie werden eingesetzt zur Bestimmung der beeinflußbaren Tätigkeitszeiten (nach Refa t_{tb}) bei manuellen Arbeitsabläufen.

Besondere Bedeutung haben die SvZ bei der Gestaltung der Arbeitsplätze und der Arbeitsmethoden. Im Gegensatz zu den Zeitstudien nach Refa (Abschn. 4.2.1), bei denen auch die Arbeitsplatzgestaltung immer voraus geht, wird bei den SvZ die Gestaltung des Arbeitsplatzes durch Zeiten belegt. Dadurch wird es möglich, eine Arbeitsplatzbestgestaltung zu finden.

Außerdem werden Unstimmigkeiten zwischen den an einer Zeitfestlegung beteiligten Partnern (Arbeitsvorbereitung und Werker, für den die Zeit festgelegt wird) weitestgehend vermieden, weil die Zeitermittlung durch die schriftlich aufgezeichnete Analyse transparent und damit für die Lohnkommission überprüfbar wird.

Entstehung dieser Zeiten Frank Gilbreth, amerikanischer Arbeitswissenschaftler, Gründer der Bewegungsstudien, stellte beim Filmen manueller Verrichtungen fest, daß sich die menschlichen Bewegungen auf 17 Grundelemente (Grundbewegungen) zurückführen lassen. Die wichtigsten Grundbewegungen sind:

— Hinlangen

— Bringen

— Greifen

— Fügen

— Trennen

— Drehen

— Körper-, Bein- und Fußbewegung

In weiteren Untersuchungen (1948) zeigte sich, daß die Zeiten, die für die Ausführung der Grundbewegungen erforderlich sind, für alle Menschen (unabhängig von Geschlecht, Größe und Alter) annähernd gleich sind.
Sie sind nur abhängig von den Bedingungen, die bei den einzelnen Grundbewegungen vorliegen. Solche Bedingungen sind z. B. die Länge einer Bewegung; Lage, Form, Größe und Gewicht eines Gegenstandes, der bewegt werden soll.

Verfahren der Systeme vorbestimmter Zeiten In Deutschland haben sich zwei Verfahren eingeführt:
— Workfaktor-Verfahren „WF",
— Methods-Time-Measurement-Verfahren „MTM".
Dabei wird dem MTM-Verfahren, weil es neben den quantitativen auch die qualitativen Einflußgrößen berücksichtigt, der Vorzug gegeben. Deshalb wird in der nachfolgenden Darstellung nur noch über das MTM-Verfahren gesprochen.

MTM-Verfahren MTM sind die Anfangsbuchstaben von Methods-Time-Measurement (übersetzt: Methoden-Zeit-Messung).

Anwendung des MTM-Verfahrens: Es kann nur für manuelle Arbeiten, die in Grundbewegungen zerlegt werden können, angewandt werden. Seine Anwendung ist besonders geeignet für:

— Arbeitsgestaltung:

  Bestimmung von Arbeitsmethoden

  Verbesserung der Arbeitsmethoden

  Gestaltung der Betriebsmittel

  Gestaltung des Arbeitsflusses

– Zeitstudien:

Vorkalkulation

Bestimmung von Vorgabezeiten

– Schulung:

Ausbildung von Mitarbeitern für Arbeitsstudien (Lernen von methodischem Denken bei der Gestaltung von Arbeitsplätzen)

G r e n z e n   d e r   A n w e n d u n g : Das MTM-Verfahren kann nicht für die Ermittlung von Prozeßzeiten bzw. von prozeßabhängigen Zeiten eingesetzt werden,

– es schließt die Anwendung der Stoppuhr nicht aus,

– es enthält keine Verteilzeiten.

Z e i t e i n h e i t : Die Zeiteinheit entstand aus der Bildgeschwindigkeit (16 Bilder pro Sekunde) beim Filmen. Daraus folgt für ein Bild = 1/16 s = 0,0000173 Std. Dieser Wert wurde gerundet und daraus die Zeiteinheit 1 TMU festgelegt; das sind 1,7 TMU für 1 Bild. TMU ist die Abkürzung für Time-Measurement-Unit (übersetzt: Zeit-Meß-Einheit).

$$1 \text{ TMU} = \frac{1}{100\,000} \quad (h)$$

Tabelle 5 zeigt die Umrechnungsfaktoren für diese Zeiteinheit.

Tabelle 5 Umrechnungsfaktoren der Zeiteinheiten

TMU	s	min	h
1	0,036	0,0006	0,00001
27,8	1	–	–
1 666,7	–	1	–
100 000	–	–	1

M T M - N o r m z e i t w e r t k a r t e : Diese Karte enthält die Zeitwerte für die einzelnen Bewegungen. Bei diesen Zeiten werden die Einflußfaktoren wie z. B. die Länge einer Bewegung, die Größe eines zu ergreifenden Gegenstandes usw. besonders berücksichtigt.

Aus einer solchen MTM-Normzeitkarte wurden mit Genehmigung der Deutschen MTM-Vereinigung Auszüge aus den Zeitwerten für die Grundbewegungen Hinlangen, Greifen, Bringen, Fügen, Loslassen entnommen (Tabelle 6).

M T M - S y m b o l e : Die Symbole sind eingeführt worden, damit ein bestimmter Arbeitsablauf mit nur wenigen Kurzzeichen analysiert werden kann. Z. B. bedeutet:

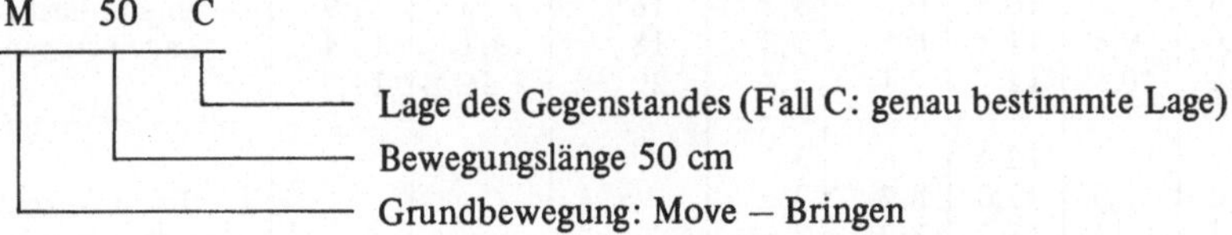

M T M - G r u n d b e w e g u n g e n : Von den 17 Grundbewegungen sollen hier 5 an Hand von Beispiel 5 bis 9 näher dargestellt werden.

Tabelle 6 Normzeitwerte für einige Grundbewegungen (Auszug aus MTM-Normzeitkarte)

Hinlangen — R — (Reach)

Be-weg.-Länge in cm	Normzeitwerte in TMU							Beschreibung der Fälle
	R-A	R-B	R-C R-D	R-E	mR-A R-Am	mR-B R-Bm	m-Wert für B	
bis 2	2,0	2,0	2,0	2,0	1,6	1,6	0,4	A Hinlangen zu einem alleinstehen-den Gegenstand, der sich immer an einem genau bestimmten Ort be-findet, in der anderen Hand liegt oder auf dem die andere Hand ruht.
4	3,4	3,4	5,1	3,2	3,0	2,4	1,0	
6	4,5	4,5	6,5	4,4	3,9	3,1	1,4	
8	5,5	5,5	7,5	5,5	4,6	3,7	1,8	
10	6,1	6,3	8,4	6,8	4,9	4,3	2,0	
12	6,4	7,4	9,1	7,3	5,2	4,8	2,6	B Hinlangen zu einem alleinstehen-den Gegenstand, der sich an einem von Arbeitsgang zu Arbeitsgang veränderten Ort befindet.
14	6,8	8,2	9,7	7,8	5,5	5,4	2,8	
16	7,1	8,8	10,3	8,2	5,8	5,9	2,9	
18	7,5	9,4	10,8	8,7	6,1	6,5	2,9	
20	7,8	10,0	11,4	9,2	6,5	7,1	2,9	
22	8,1	10,5	11,9	9,7	6,8	7,7	2,8	C Hinlangen zu einem Gegenstand, der mit gleichen oder ähnlichen Gegenständen so vermischt ist, daß er ausgewählt werden muß.
24	8,5	11,1	12,5	10,2	7,1	8,2	2,9	
26	8,8	11,7	13,0	10,7	7,4	8,8	2,9	
28	9,2	12,2	13,6	11,2	7,7	9,4	2,8	
30	9,5	12,8	14,1	11,7	8,0	9,9	2,9	

Bringen — M — (Move)

Be-weg. Länge in cm	Normzeitwerte in TMU					Mit Kraftaufwand			Beschreibung der Fälle
	M-A	M-B	M-C	mM-B M-Bm	m-Wert für B	Ge-wicht bis kp	Faktor W	Kon-stante K	
bis 2	2,0	2,0	2,0	1,7	0,3	1	1,00	0,0	A Einen Gegenstand zur anderen Hand oder gegen einen Anschlag bringen.
4	3,1	4,0	4,5	2,8	1,2	2	1,04	1,6	
6	4,1	5,0	5,8	3,1	1,9	4	1,07	2,8	
8	5,1	5,9	6,9	3,7	2,2	6	1,12	4,3	
10	6,0	6,8	7,9	4,3	2,5	8	1,17	5,8	
						10	1,22	7,3	
12	6,9	7,7	8,8	4,9	2,8	12	1,27	8,8	B Einen Gegenstand in eine ungefähre oder eine unbestimmte Lage bringen.
14	7,7	8,5	9,8	5,4	3,1	14	1,32	10,4	
16	8,3	9,2	10,5	6,0	3,2	16	1,36	11,9	
18	9,0	9,8	11,1	6,5	3,3	18	1,41	13,4	
20	9,6	10,5	11,7	7,1	3,4	20	1,46	14,9	
22	10,2	11,2	12,4	7,6	3,6				C Einen Gegenstand in eine genau bestimmte Lage bringen.
24	10,8	11,8	13,0	8,2	3,6				
26	11,5	12,3	13,7	8,7	3,6				
28	12,1	12,8	14,4	9,3	3,5				
30	12,7	13,3	15,1	9,8	3,5				

Greifen – G – (Grasp)

Symbol	TMU	Beschreibung der Fälle	
G1A	2,0	Greifen eines leicht zu fassenden, allein liegenden Gegenstandes.	
G1B	3,5	Greifen eines sehr kleinen Gegenstandes oder eines Gegenstandes, der flach auf einer Ebene liegt.	
G1C1 G1C2 G1C3	7,3 8,7 10,8	> 12 mm ϕ 6 bis 12 mm ϕ < 6 mm ϕ	Greifen eines ungefähr zylindrischen Gegenstandes, wobei dies durch Hindernisse von einer Seite und von unten erschwert wird.
G2	5,6	Nachgreifen: Verlegen des Kontrollpunktes an einen Gegenstand, ohne die Kontrolle über diesen zu verlieren.	
G3	5,6	Übergabegriff: Eine Hand übernimmt die Kontrolle über einen Gegenstand, während die andere Hand diese aufgibt.	
G4A G4B G4C	7,3 9,1 12,9	> 25 x 25 x 25 mm 6 x 6 x 3 bis 25 x 25 x 25 mm < 6 x 6 x 3 mm	Auswählgriff: Greifen eines mit anderen vermischten Gegenstandes, so daß er ausgesucht und ausgewählt werden muß.
G5	0,0	Berührungsgriff: Durch Berührung genügend Kontrolle über einen Gegenstand erhalten, so daß die nachfolgende Grundbewegung ausgeführt werden kann.	

Fügen – P – (Position)

Symbol	Passung	Beschreibung	Anfügen mm	Symmetrie	E	D
P 1	lose	Kein Druck notwendig	$\leqslant \pm 6,0$	S SS NS	5,6 9,1 10,4	11,2 14,7 16,0
P 2	eng	Leichter Druck notwendig	$\leqslant \pm 1,5$	S SS NS	16,2 19,7 21,0	21,8 25,3 26,6
P 3	fest	Starker Druck notwendig	$\leqslant \pm 0,4$	S SS NS	43,0 46,5 47,8	48,6 52,1 53,4

Loslassen – RL – (Release)

Symbol	TMU	Beschreibung	Symbol	TMU	Beschreibung
RL1	2,0	Durch Öffnen der Finger	RL2	0,0	Durch Aufheben des Kontaktes

Beispiel 5 H i n l a n g e n   Symbol: R (Reach)

Definition Hinlangen ist die Grundbewegung, die ausgeführt wird, wenn das maßgebliche Ziel darin besteht, die Hand oder die Finger zu einem bestimmten oder unbestimmten Ort zu bewegen.

1. **Einflußgrößen**
   Bewegungslänge
   Bewegungsfall
   Typ des Bewegungsverlaufes
   Richtungsänderung des Bewegungsverlaufes

2. **Beschreibung der Einflußgrößen**
   Bewegungslänge: Tatsächlich zurückgelegter Weg zwischen Bewegungsausgangs- und Endpunkt in cm gemessen. Der Meßpunkt liegt bei Handbewegungen an der Wurzel des Zeigefingers, bei Fingerbewegungen am Fingernagel (Bild 14).

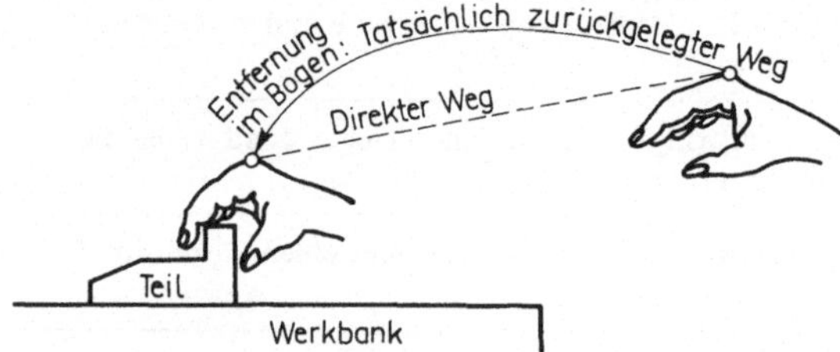

Bild 14

Bewegungsfälle: Die Bewegungsfälle richten sich nach dem Ort, an dem der Gegenstand liegt und nach Größe und Beschaffenheit des Gegenstandes, zu dem hingelangt wird.

Fall A: Hinlangen zu einem alleinstehenden Gegenstand, der sich immer an einem genau bestimmten Ort befindet, in der anderen Hand liegt, oder auf dem die andere Hand ruht.

Kennzeichen: Automatisches, sorgloses Hinlangen. Keine visuelle und gedankliche Konzentration erforderlich.

Beispiel: Hinlangen zu Hebel oder Schalter an einer Maschine; Bewegungslänge 28 cm.

Symbolische Schreibweise: R 28 A
Zeitwert: 9,2 TMU

Fall B: Hinlangen zu einem alleinstehenden Gegenstand, der sich an einem von Arbeitsgang zu Arbeitsgang veränderten Ort befindet.

Kennzeichen: Suchendes Hinlangen. Etwas visuelle und gedankliche Konzentration erforderlich.

Beispiel: Hinlangen zu einem Teil auf einem kontinuierlich laufenden Montageband; Bewegungslänge 28 cm.

Symbolische Schreibweise: R 28 B
Zeitwert: 12,2 TMU

Fall C: Hinlangen zu einem Gegenstand, der mit gleichen oder ähnlichen Gegenständen so vermischt ist, daß er ausgewählt werden muß.

Kennzeichen: Auswählendes Hinlangen. Visuelle und gedankliche Konzentration erforderlich.

Beispiel: Hinlangen zu einer Schraube, die mit anderen vermischt ist; Bewegungslänge 28 cm.

Symbolische Schreibweise: R 28 C
Zeitwert: 13,6 TMU

Beispiel 6 G r e i f e n   Symbol: G (Grasp)

Definition Greifen ist die Grundbewegung, die ausgeführt wird, um mit den Fingern oder der Hand eine ausreichende Kontrolle über einen Gegenstand oder mehrere Gegenstände zu erhalten, so daß die nächste Grundbewegung ausgeführt werden kann.

1. Einflußgrößen

Lage des Gegenstandes

Beschaffenheit des Gegenstandes

Art des Greifens

2. Beschreibung der Einflußgrößen

Aufnahmegriff G 1: Greifen eines Gegenstandes, der entweder einzeln liegt, oder der mit anderen so angeordnet ist, daß er wie ein alleinliegender gegriffen werden kann.

Fall G 1 A: Greifen eines leicht zu fassenden, allein liegenden Gegenstandes. Ein einfaches Schließen der Finger genügt, um den Gegenstand unter Kontrolle zu bekommen.

Kennzeichen: Keine Behinderung

Beispiel: Greifen eines Maschinenhebels

Symbolische Schreibweise: G 1 A
Zeitwert: 2,0 TMU

Fall G 1 B:

Kennzeichen: Behinderung von einer Seite

Beispiel: Greifen einer Geldmünze, die auf einer Tischplatte liegt.

Symbolische Schreibweise: G 1 B
Zeitwert: 3,5 TMU

Fall G 1 C: Greifen eines ungefähr zylindrischen Gegenstandes, wobei dies durch Hindernisse von einer Seite und von unten erschwert ist (Bild 15).

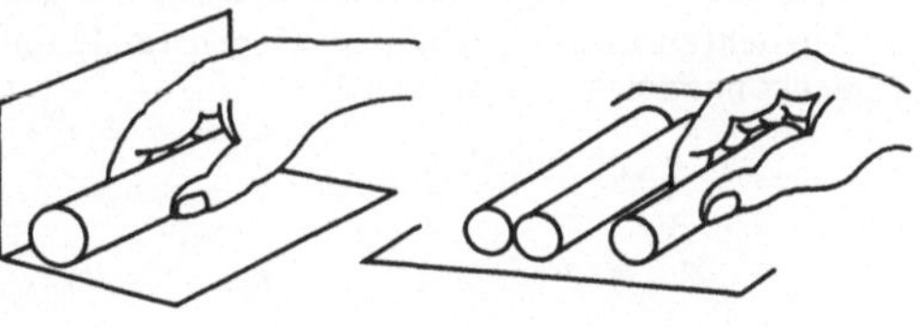

Bild 15

Beispiel 7 B r i n g e n   Symbol M (Move)

Definition Bringen ist die Grundbewegung, die ausgeführt wird, wenn das maßgebliche Ziel darin besteht, einen Gegenstand mit den Fingern oder den Händen zu einem Bestimmungsort zu transportieren.

1. Einflußgrößen

Bewegungslänge

Bewegungsfall

Typ des Bewegungsverlaufs

Kraftaufwand

2. Beschreibung der Einflußgrößen

Bewegungslänge: Tatsächlich zurückgelegter Weg zwischen Bewegungsausgangs- und Endpunkt in cm gemessen.

Bewegungsfälle: Die Bewegungsfälle richten sich nach der Zielgenauigkeit der Bewegung oder der Beschaffenheit des Bestimmungsortes, zu dem der Gegenstand transportiert wird.

Fall A: Einen Gegenstand zur anderen Hand oder gegen einen Anschlag bringen.

Kennzeichen: Automatisches, sorgloses Bringen. Keine visuelle und gedankliche Konzentration erforderlich (mit Ausnahme am Ende von Bewegungen mit größeren Weglängen).

Beispiel: Schieben einer Platine zu Anschlag; Bewegungslänge 20 cm (Bild 16).

Symbolische Schreibweise   M 20 A
Zeitwert: 9,6 TMU

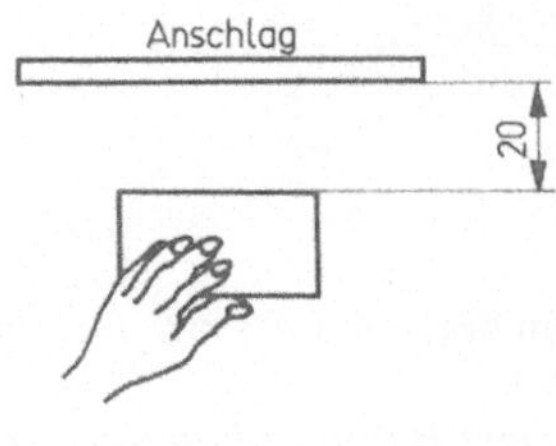

Bild 16

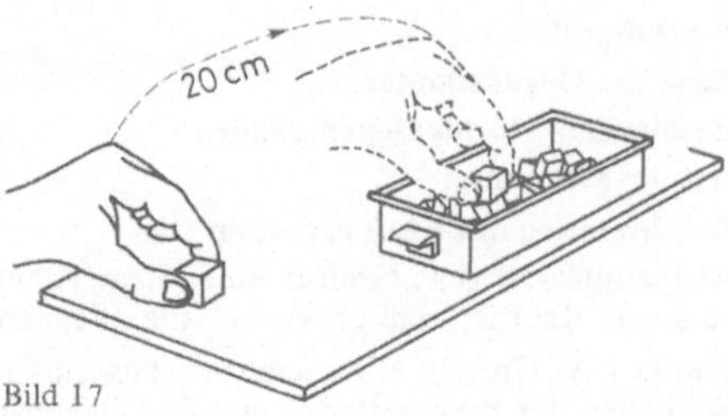

Bild 17

Fall B: Einen Gegenstand in eine ungefähre oder unbestimmte Lage bringen.

Kennzeichen: Ungefähres Bringen, keine besondere Sorgfalt oder Vorsicht nötig. Etwas visuelle und gedankliche Konzentration erforderlich. Zielgenauigkeit: > 25 mm

Beispiel: Bringen eines Gegenstandes in einen Teilebehälter; Bewegungslänge 20 cm (Bild 17).

Symbolische Schreibweise: M 20 B
Zeitwert: 10,5 TMU

Beispiel 8 F ü g e n   Symbol: P (Position)

Definition Fügen ist die Grundbewegung, die von den Fingern oder der Hand ausgeführt wird, um einen Gegenstand mit einem anderen zusammenzusetzen. Hierbei kommen die Einzelbewegungen (Bewegungsphasen) zentrieren, ausrichten und an- oder einfügen vor.

Zentrieren ist das in Übereinstimmung Bringen der Achsen (Bild 18).

Ausrichten ist das Drehen der Gegenstände um die gemeinsame Fügeachse, bis die Querschnitte deckungsgleich sind (Bild 19).

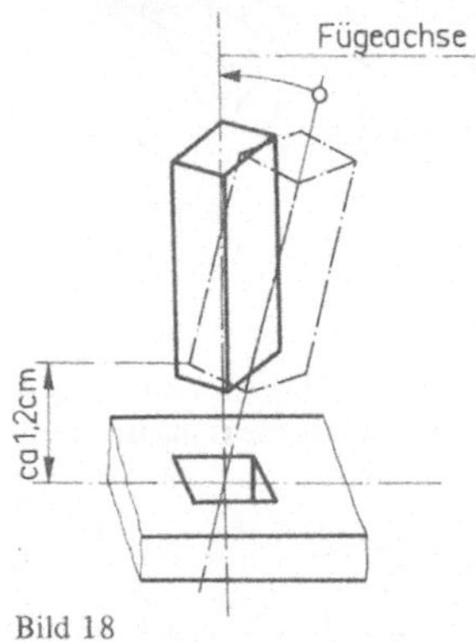

Bild 18

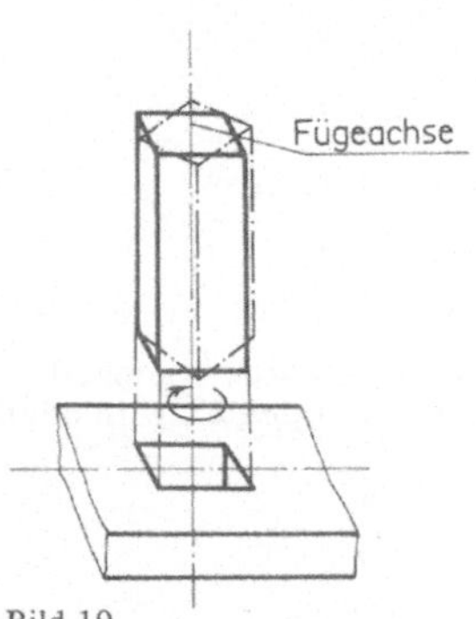

Bild 19

Einfügen ist das Einschieben eines Gegenstandes in einen anderen (Bild 20).

Man unterscheidet beim Fügen drei Passungsklassen in denen die Größe des Spieles (Bild 21) berücksichtigt wird. Je kleiner das Spiel, um so größer ist die zum Fügen erforderliche Zeit.

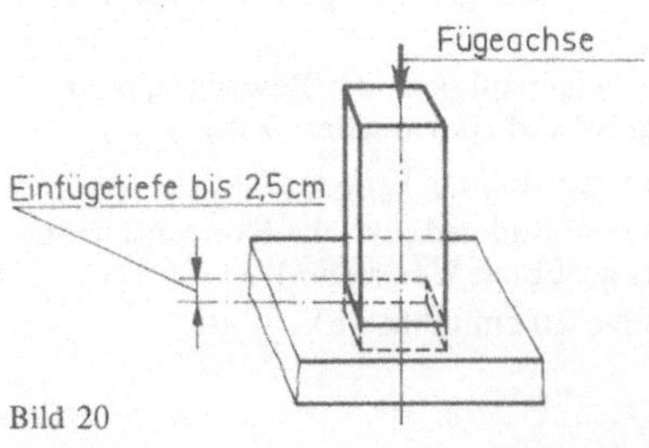

Bild 20

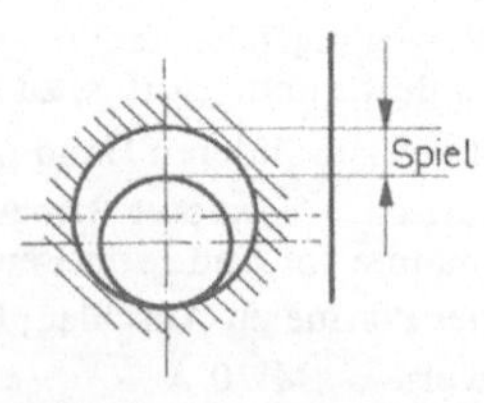

Bild 21

Beispiel 9 L o s l a s s e n   Symbol: RL (Release)

Definition Loslassen ist die Grundbewegung, die ausgeführt wird, wenn die mit den Fingern oder der Hand ausgeübte Kontrolle über einen Gegenstand aufgehoben wird.

1. **Einflußgrößen**
   Bewegungsfälle

2. **Beschreibung der Einflußgrößen**
   Die Bewegungsfälle unterscheiden, ob zum Aufheben der Kontrolle die Finger bewegt oder nicht bewegt werden müssen.

   Fall 1: Normales Loslassen durch Öffnen der Finger.

   Kennzeichen: Finger werden bewegt.

   Beispiel: Nach dem Einlegen eines Werkstückes in eine Vorrichtung erfolgt das Loslassen, um die nächste Grundbewegung ausführen zu können (Bild 22).

   Symbolische Schreibweise   RL 1
   Zeitwert: 2,0 TMU

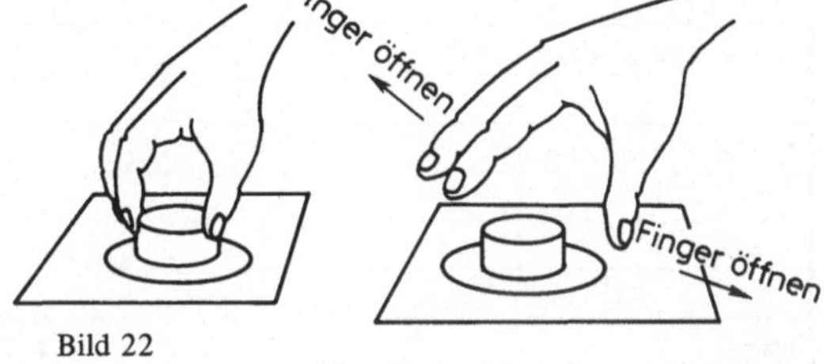

Bild 22

M T M - A n a l y s e : Für die MTM-Analyse verwendet man spezielle Formblätter (Tabelle 7 und 8). In Blatt 1 (S. 52) wird die Aufgabe formuliert und durch Skizzen ergänzt, in Blatt 2 werden die Zeiten für die Grundbewegungen festgehalten. Darin bedeuten die Abkürzungen LH = linke Hand und RH = rechte Hand.

Arbeiten beide Hände gleichzeitig, dann geht die Zeit der Hand in die Zeitrechnung ein, die den größeren Zeitwert nach der Zeitwerttabelle erhält. Dieser in die Zeitrechnung eingehende Zeitwert wird durch eine Umrandung (Beispiel 10, (R 20 C)) gekennzeichnet.

Die nachfolgenden, nach Unterlagen der Firma Bosch gestalteten Beispiele 10 und 11 zeigen die praktische Anwendung des MTM-Verfahrens. Wie man daraus ersieht, sind für solche Analysen gut ausgebildete Fachleute erforderlich. Der MTM-Verband bildet solche Fachleute aus und bestätigt diese Ausbildung durch ein Zertifikat, ähnlich dem Refaschein, wenn der Ausgebildete den Leistungsnachweis durch eine Prüfung erbracht hat.

Beispiel 10 Schraube mit Scheiben versehen

1. **Arbeitsplatz-Skizze (Bild 23a)**

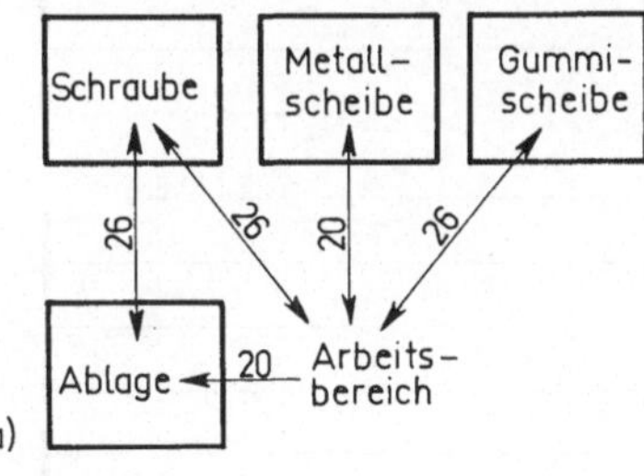

Bild 23

2. **Teile-Skizze (Bild 23b)**

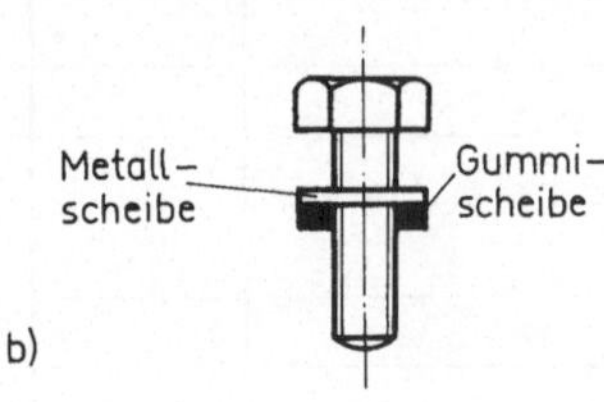

3. **Arbeitsfolge**
   1. Metallscheibe auf Schraube stecken
   2. Gummischeibe auf Schraube stecken
   3. Schraube ablegen

Tabelle 7 MTM-Analyse Blatt 1

Abt:	Datum:	Bearbeitet von:	Geprüft:	Arbeitsgangnr:
Gegenstand:			Anzahl Ermittlungsbogen:	
Unterteile:		Werkstoff:		

Arbeitsgang:

Ausrüstung:

Sonder Werkzeuge:

Qualitäts Bedingungen:

Name: M/F Umstände

Skizze, Abmessungen und Erklärungen

Tabelle 8 MTM-Analyse Blatt 2

Element:... Arbeitsgang Nr.: ....

Beschreibung	L.H.	TMU	R.H.	Beschreibung
Gesamt				

4. Analyse

Nr.	Linke Hand	Symbol	TMU	Symbol	Rechte Hand
	z. Schraube	R 26 C	13,0	(R 20 C)	z. Scheibe
		G 4 B	9,1		
			9,1	G 4 B	
		M 26 C) (G 2))	13,7	(M 20 C) (G 2)	
			5,6	P 1 S E	
			2,0	R L 1	
			13,0	R 26 C	z. Gummischeibe
			9,1	G 4 B	
			13,7	(M 26 C (G 2)	
			21,8	P 2 SD	
			2,0	R L 1	
		M 20 B	10,5		
		R L 1	2,0		
			124,6		

Beispiel 11 Schraube mit Scheibe versehen, mit verbesserter Arbeitsplatzgestaltung

1. Arbeitsplatz-Skizze (Bild 24a)

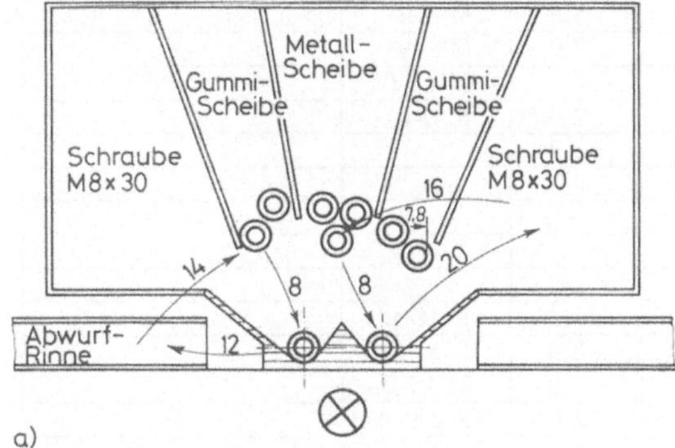

2. Teile-Skizze (Bild 24b)

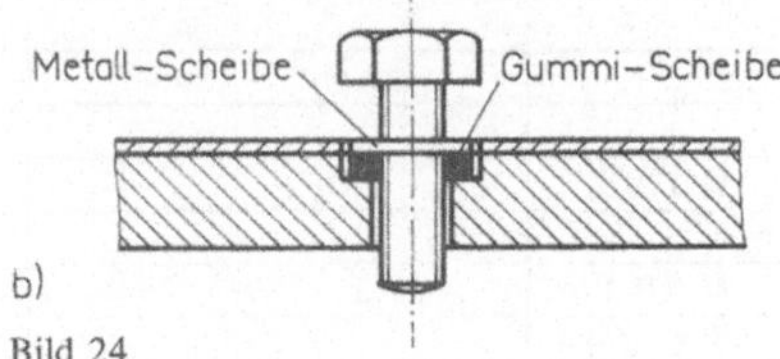

Bild 24

3. Arbeitsfolge

    1. Gummischeiben in Aufnahme streifen
    2. Schrauben in Metallscheiben stecken, in Aufnahme streifen, Teile ablegen
    3. Vereinzeln Gummischeiben (nach 16 Teilen)
    4. Vereinzeln Metallscheiben (nach 8 Teilen)

4. **Analyse**

Nr.	Linke Hand	Symbol	TMU	Symbol	Rechte Hand
		Übertrag			
1.	Gummischeiben in Aufnahme streifen				
	z. Gummischeibe	R 14 B	8,2	R 14 B	
		G 5	0,0	G 5	
		M 8 B	5,9	M 8 B	
		R L 2	0,0	R L 2	
			14,1		
2.	Schrauben in Metallscheiben stecken, in Aufnahme streifen, Teile ablegen				
		R 20 C	11,4	R 20 C	
		G 4 B	9,1		
			9,1	G 4 B	
	z. Metallscheibe	M 16 C	10,5	M 16 C	
		(G 2)		(G 2)	
		P 1 S E	5,6		
			5,6	P 1 S E	
	in Aufnahme	M 8 B	5,9	M 8 B	
	nach unten	M f A	2,0	M f A	
	in Rutsche ablegen	M 12 B	7,7	M 12 B	
		R L 1	2,0	R L 1	
			68,9		
3.	Vereinzeln Gummischeiben				
		R 10 B	6,3	R 10 B	
		G 5	0,0	G 5	
		M 10 B	6,8	M 10 B	
		3 x M 4 B	12,0	3 x M 4 B	
		R L 2	0,0	R L 2	
			25,1		
4.	Vereinzeln Metallscheiben				
			6,3	R 10 B	
			0,0	G 5	
			6,8	M 10 B	
			12,0	3 x M 4 B	
			0,0	R L 2	
			25,1		
		Summe (Übertrag)			

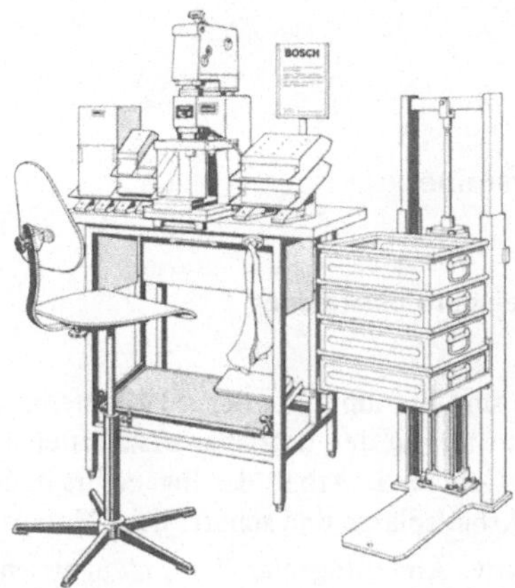

Bild 25 Montagearbeitsplatz

Ein Beispiel für einen nach MTM gestalteten Arbeitsplatz zeigt Bild 25.

M T M 2 - u n d M T M 3 - V e r f a h r e n : Das MTM 2- und das MTM 3-Verfahren stellen eine
Weiterentwicklung des MTM-Grundverfahrens dar. In diesen Verfahren werden mehrere Grundbewegungen zu einem Baustein zusammengefaßt; z. B. das erschwerte Aufnehmen eines Werkstückes,
das sich nach MTM aus den 3 Grundbewegungen zusammensetzt,

$$R\ 36{,}9\ C + G \ldots + RL\ 1 = 27\ TMU$$

ist nach MTM 2 zusammengefaßt in GC 45 = 27 TMU.

Auch für diese beiden Verfahren gibt es Normzeitwertkarten, die die zusammengefaßten Zeiten
enthalten.

M T M - U A S - D a t e n s y s t e m : Das Universelle Analysier-System (UAS) wurde für die Ablauf-
beschreibung und die Sollzeitermittlung bestimmt. Mit diesem System sollte vor allem für die Serienfertigung folgendes erreicht werden:

— Erhöhung der Analysiergeschwindigkeit

— analysierte Arbeitsmethoden (die sich aus mehreren Grundbewegungen zusammensetzen) sollen
  so beschreibbar sein, daß sie reproduzierbar sind

— trotz geringerer Datenmenge (nur 77 Zeitwerte statt 122 MTM-Basiswerte) soll in der Serienfertigung eine hohe Genauigkeit der mit diesem Verfahren bestimmten Zeiten erreicht werden.

Bei UAS werden 7 Grundvorgänge, deren Bausteine jeweils einen in sich geschlossenen, abgegrenz-
ten Bewegungsablauf umfassen, unterschieden.

M T M - M E K - D a t e n s y s t e m : Das Analysiersystem MTM für Einzel- und Kleinserienferti-
gung (MEK) soll den Besonderheiten dieser Fertigung, bei der die meisten Arbeitsabläufe nicht
bzw. nur bedingt regelmäßig wiederholen, entsprechen. Die Konzeption, Kodierung und die Einflußgrößen des MEK-Systems sind denen von UAS sehr ähnlich.

5 Lohnsysteme

5.1 Kriterien der Lohnfindung

Lohnfragen sind Brennpunkte der Auseinandersetzung im Betrieb. Deshalb ist eine gerechte Lohnfindung nicht nur für den Betriebswirtschaftler, sondern auch für den Ingenieur von besonderer Bedeutung. Gerade die Arbeit des Ingenieurs in der Arbeitsvorbereitung und der Konstruktion verändert die Arbeitsplätze und schafft neue Voraussetzungen für die Entlohnung durch:

— konstruktive Änderungen an den Erzeugnissen und den Betriebsmitteln

— die Wahl der Arbeitsverfahren und der Fertigungseinrichtungen

— organisatorische Maßnahmen.

Als Kriterien für die Lohnfindung wurden in der Vergangenheit z. B. die Ausbildung, das Lebensalter, und die Betriebstreue der Arbeitnehmer verwendet.

Bei der Ausbildung wurde unterschieden zwischen gelernten, angelernten und ungelernten Arbeitskräften. Der qualifizierte Facharbeiter erhielt den höchsten Lohn.

Eine Entlohnung nach der Qualifikation bzw. nach Art der Ausbildung bleibt aber nur so lange richtig, wie der Mann mit höherer Qualifikation auch tatsächlich eine Arbeit ausführt, die diese Qualifikation erfordert. So kann es sein, daß ein Mann mit hoher Qualifikation, bezogen auf seine Ausbildung, an einem Arbeitsplatz eingesetzt wird, der eine solche Qualifikation gar nicht erfordert. Wenn man den Mitarbeiter aber nach seiner Ausbildung bezahlt, dann wäre die Entlohnung zu hoch. Sie wäre aber auch ungerecht, weil ein anderer Mitarbeiter, der eine geringere Ausbildung hat, für die gleiche Arbeit einen niedrigeren Lohn erhält.

Ähnlich liegen die Verhältnisse, wenn man als Bewertungsmerkmal das Lebensalter eines Mitarbeiters einsetzt. Ein mit dem Lebensalter ansteigender Lohn wird von den jüngeren Arbeitskräften als ungerecht empfunden. Objektiv gesehen, hat der ältere Mitarbeiter natürlich die größere Berufserfahrung. Dem steht aber in der Regel die größere körperliche und geistige Leistungsfähigkeit des jüngeren Mitarbeiters gegenüber. Weil eine Entlohnung, die den Menschen und nicht den Arbeitsplatz bewertet, nicht zu einer Lohngerechtigkeit führt, wird in der Gegenwart die Entlohnung an die Anforderung des Arbeitsplatzes angeglichen.

Wer die Arbeit an einem bestimmten Arbeitsplatz ausführen kann, hat die für diese Arbeit erforderliche Qualifikation und wird nach dieser Qualifikation entlohnt. Dabei ist es unwichtig, welche Ausbildung der Arbeitnehmer hat und welchen Geschlechtes er ist. Damit wird der Grundsatz „Gleicher Lohn für gleiche Arbeit" weitestgehend verwirklicht.

5.2 Analytische Arbeitsbewertung

Unter analytischer Arbeitsbewertung versteht man eine Bewertung des Arbeitsplatzes.

Durch Analyse des Arbeitsplatzes wird festgestellt, welche Kenntnisse und Fähigkeiten erforderlich sind, um die Arbeit an diesem Arbeitsplatz ausführen zu können. Dabei ist es unwichtig, wie der Mensch, der diesen Arbeitsplatz ausfüllen soll, sich diese Kenntnisse erworben hat.

5.2.1 Bewertungsmerkmale

Bei der Analyse des Arbeitsplatzes werden folgende Merkmale untersucht und mit Wertzahlen beurteilt:

Rangplatz für die einzelnen Bewertungsmerkmale In diesen sogenannten Rangreihen werden bewertet:

— Kenntnisse, Ausbildung und Erfahrung

— Geschicklichkeit

— geistige Belastung

— Belastung der Sinne und Nerven

— Betätigung der Muskeln

— Verantwortung für die eigene und für die Arbeit anderer

— Umweltbedingungen (z. B. Lärm, Schmutz, Temperatur).

Jedes einzelne Merkmal erhält einen Rangplatz (Auszüge in den Tabellen 9 und 10) zugeordnet. Die Rangplatzzahlen, die die Anforderung beurteilen, liegen zwischen 0 und 100. So erhält z. B. im Bewertungsmerkmal „Kenntnisse, Ausbildung, Erfahrung" die Grundüberholung einer Werkzeug-

Tabelle 9 Rangreihe für Bewertungsmerkmal 1: Kenntnisse, Ausbildung und Erfahrung

Anford.-Stufe		Anford.-Stufe	
100	Grundüberholung von Werkzeugmaschinen	35	Fräsen Lagerbock
95	–	30	Teilmontage Rechenmaschine Drehen von Getriebewellen
90	Anfertigen einer Druckgußform		
85	Montieren, justieren optischer Teilkopf	25	Schärfen von Kreissägeblättern Maschinenformen
80	Zusammenbau Folgeschnitt Drehen einer großen Kurbelwelle Reparaturschloss. für Werkzeugmaschinen	20	Drehen von Knöpfen Einsetzen, Härten von Kleinteilen Preßspritzen von Kunststoff-Lagerschild
75	Herstellen von Metallmodellen Zusammenbau von Leitspindeldrehbänken Anreißen Turbinenkondensatormantel	15	Wickeln von Spulen Absägen von Teilen Anlöten von Rundfunkteilen Teilmontage Moped-Motor Radialbohren von Gehäusedeckeln
70	Tätigkeit eines Betriebselektrikers		
65	Bohrarbeiten am Lehrenbohrwerk Drehen von Wellen Härten von Werkzeugteilen Einrichten von Drehautomaten	10	Botentätigkeit Punktschweißen Bolzen spitzenlos einstechschleifen Montage Autokabelsatz Einbau von Radiochassis
60	Endkontrolle von Getriebegehäusen Reparieren von Ständerbohrmaschinen Schweißen Lok-Motorgehäuse Schweißen eines Dampfkessels		
55	Montage, Verdrahten Schaltschrank	5	Gewindeschneiden in Kunststoff-preßteile Kunststoffspritzen Rändelknopf Spulenkörper zusammensetzen Einsetzen von Kolbenringen Bohren von Zylinderringen Einnieten in Radiochassis
50	Schnittplatte vorfertigen Zahnflankenschleifen Hobeln von Stirn- und Kegelrädern Bohren Frässchlitten Handformen und Abgießen		
45	Langhobeln Grundplatte	0	Prüfen von Drehteilen Kontaktsegmente aufziehen Farbtauchen von Kleinteilen
40	Drehen von Stirnrädern		

Tabelle 10   Rangreihe für Bewertungsmerkmal 2 : Geschicklichkeit (Handfertigkeit und Körpergewandtheit)

Anford.-Stufe		Anford.-Stufe	
100	–	45	Schweißen Lok-Motorgehäuse
95	–		Tätigkeit eines Betriebselektrikers
90	Anfertigen einer Druckgußform	20	Einbau in Radiochassis
85	–		Wickeln von Spulen
80	Montieren, justieren optischer Teilkopf		Anlöten von Rundfunkteilen
			Teilmontage Moped-Motor
75	–		Drehen von Knöpfen
70	Grundüberholung von Werkzeugmaschinen	15	Einnieten in Radiochassis
65	Zusammenbau Folgeschnitt		Montage Autokabelsatz
	Drehen einer großen Kurbelwelle		Drehen, Kordeln von Achsen
	Reparaturschloss. für Werkzeugmaschinen		Drehen von Lagerbüchsen
60	Herstellen von Metallmodellen		Helfer an der Tafelschere
55	–	10	Putzen Entgraten Kunststoffpreßteile
50	Zusammenbau von Leitspindeldrehbänken		Punktschweißen
	Drehen eines Turbinengehäuses		Bolzen spitzenlos einstechschleifen

maschine den Rangplatz R = 100 und das Bohren von Zylinderringen den Rangplatz R = 5. Im Merkmal „Geschicklichkeit" erhält der Zusammenbau eines Folgeschnittwerkzeuges den Rangplatz R = 65 und das Drehen von Knöpfen den Rangplatz R = 20.

Für eine bestimmte Arbeit wird nun für jedes Merkmal aus diesen Rangreihentabellen (Tabelle 9 und 10) der zugeordnete Rangplatz (Bewertungszahl) entnommen und in eine Bewertungsliste (s. Tarifbeispiel 01 und 59, Tabelle 12 und 13) eingetragen.

Wichtefaktor Mit einem zusätzlichen Wichtefaktor werden die einzelnen Bewertungsmerkmale noch einmal besonders gewichtet. So wird z. B. die Geschicklichkeit (Tabelle 11) mit dem Wichtefaktor W = 0,9 höher bewertet als Umwelteinflüsse durch Gase oder Dämpfe mit dem Wichtefaktor W = 0,2.

Tabelle 11 Wichtefaktoren der Bewertungsmerkmale

Bewertungsmerkmale	Wichtefaktor	Bewertungsmerkmale	Wichtefaktor
1 Kenntnisse	1,0	11 Temperatur	0,3
2 Geschicklichkeit	0,9	12 Nässe, Säure, Lauge	0,2
3 Belastung Sinne und Nerven	0,9	13 Gase, Dämpfe	0,2
4 Belastung Denken	0,8	14 Lärm	0,4
5 Belastung Muskeln	0,8	15 Erschütterung	0,1
6 Verantw. eigene Arbeit	0,8	16 Blendung, Lichtmangel	0,2
7 Verantw. Arbeit anderer	0,6	17 Erkältungsgefahr	0,2
8 Verantw. Sicherheit anderer	0,9	18 Unfallgefahr	0,3
9 Öl, Fett, Schmutz	0,5	19 hinderliche Schutz-	0,1
10 Staub	0,3	kleidung	

Teilarbeitswert Aus den beiden Bewertungszahlen (Rangreihenplatz und Wichtefaktor) wird nun rechnerisch der sogenannte Teilarbeitswert bestimmt:

Tabelle 12 Analytische Arbeitsbewertung

Tarifbeispiel: 01	Gewindeschneiden in Leichtmetall-Einpreßbuchsen bei Kunststoff-Preßteilen
Werkstück: Kleines Kunststoff-Preßteil mit gerändelter und eingepreßter Leichtmetallbuchse aus Al-Mg-Si 1 F 32 DIN 1798 mit einer Querbohrung. Der Buchsendurchmesser beträgt 10 mm, die Wandstärke 2 mm und die Länge 19 mm. Die Querbohrung hat in dem umpreßten Kunststoff eine Freibohrung von 3,1 mm $\emptyset$ und in der Buchse für das Innengewinde M 3 × 0,5 einen Kerndurchmesser von 2,5 mm.	
Arbeitsunterlagen: Arbeitsauftrag, mündliche Unterweisung.	
Betriebsmittel: Vertikal-Gewindeschneidemaschine für Gewinde von M 2 bis M 9, mit Leitpatrone für automatischen Vor- und Rücklauf des Gewindebohrers, Aufnahmevorrichtung für das Preßteil, Gewindebohrer, Gewindelehrdorn.	
Arbeitsplatz: Einzelarbeitsplatz für die im Sitzen zu verrichtende Arbeit, in einer ca. 500 m² großen, gut belüfteten und beleuchteten, heizbaren Werkhalle, mit vielen ähnlichen, lärmarmen Maschinen und Handarbeitsplätzen.	
Arbeitsvorgang und Arbeitsablauf: Die Preßteile werden an den Arbeitsplatz geliefert. Das Preßteil auf die Aufnahmevorrichtung stecken, die Maschine mit Fußhebel auslösen, Gewinde vollautomatisch schneiden, Preßteil abnehmen und ablegen. Von Zeit zu Zeit Gewindebohrer reinigen. Stichproben des Gewindes mit Gewindelehrdorn bei ca. jedem 100. Stück. Betreuung durch den Einrichter, der auch die Maschine einstellt.	
Fertigungsart: Serienfertigung	

Bewertungsmerkmale Nr.	Bewertungsbegründungen	Tarifbeispiel: 01	Rangplatz	Teilarbeitswert
1	Kenntnisse, Ausbildung und Erfahrung: Sachgemäßes Arbeiten an der Maschine und richtiges Einlegen der Teile		5	0,50
2	Geschicklichkeit (Handfertigkeit und Körpergewandtheit): keine		0	—
3	Belastung der Sinne und Nerven: Aufmerksamkeit beim Arbeitsablauf		5	0,45
4	Zusätzlicher Denkprozeß: keine		0	—
5	Betätigung der Muskeln: keine		0	—
6	Verantwortung für die eigene Arbeit: keine		0	—
7	Verantwortung für die Arbeit anderer: keine		0	—
8	Verantwortung für die Sicherheit anderer: keine		0	—
9	Öl, Fett, Schmutz: keine		0	—
10	Staub: keine		0	—
11	Temperatur: keine		0	—
12	Nässe, Säure, Lauge: keine		0	—
13	Gase, Dämpfe: keine		0	—
14	Lärm: Durch den Umgebungslärm		5	0,20
15	Erschütterung: keine		0	—
16	Blendung und Lichtmangel: keine		0	—
17	Erkältungsgefahr: keine		0	—
18	Unfallgefahr: keine		0	—
19	Hinderliche Schutzkleidung: keine		0	—
		Arbeitswert:		1,15

Tabelle 13 Analytische Arbeitsbewertung

Tarifbeispiel: 59	Einrichten von Drehautomaten
Werkstück:	Verschiedenartige einfache Drehteile bis 20 mm Ø, 60 mm Länge.
Arbeitsunterlagen:	Zeichnung, Arbeitsauftrag.
Betriebsmittel:	Ca. 5 Einspindel-Drehautomaten mit 4-, bzw. 6fach-Werkzeughaltern, Durchgang bis 25 mm, Spannfutter, Meßwerkzeuge, Schneidwerkzeuge.
Arbeitsplatz:	Der Arbeitsplatz befindet sich in einem niedrigen, heizbaren, schlecht zu lüftenden Maschinensaal von ca. 1000 m², welcher außer weiteren ca. 25 Drehautomaten auch ca. 20 Exzenterpressen, kleine Handpressen, sowie eine Keramik-Schleifmaschine enthält. Künstliche Beleuchtung durch Leuchtstoffröhren.
Arbeitsvorgang und Arbeitsablauf:	Es sind ca. 5 Drehautomaten einzurichten. Der Einrichter ist dafür verantwortlich, daß die Maschinen rechtzeitig nach den vorliegenden Aufträgen belegt werden. Für die jeweiligen Aufträge besorgt er das Material. Anfallende kleine Reparaturen an den Automaten sind von ihm selbst durchzuführen. Endprüfung der Teile in der Revision. Zwei Arbeitskräfte an den Automaten anleiten und beaufsichtigen.
Fertigungsart:	Serienfertigung.

Bewertungsmerkmale Nr.	Bewertungsbegründungen — Tarifbeispiel: 59	Rang-platz	Teilarbeits-wert
1	**Kenntnisse, Ausbildung und Erfahrung:** Sachgemäßes Durchführen der Arbeitsverrichtungen beim Einrichten der Maschinen. Erfahrung im Beseitigen von Störungen und evtl. beim Nacharbeiten der Steuerkurven, Kenntnisse über Bearbeitbarkeit des Werkstoffes und der benötigten Drehmeißel, Erfahrung im Arbeitsablauf der Aufträge, im Anlernen und Beaufsichtigen der Arbeitskräfte, Zeichnunglesen	65	6,50
2	**Geschicklichkeit (Handfertigkeit und Körpergewandtheit):** Handfertigkeit beim Ein-, Um- und Nachrichten der Maschinen, bei der Beseitigung von Störungen, beim Schleifen der Werkzeuge, beim Handhaben der Meßgeräte	35	3,15
3	**Belastung der Sinne und Nerven:** Aufmerksamkeit beim Einstellen der Drehautomaten, beim Nacharbeiten von Steuerkurven, beim Schleifen und Nacharbeiten der Drehstähle sowie beim ständigen Beobachten des Arbeitsablaufes der Maschinen	55	4,95
4	**Zusätzlicher Denkprozeß:** Belegen der einzelnen Drehautomaten nach Terminen und entsprechenden Aufträgen, sachgemäßes Nacharbeiten von Steuerkurven, Beheben von Störungen	20	1,60
5	**Betätigung der Muskeln:** Meist ganztägiges Stehen, bei der Einrichtearbeit und bei den anfallenden Reparaturen (zeitweise ungünstige Körperhaltung)	20	1,60
6	**Verantwortung für die eigene Arbeit:** Für Betriebsmittel und deren Ausnutzung	45	3,60
7	**Verantwortung für die Arbeit anderer:** Sachgemäßes Anweisen und Beaufsichtigen der Arbeitskräfte	20	1,20
8	**Verantwortung für die Sicherheit anderer:** Für das unfallsichere Arbeiten der zugeteilten Arbeitskräfte	5	0,45
9	**Öl, Fett, Schmutz:** Beim Einrichten der Maschine und bei der Beseitigung von Störungen unter ständiger Öleinwirkung	65	3,25
10	**Staub:** keine	0	—
11	**Temperatur:** keine	0	—
12	**Nässe, Säure, Lauge:** keine	0	—
13	**Gase, Dämpfe:** Durch die Öldünste	10	0,20
14	**Lärm:** Durch den Lärm der Automaten und Exzenterpressen	45	1,80
15	**Erschütterung:** keine	0	—
16	**Blendung und Lichtmangel:** keine	0	—
17	**Erkältungsgefahr:** keine	0	—
18	**Unfallgefahr:** Durch die Werkzeuge	10	0,30
19	**Hinderliche Schutzkleidung:** keine	0	—
	Arbeitswert:		28,60

$$TA = \frac{R \cdot W}{10}$$

TA   Teilarbeitswert
W   Wichtefaktor
R   Rangreihenplatz

Arbeitswert Diese Teilarbeitswerte werden für eine bestimmte Tätigkeit summiert.

Die Summe dieser Teilarbeitswerte ergibt dann den A r b e i t s w e r t für eine bestimmte Arbeit bzw. für einen bestimmten Arbeitsplatz.

Die Tarifbeispiele 01 (Tabelle 12) und 59 (Tabelle 13) (Auszug aus § 35 des Lohnrahmenabkommens der Eisen- und Metallindustrie von 1970) zeigen eine solche analytische Arbeitsbewertung für eine einfache und eine qualifizierte Arbeit.

In einer großen Anzahl (ca. 100) von Richtbeispielen wird in den Anlagen zu den Manteltarifverträgen die Bestimmung der Arbeitswerte für ganz bestimmte Arbeiten gezeigt. Daraus lassen sich weitere Arbeiten durch Vergleich mit diesen Beispielen leicht einordnen.

Lohngruppen, Arbeitswerte und Geldwerte In den Manteltarifverträgen werden zwischen den Sozialpartnern die Arbeiten in Lohngruppen eingestuft. Diesen Lohngruppen kann man nun wieder bestimmte Arbeitswerte aus der analytischen Bewertung zuordnen. (Früher hatte man einen sogenannten Lohngruppenkatalog mit vielen Richtbeispielen, der die Einstufung in eine bestimmte Lohngruppe erleichtern sollte.)

Mit der Lohngruppe wird zugleich auch der Lohn festgelegt. Ausgehend von einem bestimmten sogenannten „Ecklohn", er liegt im nachfolgenden Beispiel bei der Lohngruppe 7, werden die Lohnbeträge zu den anderen Lohngruppen prozentual abgestuft (Tabelle 14).

Tabelle 14 Zuordnung von Lohngruppen, Arbeitswerten und Lohnschlüssel zahlen

Arbeitswert	Lohngruppe	Lohnschlüssel in % von Lohngruppe 7
0 bis 4	1	75
4,1 bis 5,5	2	78
5,6 bis 7,0	3	82
7,1 bis 9,0	4	86
9,1 bis 12,0	5	90
12,1 bis 15,0	6	95
15,1 bis 20,0	7	100
20,1 bis 25,0	8	110
25,1 bis 31,0	9	120
31,1 bis	10	133

Die Anzahl der Lohngruppen und die Prozentzahlen sind in der Bundesrepublik Deutschland in den einzelnen Bundesländern verschieden und müssen deshalb in jedem Bundesland den zur Zeit gültigen Manteltarifverträgen entnommen werden.

Beispiel 12
Der Ecklohn (Lohngruppe 7) beträgt DM 12,00/h. Wie hoch ist dann der Lohn in Lohngruppe 2?
L ö s u n g :

$$L = 12{,}00 \text{ DM/h} \cdot 0{,}78 = 9{,}36 \text{ DM/h}.$$

5.3 Lohnformen

Bei den Lohnformen unterscheidet man zwischen

— Zeitlohn

— Akkordlohn

— Prämienlohn

Je nach Art der Fertigung bzw. der Zielsetzung bei der Entlohnung wird die eine oder die andere Lohnform gewählt.

5.3.1 Zeitlohn

Definition Beim Zeitlohn wird die Zeit bezahlt, in der der Arbeitnehmer an einem bestimmten Arbeitsplatz zur Verfügung steht. Die Höhe des Lohnes pro Arbeitsstunde ergibt sich aus der analytischen Bewertung des Arbeitsplatzes bzw. aus der Lohngruppe. Vom 16. bis zum 21. Lebensjahr wird die Entlohnung nach dem Lebensalter gestaffelt.

> > 21 Jahre 100%
> > 19 Jahre 90%
> > 17 Jahre 80%
> > 16 Jahre 70%

Einsatzgebiete für den Zeitlohn Zeitlohnbezahlung erfolgt, wenn die Arbeitsaufgabe zu schwankenden Leistungsanforderungen führt. Dies trifft besonders im Reparaturbetrieb zu. Je nach Zustand einer Werkzeugmaschine kann z. B. der Ausbau eines Maschinenelementes sehr unterschiedliche Zeiten in Anspruch nehmen. Arbeiten mit hohen Genauigkeitsforderungen, Anpaßarbeiten und Kontrollarbeiten sind ebenfalls typische Einsatzgebiete für den Zeitlohn.

Berechnung des Lohnes Der Lohnbetrag wird aus den Anwesenheitsstunden pro Monat berechnet. Die Zeit der Anwesenheit kann durch Zeitkontrollkarten (Stechkarten) oder Lohnscheine nachgewiesen werden.

$$L = z \cdot \ell_h$$

L in DM	Lohn
z in h	Anzahl der geleisteten Arbeitsstunden
ℓ_h in DM/h	Lohn pro Stunde

Beispiel 13
Welchen Lohn würde ein Mitarbeiter pro Monat erhalten?
G e g e b e n : Gearbeitete Stunden pro Monat: 160 Stunden
Höhe des Lohnes pro Stunde: DM 11,00/h
L ö s u n g:

$$L = 160 \text{ h} \cdot 11 \text{ DM/h} = 1.760,- \text{ DM}$$

Weil der Zeitlohn nur wenig Leistungsanreiz bietet, arbeitet man hier oft mit Leistungszuschlägen, in der die Verantwortung oder die Qualität der Arbeit noch einmal besonders anerkannt wird.

Solche Leistungszuschläge können in Form von festen Geldbeträgen (z. B. 0,40 DM/h) oder prozentual zum Grundlohn (z. B. 10% von DM 11,00 = 1,10 DM/h) gegeben werden.

5.3.2 Akkordlohn

Definition und Anwendung des Akkordlohnes Beim Akkordlohn geht man davon aus, daß

Leistungshergabe : Arbeitsergebnis : Lohn des Menschen

im Verhältnis 1 : 1 : 1 stehen,

d. h. daß sie proportional zueinander sind.

Der Vorteil des Akkordlohnes besteht darin, daß der Mitarbeiter seinen Verdienst in gewissen Grenzen steigern kann, wenn er dafür eine höhere Leistung erbringt.

Bei der Akkordentlohnung unterscheidet man zwischen Geld- und Zeitakkord. Während man beim Geldakkord einen bestimmten Geldbetrag pro gefertigtes Werkstück zugrunde legt, ist beim Zeitakkord die Vorgabezeit die Basis für die Entlohnung.

Diese Vorgabezeit (sie ist die Sollzeit, die für einen bestimmten Arbeitsauftrag benötigt wird) wird beim Zeitakkord mit einem Geldfaktor multipliziert. In der Gegenwart wird fast nur noch mit dem Zeitakkord gearbeitet.

Die Anwendung der Akkordentlohnung setzt aber voraus, daß die Fertigungszeit auch durch den Fleiß des Menschen beeinflußt werden kann. Arbeiten, bei denen eine automatisch ablaufende Prozeßzeit (z. B. an einem Drehautomaten oder einer NC-Maschine) mehr als 60% der Fertigungszeit ausmacht, sind für eine Akkordentlohnung nicht geeignet, weil hier der Werker praktisch keine Möglichkeit hat, durch seinen Fleiß die Leistung zu steigern.

Auswirkung der unbeeinflußbaren Zeitanteile auf den Zeitgrad (Gestaltet nach Refa-Methodenlehre des Arbeitsstudiums Bd. 2). Unter Zeitgrad versteht man das Verhältnis aus vorgegebener Soll-Zeit (Vorgabezeit) und erzielter Ist-Zeit. Der Zeitgrad bezieht sich auf einen Auftrag oder über mehrere Aufträge über einen bestimmten Zeitraum:

$$Z = \frac{t_a}{t_{ist}} \cdot 100$$

Z in % Zeitgrad
t_a in min Vorgabezeit für einen Auftrag
t_{ist} in min tatsächlich verbrauchte Zeit für den gleichen Auftrag

Kennt man den Leistungsgrad eines Arbeiters, dann kann man die Ist-Zeit rechnerisch bestimmen:

$$t_{ist} = \frac{t_a}{L_F}$$

t_{ist} in min Ist-Zeit
t_a in min Vorgabezeit
L_F Leistungsgradfaktor

Unter Leistungsgrad versteht man die effektive Leistung eines Werkers. Ist diese z. B. 120% (Normalleistung = 100%), dann hat er 20% mehr als die Normalleistung erbracht. Drückt man dies in einen Leistungsgradfaktor aus, dann folgt:

$$L_F = \frac{L_{ist}}{L_N}$$

L_F Leistungsgradfaktor
L_{ist} in %   tatsächlich erbrachte Leistung
L_N in %   Normalleistung = 100 % (entspricht der Vorgabezeit t_a)

Der Leistungsgrad (Leistungsgradfaktor) gibt also an, wieviel mal größer oder kleiner die Leistung eines Menschen als die Normalleistung war.

Die nachfolgenden Beispiele 14 und 15 sollen die Auswirkung der unbeeinflußbaren Zeit und damit die Grenzen der Akkordentlohnung zeigen.

Beispiel 14

G e g e b e n : Vorgabezeit t_a = 100 min
davon beeinflußbar t_{bo} =   20 min
nicht beeinflußbar t_u =   80 min
Leistungsgrad   = 120%
Leistungsgradfaktor L_F = 1,2

G e s u c h t : den vom Menschen beeinflußbaren Zeitanteil t_b und den Zeitgrad

$$t_{ist} = t_u + t_b$$

t_{ist} in min   tatsächlich verbrauchte Zeit
t_u in min   vom Menschen nicht beeinflußbare Zeit
t_b in min   vom Menschen beeinflußbare Zeit
t_{bo} in min   beeinflußbare Vorgabezeit
Z in %   Zeitgrad

$$t_b = \frac{t_{bo}}{L_F}$$

L ö s u n g :

$$t_b = \frac{20 \text{ min}}{1,2} = 16,7 \text{ min}$$

$$t_{ist} = t_u + t_b = 80 \text{ min} + 16,7 \text{ min} = 96,7 \text{ min}$$

$$Z = \frac{t_a}{t_{ist}} \cdot 100 = \frac{100 \text{ min}}{96,7 \text{ min}} \cdot 100 = 103,5\%$$

d. h. der Arbeiter erreicht hier, obwohl sein Leistungsgrad 120% war, nur einen Zeitgrad und damit einen Lohn von 103,5%.

Beispiel 15

G e g e b e n : Vorgabezeit t_a = 100 min
davon beeinflußbar t_{bo} =   80 min
nicht beeinflußbar t_u =   20 min
Leistungsgradfaktor L_F = 1,2
G e s u c h t : beeinflußbare Zeit t_b und Zeitgrad
L ö s u n g :

$$t_b = \frac{t_{bo}}{L_F} = \frac{80 \text{ min}}{1,2} = 66,7 \text{ min}$$

$$t_{ist} = t_u + t_b = 20 \text{ min} + 66,7 \text{ min} = 86,7 \text{ min}$$

$$Z = \frac{t_a}{t_{ist}} \cdot 100 = \frac{100 \text{ min}}{86,7 \text{ min}} \cdot 100 = 115,5\%$$

d. h. bei gleichem Leistungsgrad wie Beispiel 14 kann der Arbeiter hier einen Zeitgrad und damit einen Lohn von 115,5% erreichen.

Mit diesen Beispielen soll gezeigt werden, daß eine Entlohnung im Akkord nur dann sinnvoll ist, wenn mindestens 60% der Vorgabezeit vom Arbeiter durch seine erhöhte Leistungshergabe beeinflußt werden können.

Ermittlung des Lohnes beim Zeitakkord Ausgangsbasis für die Lohnbestimmung ist der sogenannte Akkordrichtsatz. Er ist ein Geldbetrag, der sich aus dem Akkordgrundlohn und dem Akkordzuschlag (ein Zuschlag in % zum Akkordgrundlohn) zusammensetzt. Dieser gegenüber dem Zeitlohn erhöhte Akkordrichtsatz (Akkordbasislohn), ist gewissermaßen die Anerkennung für die Mitarbeiter, die im Leistungslohn arbeiten.

A k k o r d r i c h t s a t z

Akkordrichtsatz = Grundlohn + Akkordzuschlag

$$A_R = L_G + \frac{x \cdot L_G}{100\%}$$

A_R in DM/h   Akkordrichtsatz
L_G in DM/h   Akkordgrundlohn
x in %   Akkordzuschlag

Beispiel 16
G e g e b e n : Akkordgrundlohn = DM 9,50/h
Akkordzuschlag   = 10%
G e s u c h t : Akkordrichtsatz
L ö s u n g :

$$A_R = L_G + \frac{x \cdot L_G}{100\%}$$

$$A_R = 9,50 \text{ DM/h} + \frac{10\% \cdot 9,50 \text{ DM/h}}{100\%} = 10,45 \text{ DM/h}$$

G e l d f a k t o r : Der Geldfaktor läßt sich aus dem Akkordrichtsatz, der in Minuten umgerechnet wird, bestimmen:

$$G_f = \frac{A_R \text{ DM/h}}{60 \text{ min/h}}$$

G_f in DM/min   Geldfaktor
A_R in DM/h   Akkordrichtsatz
60   in min/h   Umrechnungsfaktor von Stunden in Minuten

Beispiel 17
G e g e b e n : Akkordrichtsatz A_R = DM 10,45/h
G e s u c h t : Geldfaktor G_f
L ö s u n g :

$$G_f = \frac{A_R}{60 \text{ min/h}} = \frac{10,45 \text{ DM/h}}{60 \text{ min/h}} = 0,174 \text{ DM/min}$$

Lohn des Mitarbeiters:

Lohn = Vorgabezeit · Geldfaktor

$$L = t_a \cdot G_f$$

L in DM	Lohn des Mitarbeiters für einen bestimmten Auftrag
t_a in min	Vorgabezeit (Ausführungszeit) für eine bestimmte Stückzahl (s. Kapitel 4)
G_f in DM/min	Geldfaktor

Beispiel 18

G e g e b e n : Vorgabezeit für 100 Teile = 50 min
Der Auftrag umfaßt 3600 Teile
Geldfaktor = 0,174 DM/min (aus Beispiel 17)

G e s u c h t : Lohn für die Bearbeitung dieses Auftrages

L ö s u n g : Vorgabezeit für 3600 Teile (= 36 · 100 Teile)

$$t_a = 36 \cdot 50 \text{ min} = 1800 \text{ min}$$

$$L = t_a \cdot G_f = 1800 \text{ min} \cdot 0,174 \text{ DM/min} = 313,20 \text{ DM}$$

Der Arbeiter erhält für diesen Auftrag einen Lohn von 313,20 DM.

Beispiel 19

Wie hoch ist der Lohn pro Stunde für den gleichen Auftrag, wenn die tatsächlich benötigte Zeit

1. $t_{ist} = t_a = 1800 \text{ min}$

2. $t_{ist} = 1500 \text{ min}$

beträgt und wie hoch ist der Leistungsfaktor?

L ö s u n g : Der Lohn pro Arbeitsstunde läßt sich wie folgt berechnen:

$$L_h = \frac{t_a \cdot G_f}{t_{ist}} \cdot \frac{60 \text{ min}}{h}$$

L_h in DM/h	Lohn pro Arbeitsstunde
t_a in min	Vorgabezeit für den Auftrag
t_{ist} in min	tatsächlich vom Arbeiter benötigte Zeit
G_f in DM/min	Geldfaktor
60 in min/h	Umrechnungsfaktor von min in h

Zu 1. $L_h = \dfrac{t_a \cdot G_f}{t_{ist}} \cdot 60 = \dfrac{1800 \text{ min} \cdot 0,174 \cdot 60 \text{ min}}{1800 \text{ min} \quad \text{min} \quad h} = 10,44 \text{ DM/h}$

Zu 2. $L_h = \dfrac{1800 \text{ min} \cdot 0,174 \text{ DM} \cdot 60 \text{ min}}{1500 \text{ min} \quad \text{min} \quad h} = 12,53 \text{ DM/h}$

Aus den gegebenen Daten läßt sich nun zusätzlich noch der Leistungsgrad bestimmen:

$$L_G = \frac{t_a}{t_{ist}} \cdot 100$$

t_a in min	Vorgabezeit
t_{ist} in min	tatsächlich vom Arbeiter benötigte Zeit
L_G in %	Leistungsgrad

Bezogen auf Beispiel 19 ergibt sich hier

zu 1. $L_G = \dfrac{t_a}{t_{ist}} \cdot 100 = \dfrac{1800 \text{ min}}{1800 \text{ min}} \cdot 100 = 100\%$

zu 2. $L_G = \dfrac{1800 \text{ min}}{1500 \text{ min}} \cdot 100 = 120\%$

5.3.3 Prämienlohn

Definition und Einsatzgebiete Der Prämienlohn ist eine Entlohnung, bei der zu einem garantierten Grundlohn ein bestimmter Geldbetrag als Prämie gezahlt wird. Die Prämie kann nach Leistungszuwachs ansteigen oder prozentual, abhängig vom Grundlohn, festgelegt werden.

Eine Prämienentlohnung bietet Vorteile, wenn

1. die vom Menschen beeinflußbaren Zeiten zu klein sind für eine Akkordentlohnung;

2. mit der Prämie bestimmte Ziele erreicht werden sollen; z. B.:

– Ausnutzungsgrad der Maschinen und Anlagen steigern

– Steigerung der Qualität. (Hier kann z. B. in Abhängigkeit vom Ausschußprozentsatz eine Prämie gezahlt werden; je kleiner der Ausschußprozentsatz, um so höher die Prämie)

– Materialverbrauch senken (je geringer der Materialverbrauch, um so höher die Prämie)

– Reparaturzeiten und damit Maschinenstillstandszeiten verringern

Mit der Prämie soll immer ein ganz bestimmtes Ziel erreicht werden. Deshalb haben die Prämienlohnkurven im Gegensatz zu den Akkordlohnkurven meist keinen linearen Verlauf.

Grundtypen der Prämienlohnkurven

Progressive Prämienlohnkurve Die progressive Prämienlohnkurve (Bild 26) wird eingesetzt, wenn z. B. eine hohe Stückleistung, die über der 100%-Marke liegt, erwartet wird.

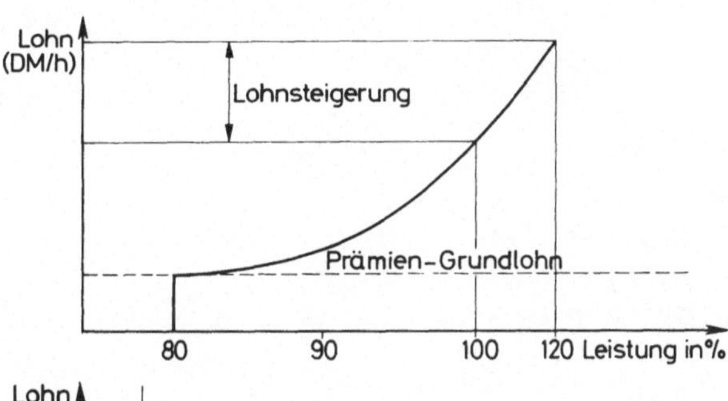

Bild 26 Progressive Prämienlohnkurve

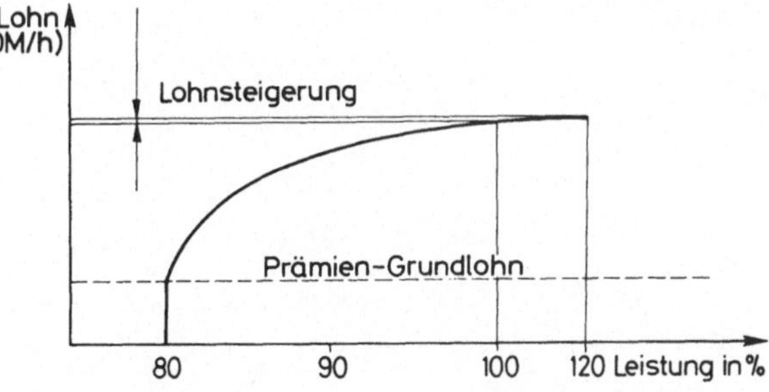

Bild 27 Degressive Prämienlohnkurve

Degressive Prämienlohnkurve Die degressive Kurve (Bild 27) wird bevorzugt eingesetzt, wenn neben einer bestimmten Stückleistung z. B. die Qualität einen besonderen Schwerpunkt bildet.

Hier ist eine Leistung, die wesentlich über 100% liegt, nicht erwünscht, weil sie auf Kosten der Qualität geht.

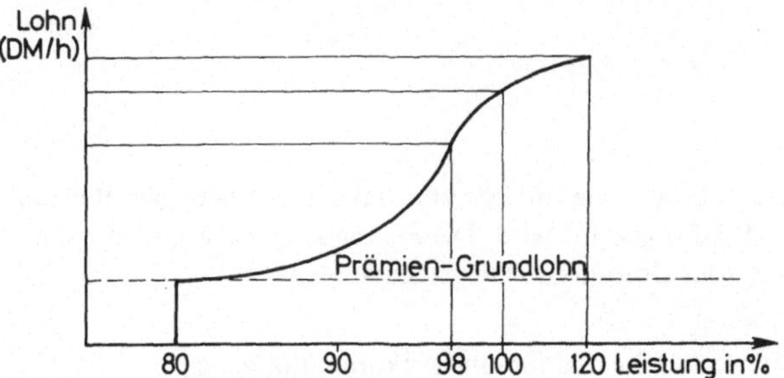

Bild 28 Kombinierte Lohnkurve − bis 98% Leistung progressiv, dann degressiv

Kombination aus progressivem und degressivem Kurvenverlauf Bei solchen Kurven (Bild 28) wird meist eine 100%ige Leistung angestrebt. Im Bereich von 85 bis 100% ist eine starke Progression vorhanden. Danach wird die Kurve degressiv, d. h. eine Leistung über einen bestimmten Grenzwert hinaus bietet keinen materiellen Anreiz mehr. Andererseits ist aber der Anreiz groß, die 100%-Marke zu erreichen.

6 Fertigungsplanung

Unter Fertigungsplanung versteht man die Gesamtheit aller Maßnahmen die aussagen, wie und mit welchen Mitteln ein Werkstück oder ein Produkt hergestellt werden soll. Die für diese Fertigungsplanung zuständige Abteilung ist die Arbeitsvorbereitung.

6.1 Elemente der Fertigungsplanung

6.1.1 Wahl der Arbeitsverfahren

Zuerst muß entschieden werden, mit welchen Arbeitsverfahren ein Werkstück hergestellt werden soll. Dabei unterscheidet man zunächst, ob das Werkstück mit dem Verfahren der Umformtechnik oder mit spanenden Formgebungsverfahren erzeugt werden soll.

6.1.2 Festlegung der Rohlingsabmessung und Wahl des Werkstoffes

Die Rohlingsabmessung ist abhängig vom gewählten Herstellverfahren. So geht man z. B. bei einem herzustellenden Gewinde, wenn es spangebend erzeugt werden soll, vom Nenndurchmesser des Gewindes und, wenn es spanlos erzeugt werden soll, vom Flankendurchmesser des Gewindes aus. Bei einem Gewinde M 12 bedeutet das:

Ausgangsdurchmesser	Arbeitsverfahren
12,0 mm ϕ	spangebend
10,8 mm ϕ	spanlos (Gewindewalzen)

Ähnliche Überlegungen müssen bei der Wahl des Materials angestellt werden. Wegen der eintretenden Kaltverfestigung bei der spanlosen Formgebung kann hier ein Werkstoff mit geringerer Ausgangsfestigkeit eingesetzt werden als bei einem spangebenden Fertigungsverfahren.

6.1.3 Festlegung der technologischen Daten

Bei der spanenden Fertigung sind
— Schnittgeschwindigkeit v
— Vorschub s
— Werkzeugwerkstoff
— Standzeit der Werkzeuge
zu wählen und die erforderliche Antriebsleistung der Maschinen rechnerisch zu bestimmen. Bei einer spanlosen Fertigung interessieren die erforderlichen Preßkräfte und die Formänderungsarbeiten.

6.1.4 Vorrichtungen und Werkzeuge

Werkzeugwerkstoffe (z. B. SS oder Hartmetall) und Werkzeugformen bei Drehstählen bzw. Werkzeugtypen (Typ N, W, oder H) bei Wendelbohrern und Fräsern und die Werkzeugabmessungen sind für jeden Arbeitsgang festzulegen. Aber auch Vorrichtungen und Hilfsmittel, wie z. B. Bohrvorrichungen, müssen disponiert werden. Für die Umformverfahren müssen für jeden Arbeitsgang die oft recht komplizierten Preßwerkzeuge konstruiert und disponiert werden.

6.1.5 Wahl der Maschinen

Aus den gewählten technologischen Daten und den daraus errechneten Antriebsleistungen bzw. den Preßkräften und Formänderungsarbeiten und den Einbaumaßen der Werkzeuge werden die Maschinen, die für die einzelnen Arbeitsgänge erforderlich sind, disponiert.

6.1.6 Bestimmung der Fertigungszeiten

Aus den technologischen Daten und den Kenngrößen der Maschinen (Drehzahlen, Hubzahlen, Vorschübe usw.) werden die Fertigungszeiten bestimmt.

6.2 Arbeitsplan

Der Arbeitsplan ist der Informationsträger, in dem die in Abschn. 6.1 beschriebenen Daten zusammengefaßt dargestellt werden (Tabelle 15). Außer den jedem Arbeitsgang zugeordneten technischen Daten enthält er die
— einzelnen Arbeitsgänge in der geplanten Arbeitsfolge
— Rohmaße und das Einsatzgewicht
— Auftragsnummer
— Losgröße
— Abteilung
— Maschinen
— Maschinengruppe
— Vorgabezeiten (Rüst- und Stückzeit)
— Angaben über Werkzeuge und Vorrichtungen.
Arbeitspläne setzt man bevorzugt in der Serienfertigung ein. In einer Einzelfertigung, zumindest bei kleineren Erzeugnissen, wäre dieser Planungsaufwand zu groß.

6.3 Fertigungsplan

Der Fertigungsplan (Tabelle 16) ist ein verfeinerter Arbeitsplan. Er enthält noch detailliertere Angaben als der Arbeitsplan: z. B. Skizzen, die die Einspannung des Werkstückes mit dem im Eingriff befindlichen Werkzeug zeigen, oder Winkelangaben zu den Drehmeißeln usw.
Die Erstellung solcher Fertigungspläne erfordert viel Zeit. Deshalb werden Fertigungspläne nur in

Tabelle 15 Arbeitsplan

Arbeitsplan	Benennung: Antriebswelle	Zeichnung: 63.213.71	Stückzahl: 30
Werkstoff: St 70	Rohlingsabmessung: 120 ϕ x 248 lang		Rohlingsgewicht: 22 kg/Stck
Auftrags-No.: 47/197	Termin: 14. 5. 80	Ausstellungstag: 25. 3. 80	

Nr.	Arbeitsgang	Maschine	Rüstzeit t_r in min	Zeit je Einheit t_e in min	Werkzeug-Kurzbezeichnung	Lohngruppe	Kostenstelle Arbeitsplatz	Vergleichswert tatsächlich verbrauchte Zeit	
								Rüsten	Fertigen
1	absägen 246 lang	Sgk 400	10	1,5		3		12	1,6
2	plandrehen, zentrieren	DZ 500	12	1,15	D1/B1	5		12	1,2
3	2. Seite plandrehen 244 lang	DZ 500	8	1,15	D1	5		8	1,1
4	3 Ansätze zwischen Spitzen langdrehen	DZ 500	12	4,7	D3/4	5		10	4,5
5	Vierkant fräsen	UF 600 x 300	22	2,2	Fräsvorrichtung	4		22	2,3
6	entgraten	von Hand	–	0,35		3		–	0,4
7	bohren 2 x 8 ϕ und senken	BS 30	13	2,30	B2/8	3		12	2,2

Tabelle 16 Fertigungsplan

				Datum	Name	Abt.		Datum	Name	
aufgestellt				13. 3. 80	Müller		1. Änd.			
geprüft							2. Änd.			
Normen eingetr.				20. 4. 80	Emke		ersetzt am:		ersetzt durch:	Blattzahl:

Arbeitsgang		Arbeitsstufe		Skizze mit Einspannung	Abt.	Masch.-Gruppe
No.	Bez.	No.	Beschreibung			
1	Drehen		Langdrehen	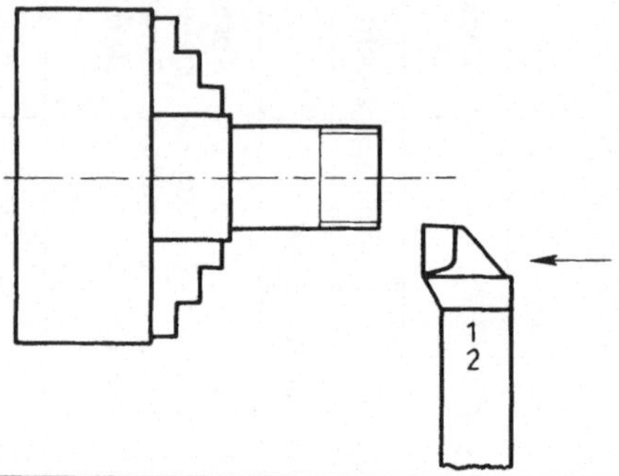	Dreherei	DLZ 150 x 1000 P = 10 kW
		1	Schlichten			
			von 86 auf 83 ϕ			
		2	Ansatzlangdr.			
			von 83 auf 80 ϕ			
		3	Phase 2 x 45°	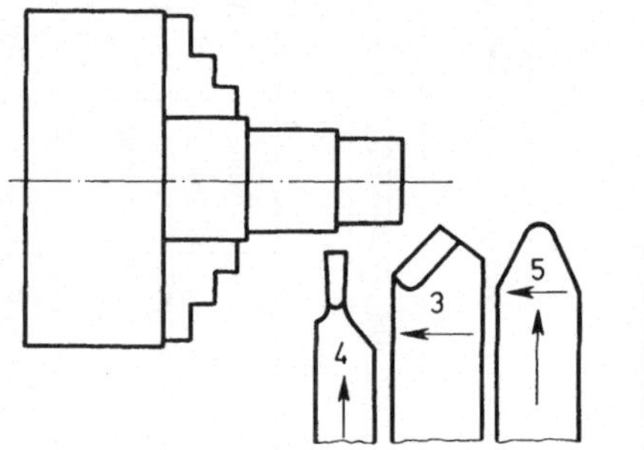	Dreherei	DLZ 150 x 1000 P = 10 kW
		4	Gewinde frei-			
			stechen			
		5	Gew. schneiden			
			Schruppen			
			Schlichten			
2	Fräsen		Nut Fräsen	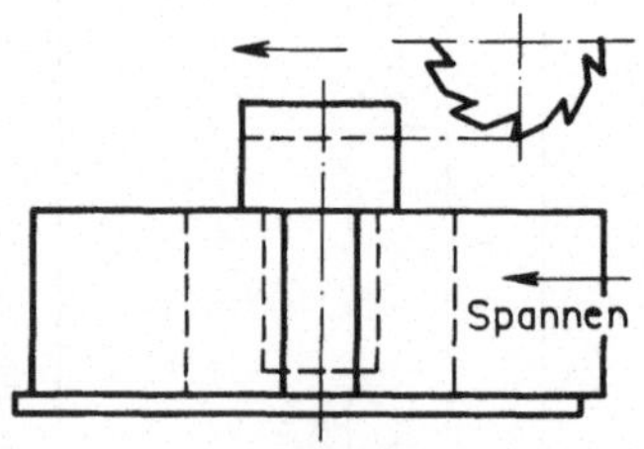	Fräserei	FS 40 P = 6 kW
			(Schruppen			
			in einem			
			Durchgang)			
3	Bohren		Bohren 20 ϕ	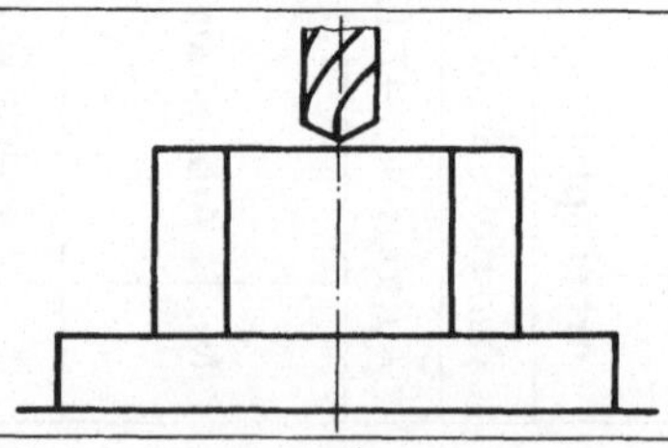	Fräserei	BS 30 P = 2,5 kW

Sign.	Firma: Öhme	Berechnung: Welle		Werkstoff: St 60	Zeichng. Nr.: 47/123/17
Blatt:	Rohmaße: 90 ϕ x 260	Auftrag Nr.: 1828	Serie: 3	Losgröße von 50 Stück	Ausgabe Nr.: 3

| Ma-schine | Arbeitswerte | | | | | Werkzeug | Vorrich-tung Lehre | Rüst-zeit t_r [min] | Zeit je Einheit t_e [min] |
	v [m/min]	n [U/min]	a [mm]	s [mm/U]	s_z [mm/Zahn]				
4311	150	560	1,5	0,5		Drehm. DIN 4980 rechts r = 2 $\alpha = 6°$ $\gamma = 10°$ $\lambda = -5°$	— HMP20 $\kappa = 90°$	12	3,8
	146	560	1,5	0,63		wie Stufe 1		—	2,6
4311	146	560	(2)	0,63		gerader Drehm. rechts DIN 4971 $\gamma = 10°$ $\kappa = 45°$ Stech-drehmeißel DIN 4981 $\gamma = 0°$		18	2,7
	146	560	1	von Hand					
	9	35,5	0,10	4		spitzer Drehm. DIN 4975	r = 0,4 $\alpha_{FL} = 60°$ $\gamma = 5°$	15	6,4
	9	35,5	0,05	4					
3117	16	40	20		0,1	SS-Scheiben-fräser 100 x 20 N DIN 885 Form A		20	4,7
2216	22	355	10	0,28	0,14	Wendel-bohrer 20 DIN 345 N G = 118°	Bohr-vorrichtg. B 23	10	1,6

der Großserien- und Massenfertigung eingesetzt. Nur dort ist der Planungsaufwand gerechtfertigt, weil bei sehr großen Stückzahlen jede Minute, die dadurch eingespart wird, die Kosten erheblich herabsetzen kann.

Bei einer zu fertigenden Stückzahl von 1 000 000 Teilen bedeutet die Einsparung von nur 1 Minute pro Stück bereits eine Einsparung von 16 666 Stunden.

6.4 Automatenplan

Der Automatenplan, z. B. für Drehautomaten, entspricht im Aufbau dem Fertigungsplan. Er zeigt alle Details, die für eine Bearbeitung auf einem solchen Automaten erforderlich sind. Ein Plan für Automaten besteht in der Regel aus zwei Teilen, dem eigentlichen Fertigungsplan und dem Werkzeugplan.

6.4.1 Automaten-Berechnungsblatt (Fertigungsplan)

Dieser Plan (Tabelle 17) enthält:
— Arbeitsfolge
— Werkzeugnummern
— technologische Daten für die Bearbeitung (Arbeitsweg, Vorschub, Drehzahl)
— Kurvenanteile in 1/100stel Kurvenanteilen
— Hauptzeiten

Darüber hinaus enthält das Berechnungsblatt Angaben über den Werkstoff, die Drehzahlen der Hauptspindel und über die sich aus den Drehzahlen ergebenden Schnittgeschwindigkeiten.

6.4.2 Werkzeugplan

Der Werkzeugplan (Bild 29) zeigt die Anordnung der Werkzeuge für die einzelnen Arbeitsfolgen. Er zeigt darüber hinaus, welches Werkzeug in welcher Arbeitsfolge zum Einsatz kommt. Aus dem Werkzeugplan ergibt sich auch die Nullstellung für den Revolverschlitten, die für die Kurvenberechnung von besonderer Bedeutung ist.

Arbeitsablaufpläne und Werkzeugeinstellpläne erstellt man auch für Arbeiten an Revolverdrehmaschinen.

6.5 Arbeitsplan für NC-Maschinen

NC-Maschinen sind numerisch gesteuerte Werkzeugmaschinen. Der Arbeitsplan der NC-Maschinen ist das Programm. Ein solches Programm besteht aus 2 Teilen, dem sogenannten Klartext und dem codierten Teil. Ein Programm für eine NC-Drehmaschine zeigt Tabelle 18.

Im Klartext (linke Seite des Programmblattes) werden die technologischen Daten (Vorschub, Drehzahl, Schnittgeschwindigkeit), die Verschiebewege in den einzelnen Koordinaten und die Zeiten eingetragen.

Im Gegensatz zum Arbeits- oder Fertigungsplan wird in einem solchen Programm nicht nur jeder

Tabelle 17 Automatenberechnungsblatt

INDEX-WERKE KG — Hahn & Tessky, Esslingen (INDEX)

Berechnungsblatt für Revolver-Drehautomat

INDEX KM 65 /8L   Masch. Nr.   Firma: Werkzeug-Einr. Nr: **XK 81 719**

Teil-Zeichnungs-Nr: Kupplungsgehäuse   Werkstoff: 9 S Mn Pb 28K / 6 Kt. SW 50

Maßstab:

Zusatz-Einrichtungen

Gewindestrehl-Einrichtungen Q I / Q II	
Strehlweg .... / Leitkurve	
Durchgang .... / Übersetz.	
X Abnehme-Einrichtung	Hydr. Kopierdreh-Einr.
Anschlag-Ausstoß-Einr.	
Greif-Einrichtung	Schnellbohr-Einr.
Langdreh-Einr Q III-Q IV	X Späneförder-Einr.
Transport-Einrichtung	Schließ-Einrichtung
Sicherheitsauslösung	
Vorschubzylinder	

Revolverkopf / Querschlitten

Pos	Nr	Arbeitsgang (2)	Werkzeug-Halter Nr. (3)	Arb.-Weg l (mm) (4)	Vorschub pro Umdr. s (mm) (5)	Drehzahl n (min⁻¹) (6)	n‖ (7)	v (m/min) (8)	nicht stückzeitbestimmend (s) (9)	stückzeitbestimmend t·60/n·s (s) (10)
	1	Rev. vor								1,5
1	2	Werkstoff anschlagen	W32 041 00	vorscheben / anschlagen		+50				1,5 / 0,5
	3	Rev. schalten								1,0
2	4	Formbohren ⌀22,5 u ⌀27 / Drehen ⌀48, Kante brechen ⌀40	W52 360.00	52	0,18	+780		66 / 141		22,3
	5	Rev. schalten								1,0
3	6	Bohren ⌀18 u. / Vordrehen ⌀41	W52 351.00 / W52 351.44	40	0,17	+1130		64 / 170		12,5
	7	Rev. schalten								1,0 10
4	8	Gewinde schneiden M24x1,5	W54 510.00	21	1,5	+93 / -330		7 / 25		9,1 / 2,6
	9/11	Rev. schalten — Rev. vor QSvor / Zugabe								0,5 1,0 1,0
5	12	Hinterstechen ⌀28,6 u. Abstichseite ⌀18	WK3 700.00 /10	2	0,05	+1560		140		1,6
	13	Rev. schalten — QS zur.								10 10
6	14	Schlichten ⌀28 H7	W32 221.00 /110	25	0,1	+2050		180		7,3
	15	Rev. schalten — abheben Rev. vor								0,5 1,0 10
7	16	Schlichten Schrift ⌀48	W52 730.00 / W32 731.21	12	0,1	+1200		180		6,0
	17	Rev. schalten — abheben								0,5 10
8	18	Schlichten ⌀40 H7	WK 2731.00 / W 32731.21	36	0,1	+1430		180		15,1
	19	Rev. schalten — abheben								0,5 1,0
I	16	Freistich u. Nute stechen ⌀48 - ⌀39	WK1 410.00 / WK1 410.10	5	V./Z. 0,05	+1130		170		
II	10	Schrift rollen	WK1410.00 / Haltest. S.A			+1000		QSvor Sp.sch		1,0 / 3,0
III LD	4	Vorstechen ⌀57,5 - ⌀40,7	WK0 400.00	9	0,04	+780		141	17,3	
IV LD	20	Abstechen ⌀50 - ⌀18 / üb. Bohrung	WK 0670.00 / 2004	16 / 1	0,07 / 0,07	nA +890 / nE +2620		Vc ein / 140		1,0 / 16,4
	21	Q zurück								2,5

Stückzeit [s]   116,4

Angeboten: ....
Nacharbeit: ....

093 020 01

Berechnungsblatt für Revolver-Drehautomat

INDEX KM   Masch. Nr.   Firma: Werkzeug-Einr. Nr: **XK 81 719**

Teil-Zeichnungs-Nr.   Werkstoff:

Verkürzung der Bearbeitungszeit beim Plandrehen oder Abstechen wenn v_c eingeschaltet ist:

$$[s] - \left[\ \frac{T \cdot 60}{4 \cdot v \cdot s \cdot 1000}\ \cdot (D^2 - d^2)\ \right]$$

Veränderung der Stückzeit t_g durch partielle Stückzeit

$$t_{p+} = \frac{1/100 \cdot (t_p - t_g)}{100} = [s]$$

$$t_{p-} = \frac{1/100 \cdot (t_g - t_p)}{100} = [s]$$

Werte für Kurvenauslegung

stückzeitbestimmend [s] (11)	nicht stückzeitbestimmend [s] (12)	v_c [s] (13)	tp 1/100 (14)	t_p [s] (15)	t_{p+} [s] (16)	t_{p-} [s] (17)	1/100 (18)	von (19)	bis (20)	1/100 (21)	von (22)	bis (23)
7,2		6,0		15		6,5				6	0	6
1,5 / 0,5										1 / 0,5	6 / 7	7 / 7,5
1,0										1	7,5	8,5
22,3										17,5	8,5	26
1,0										1	26	27
12,5										10	27	37
1,0 10										1 / 1	37 / 38	38 / 39
9,1 / 26										7,5 / 2	39 / 46,5	46,5 / 48,5
0,5 1,0 1,0										0,5 1 / 1	48,5 52 / 49	53 54
1,6										1,5	54	55,5
1,0 10										1 / 1	55,5 56,5	56,5 57,5
7,3										5,5	57,5	63
0,5 1,0 1,0										0,5 1 / 1	63 63,5	63,5 64,5 65,5
6,0										4,5	65,5	70
0,5 1,0										0,5 1	70 70,5	70,5 71,5
15,1										11,5	71,5	83
							0,5 / 1,0	83 / 83,5	83,5 / 84,5			
							4,5	28	32,5			
							4,5	32,5	37			
1,0 / 3,0										1 / 2	49 / 50	50 / 52
							14,5	9	23			
1,0 / 16,4		6,0								1 / 13	83 / 84	84 / 97
25										Zugabe 25 0,5	97 995	995 0
									100,0			

$t_g = 122,1$ $t_{vc} = 6,0$ $t_{p+} =$ $t_{p-} = 6,5$

t_g 122,1
− t_{vc} 6,0
+ t_{p-} 6,5
Zugabe 100,0

$$t_e = 109,6$$

Ausgefertigt: ....
Nacharbeit: ....

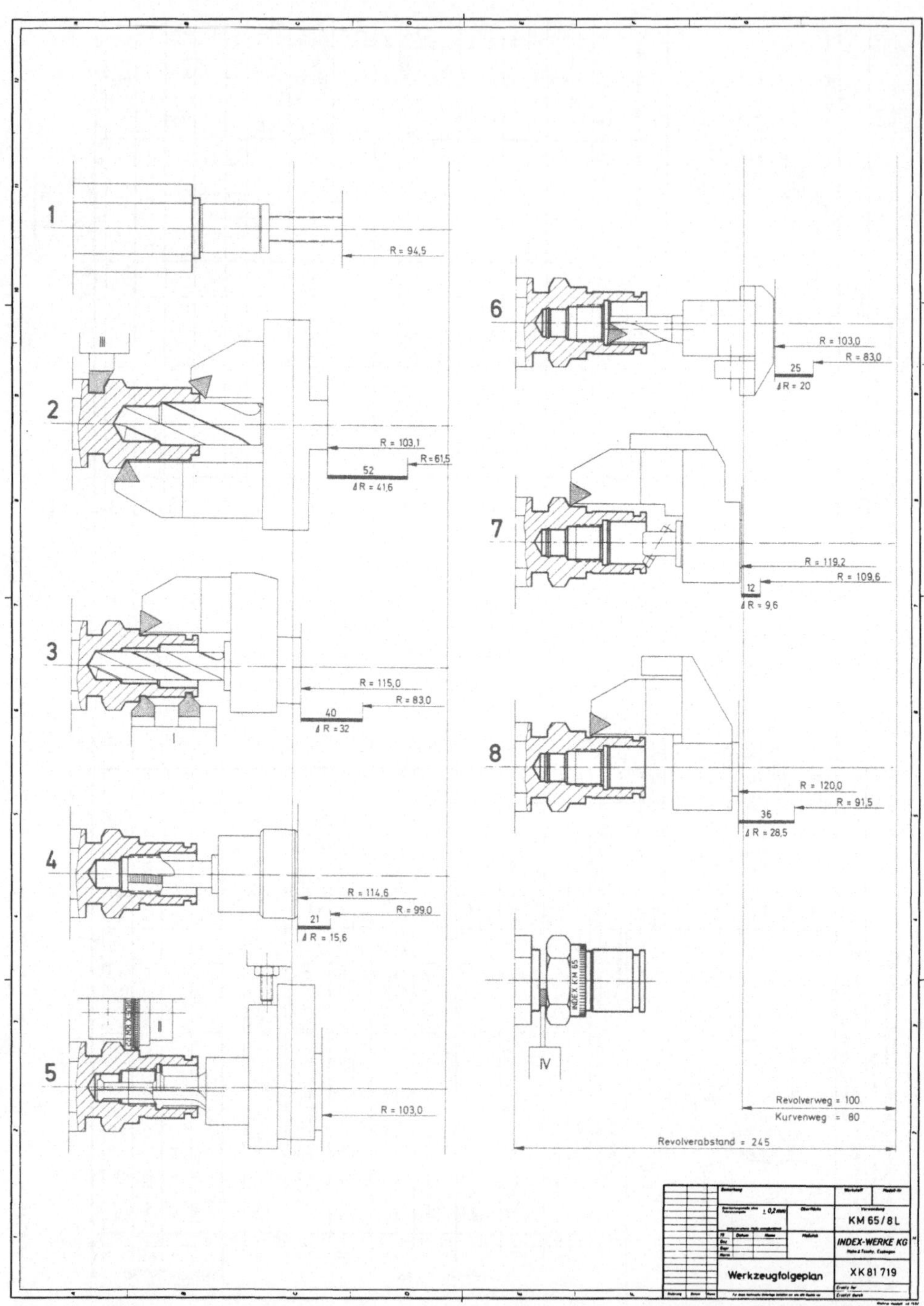

Bild 29 Werkzeugplan für den Indexautomat zu Tabelle 17 (Werkfoto der Fa. Indexwerke Hahn & Tessky, Esslingen)

Tabelle 18 Auszug aus einer Programmieranleitung der Vereinigten Drehbank-Fabriken

Worksheet section (left part of the Programmblatt):

Satz-Nr. N	Bemerkungen	d oder d/2 (mm)	l (mm)	n (O/min)	v (m/min)	s (mm/O)	u (mm/min)	a (mm)	t (min)	x (Abstand vom Startpunkt)	z (Abstand vom Referenzpunkt)
	XMR, ZMR	1000.00	700.00								
	ZMW = 150.00		550.00								
1	XFP = -145.00 ZFP = -240.00 WZ Jdent Nr.01003	710.00	310.00						0.02		
2		80.00	201.00	355.			4800		0.08	-315.00	-109.00
3			179.80		90	0.56	198.8	10	0.115		-130.20
4	r1 = 7.6 r2 = 8.8	97.60	171.00		90/110				0.07	-306.20	-139.00
5		100.00	172.00			1.12	400.00		0.0004	-305.00	-138.00
6			201.00				4800		0.011		-109.00
7		74.60							0.0003	-317.70	
8			200.00			0.4	142.		0.012		-110.00
9		80.00	197.30		90	0.56	198.8	2.5	0.07	-315.00	-112.70
10			410.00				4800		0.05	-150.00	
11	XFP = -240.00 ZFP = -130.00 WZ-Jdent Nr.000009	220.00	307.30	280					0.02		
12		102.00	171.00						0.04	-209.00	-249.00
13		100.00				0.3	84.0		0.017	-210.00	
14		90.00	150.00		80/88	0.4	112	0-5	0.2	-215.00	-270.00
15	r1 = 20.00 r2 = 19.00	102.00	136.14		80/88	0.5	140		0.12	-209.00	-283.86
16		320.00	420.00				4800		0.09	0.00	0.00
									0.922		

Program section (right part of the Programmblatt):

Satz-Nr. N	G (Weg-bedingung)	x (Wegbefehl)	z (Wegbefehl)	I (Kreismittelpunkt-Abstand)	K (Kreismittelpunkt-Abstand)	F (Vorschub-befehl)	S (Drehzahl-befehl)	T (Werkzeug-befehl)	M (Hilfsfunktionen)
	ZW								
n001	g04	x01						t10	m03
n002	g01	x-315	z-109	i 2835	k 0981	f 048	s27	t01	m07 m08
n003			z-0212		k 299	f 00199			m06
n004	g03	x0088	z-0088		k 0088	f 07847			
n005	g01	x0012	z001	i 0072	k 006	f 12743			
n006			z029		k 299	f 048			m07
n007		x-0127		i 299					
n008			z-001		k 299	f 00142			m06
n009		x0027	z-0027			f 15000			
n01		x165		i 299		f 048			m07
n011	g04	x01						t33	m03
n012	g01	x-059	z-1363	i 11917	k 2753	f 048	s26		m07
n013		x-001		i 299		f 00084			m06
n014		x-005	z-021			f 01565			
n015	g02	x006	z-01386	i 019		f 021			
n016	g01	x209	z 28386	i 17786	k 24517	f 048		t00	m07 m09 m02

VEREINIGTE DREHBANK-FABRIKEN | Blatt: 1 von: 1 | Einspannung: 1 von: 1 | Programm-Nr. 1352-00

VDF | Programmblatt | Blatt: 1 von: 1 | Einspannung: 1 von: 1 | Programm-Nr. 1352-00

Arbeitsgang, sondern jede Bewegung, die man als „Satz" bezeichnet, disponiert. Ein Arbeitsgang setzt sich in der Regel aus 3 bis 4 Bewegungen zusammen.

Das eigentliche Programm, das dann von der Steuerung der Maschine mittels Lochstreifen gelesen wird, ist der codierte (verschlüsselte) Klartext.

Der Code ist abhängig von der Steuerung der Maschine. Für die Codierung gibt es von den Werkzeugmaschinenherstellern besondere Anleitungen.

Im Satz 3 führt die Drehmaschine eine Langdrehbewegung (zum Spindelstock hin) aus. Die Bewegungslänge zeigt die Z-Koordinate Z = −130,20 mm an; d. h. das Werkzeug soll 130 mm in Richtung der Z-Koordinate verfahren werden. Die Z-Achse ist beim Drehen die Längsachse, in der die Langdrehbewegung ausgeführt wird. Das Vorzeichen zeigt die Bewegungsrichtung. Die im Beispiel vorgegebene negative Z-Richtung bedeutet, daß die Bewegung zum Spindelstock hin erfolgen soll.

In diesem Satz 3 wird weiterhin angegeben, daß mit einer Schnittgeschwindigkeit von 90 m/min und einem Vorschub von 0,56 mm/Umdrehung gearbeitet werden soll.

Die Bahngeschwindigkeit, mit der sich der Drehmeißel bewegt, soll u = 198,8 mm/min sein. Diese Bahngeschwindigkeit kann man rechnerisch aus der Drehzahl und dem Vorschub bestimmen.

6.6 Arbeitsbegleitpapiere

6.6.1 Zusammensetzung der Arbeitsbegleitpapiere

Um die Fertigung im Betrieb steuern zu können, benötigt man die sogenannten Arbeitsbegleitpapiere. Sie setzen sich zusammen aus:

Arbeitsplan (Bild 30-1) Geordnet nach dem Arbeitsablauf enthält er alle wichtigen Angaben, die zur Fertigung eines Erzeugnisses erforderlich sind (s. Abschn. 6.2). Er verbleibt in der Arbeitsvorbereitung.

Terminkarte (Bild 30-2) Sie wird für die Terminplanung und für die Arbeitsfortschrittskontrolle benötigt. Im handschriftlichen Teil dieser Karte wird der vom Betrieb gemeldete Arbeitsfortschritt eingetragen. Damit ist das Terminbüro zu jeder Zeit über den Fertigungsstand der einzelnen Aufträge unterrichtet.

Laufkarte (Bild 30-3) Sie begleitet den Auftrag in der Fertigung von Werkstatt zu Werkstatt und ist zugleich Transportanweisung. Im rechten Teil dieses Formulars werden Vermerke über die Anzahl der Werkstücke eingetragen:
— Gut-Stückzahl
— Ausschuß-Stückzahl

Werkstattauftrag Jede Abteilung (bzw. jede Kostenstelle), die am Arbeitsprozeß beteiligt ist, erhält einen Werkstattauftrag. Durch ihn wird sie rechtzeitig über die zu erwartende Arbeit informiert.

Arbeitsschein (Bild 30-4) Der Arbeitsschein enthält die Arbeitsanweisung für einen bestimmten Arbeitsgang. Er ist zugleich der Arbeitsnachweis für eine geleistete Arbeit.

Wenn die auf dem Arbeitsschein aufgeführte Arbeit erledigt ist, erfolgt die Rückmeldung an die Terminstelle. Der Schein selbst geht an das Lohnbüro. Er ist dort die Unterlage für die Zeit- und Bruttolohnerfassung.

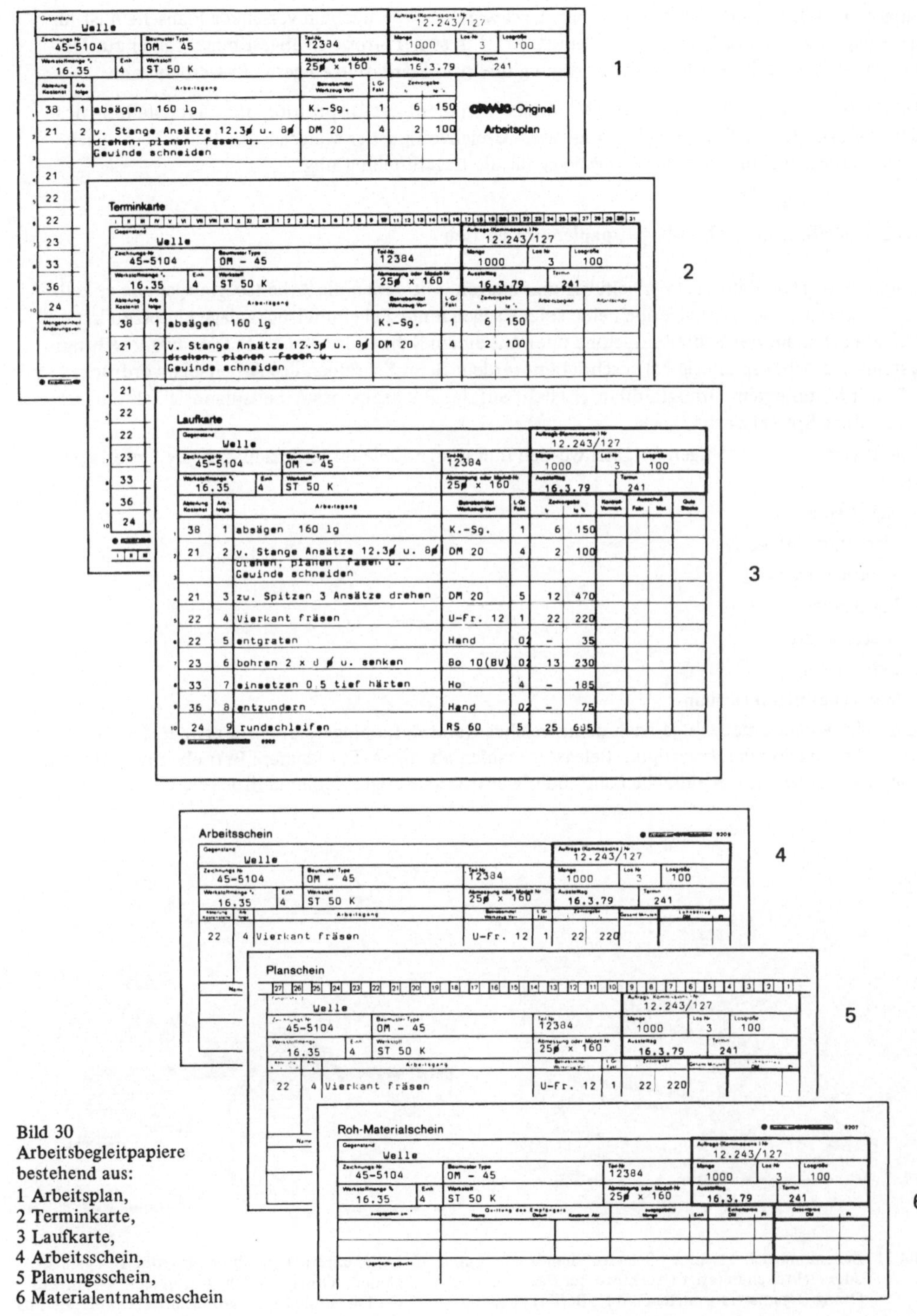

Bild 30
Arbeitsbegleitpapiere
bestehend aus:
1 Arbeitsplan,
2 Terminkarte,
3 Laufkarte,
4 Arbeitsschein,
5 Planungsschein,
6 Materialentnahmeschein

Planschein (Bild 30-5) Der mit gleichem Text wie der Arbeitsschein versehene Planschein ist für die Feinplanung in der Fertigung bestimmt. Er ist in seiner Größe so abgestimmt, daß er zur Disposition und zur Überwachung der Fertigung direkt in Plantafeln eingesteckt werden kann.

Roh-Materialschein (Bild 30-6) Der Materialschein dient zur Disposition und Bereitstellung des Materials, das für die Fertigung benötigt wird. Gleichzeitig ist er Materialentnahmeschein. Nach der Materialentnahme ist er Buchungsbeleg für die Lagerbuchhaltung.

6.6.2 Erstellung der Arbeitsbegleitpapiere im Betrieb

Es gibt eine große Zahl von Vervielfältigungsanlagen, mit denen die Arbeitsbegleitpapiere erstellt werden können. Bevor man jedoch eine solche sogenannte Zeilenumdruckanlage einsetzen kann, muß zunächst auf der Schreibmaschine oder mit einem Schnelldrucker eines Datenverarbeitungssystems das Arbeitsplanoriginal geschrieben werden. Beim Schreiben des Arbeitsplanvordruckes z. B. mit hinterlegtem Ormigfaltblatt entsteht auf der Rückseite des Arbeitsplanoriginals eine umdruckfähige Spiegelschrift.

Von diesem umdruckfähigen Original werden nun in den Zeilenumdruckanlagen alle Unterlagen wie:

— Arbeitsplan

— Werkstattauftrag

— Terminkarte

— Laufkarte

— Akkordzettel

— Lohnzettel

— Materialentnahmeschein

halb- oder vollautomatisch, je nach dem, welches Gerät dafür eingesetzt wird, erstellt. Die Wahl des Gerätes ist von den benötigten Belegstückzahlen abhängig. Für kleinere Betriebe mit kleineren Belegstückzahlen gibt es einfache hand- oder elektrischbetätigte Zeilenumdruckmaschinen.

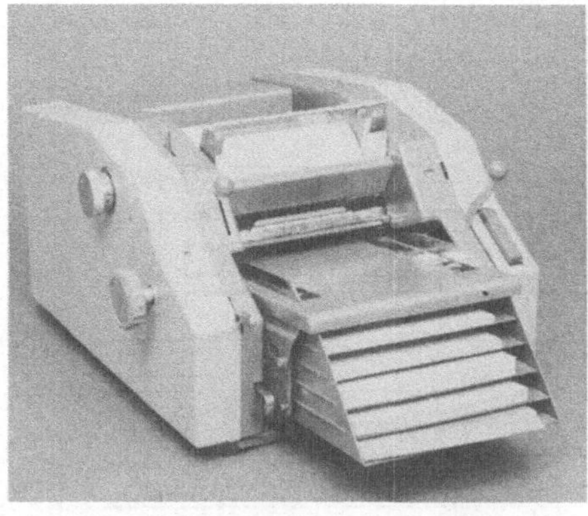

Bild 31 Zeilenumdruckmaschine „Selector" hand-
oder elektrisch betätigt (Werkfoto der Fa.
Ormig Organisationsmittel GmbH, Berlin)

Bild 32 Zeilenumdruckmaschine für große Belegstückzahlen „Ormig AV 100 Autoselect" (Werkfoto
der Fa. Ormig Organisationsmittel GmbH, Berlin)

Der in Bild 31 gezeigte Selector ist eine solche Maschine. Auf ihr werden erstellt:

— im Flächendruck: Werkstattauftrag, Laufkarte, Terminkarte usw.

— im Zeilendruck: die Einzelbelege, wie Arbeitsschein, Materialentnahmeschein und Planungsschein.

Beim Flächendruck wird mit einem Druckvorgang z. B. der gesamte Arbeitsplan gedruckt, im Zeilendruck dagegen nur einzelne Zeilen. Den Zeilendruck wendet man an, wenn aus dem Arbeitsplan
z. B. der Arbeitsschein für einen bestimmten Arbeitsgang hergestellt werden soll. In diesem Fall
wird aus dem Arbeitsplan nur eine bestimmte Zeile und der Kopf, der die variablen Auftragsdaten
wie Auftragsnummer, Losnummer, Menge, Termin usw. enthält, gedruckt. Eine klassische Zeilenumdruckmaschine für große Belegstückzahlen ist in Bild 32 dargestellt.

Für das Erstellen der Fertigungsbelege wird lediglich noch das Arbeitsplanoriginal mit der Schreibmaschine oder einem Schnelldrucker eines Datenverarbeitungssystems geschrieben. Dann werden
z. B. mit der in Bild 32 gezeigten Maschine alle Belege gedruckt, und zwar zuerst die ganzseitigen
Arbeitsunterlagen und dann die Belege, die nur bestimmte Teile des Arbeitsplanes enthalten. Zusätzlich können die Belege durch eine Farbmarkierungseinrichtung noch farblich gekennzeichnet
werden, so daß man schon an der Farbe erkennt, ob es sich um einen Betriebsauftrag, eine Lohnkarte
oder einen Planungsbeleg handelt.

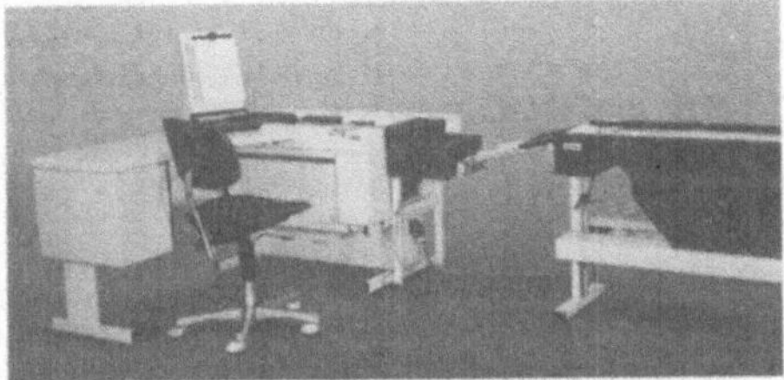

Bild 33
Programmierbares Kopiersystem „Maskoprint 800/850"
(Werkfoto der Fa. Ormig Organisationsmittel GmbH,
Berlin)

Ein programmierbares, durch einen Mikroprozessor gesteuertes Kopiersystem ist in Bild 33 gezeigt.
Mit diesem Kopiersystem werden von einer Textvorlage komplette Arbeitsbegleitpapier-Pakete mit
4 kombinierbaren Farbmarkierungsstreifen werkstattgerecht erzeugt. In einem programmgesteuer-
ten Sortiergerät werden die Arbeitsbegleitpapiere sortiert und abgelegt. Mit solchen modernen
Anlagen, deren Programm umstellbar ist, können bis zu 20 Kopien pro Minute hergestellt werden.

7 Kostenermittlung

Der in der Abteilung Arbeitsvorbereitung erstellte Fertigungsplan legt fest, mit welchen Arbeitsverfahren auf welchen Maschinen ein Werkstück hergestellt werden soll. Er sagt außerdem aus, mit welchen technologischen Werten (Vorschübe, Schnittgeschwindigkeiten, Schnittiefen usw.) gearbeitet werden soll. Schließlich sagt er aus, welche Zeiten für die Bearbeitung erforderlich sind.

Da es aber meist mehrere Möglichkeiten zur Herstellung eines Werkstückes gibt, gilt es nun, das wirtschaftlichste Herstellverfahren zu finden. Das ist nur aus einem Kostenvergleich möglich. Deshalb sucht der Techniker von heute nicht nur nach der besten technischen, sondern zugleich auch nach der wirtschaftlichsten Lösung bei einer ihm gestellten Aufgabe.

Weil dazu die Kostenrechnung, die die Wirtschaftlichkeit einer Fertigung **aufzeigt,** ein wichtiges Kontrollinstrument im Betrieb ist, muß sie auch der Techniker dringend erlernen.

7.1 Die drei Kostenbegriffe

7.1.1 Kostenarten

Die Kostenarten sagen aus, „wofür" (für welchen Verwendungszweck) im Betrieb Kosten angefallen sind. Sie werden unterteilt in:

Direkte Kosten (Einzelkosten)

F e r t i g u n g s m a t e r i a l : Zum Fertigungsmaterial gehören alle Rohstoffe, Halbzeuge und fremdbezogene Teile (z. B. Elektromotoren), die im Erzeugnis enthalten sind bzw. die sich dem Erzeugnis eindeutig zurechnen lassen.

F e r t i g u n g s l ö h n e : In den Lohnkosten sind die sogenannten produktiven Löhne erfaßt, die aufgewendet werden, um alle am Erzeugnis notwendigen Bearbeitungen durchzuführen.

Dazu gehören auch die Löhne und Gehälter der Arbeitnehmer, die für ein bestimmtes Erzeugnis angefallen sind, soweit sie für dieses Erzeugnis auch unmittelbar erfaßbar sind.

Indirekte Kosten (Gemeinkosten) Die Gemeinkosten (allgemeine Kosten) enthalten alle übrigen Kosten, deren Entstehung nicht unmittelbar im meßbaren Verhältnis zum Erzeugnis steht. Sie werden deshalb anteilig auf das Erzeugnis umgelegt und setzen sich aus den fixen und den variablen Gemeinkosten zusammen:

$$K_G = K_f + K_v$$

K_G	in DM	Gemeinkosten
K_f	in DM	fixe Gemeinkosten
K_v	in DM	variable Gemeinkosten

F i x e G e m e i n k o s t e n K_f: Dazu gehören alle Kosten, die unabhängig von der Menge der produzierten Werkstücke und unabhängig vom Beschäftigungsgrad des Betriebes sind.

Feste (fixe) Gemeinkosten sind z. B. die Raumkosten, Abschreibungen, Zinsen, Teile von Gehältern, Hilfslöhne usw.

Variable Gemeinkosten K_v: Diese Gemeinkostenanteile sind der Produktionsmenge proportional. Deshalb bezeichnet man sie auch als proportionale Gemeinkosten.

$$K_v = p \cdot m$$

p   in DM   Gemeinkosten bei 100% Auslastung
m   Beschäftigungsgrad des Betriebes ($m = 0{,}2 - 1$)

Schmiermittel, Schrauben und sonstige Kleinteile, die als Produktionshilfsmittel benötigt werden, erzeugen solche variablen Gemeinkosten. Ihre Verbrauchsmenge ist abhängig vom Beschäftigungsgrad des Betriebes bzw. von der Menge der produzierten Erzeugnisse.

Aus der Zusammensetzung der Gemeinkosten (fixe und variable Gemeinkosten) erkennt man, daß für einen Betrieb der Beschäftigungsgrad, d. h. die Auslastung seiner Kapazität, von großer Bedeutung ist.

Setzt man die Kapazität eines Betriebes gleich 100%, dann ist der Beschäftigungsgrad aus dem Verhältnis von Ist-Leistung zur Kapazität errechenbar.

$$m = \frac{L}{L_1} \cdot 100$$

m   in %   Beschäftigungsgrad
L   Ist-Leistung (Anzahl der hergestellten Teile bzw. der hergestellten Menge)
L_1 Kapazität (maximal mögliche Anzahl bzw. mögliche Menge bei 100% Auslastung)

Für einen Beschäftigungsgrad von $m = 0\%$ entstehen dem Betrieb immer noch die festen Gemeinkosten $K_G = K_f$. Deshalb ist es sehr wichtig, daß ein Betrieb immer gut ausgelastet ist. Der Grenzwert der Auslastung ergibt sich aus der Kostenrechnung.

7.1.2 Kostenstellen

Die Kostenstellen sagen aus, „wo" und in wessen Verantwortungsbereich Kosten entstanden sind. Hier wird festgehalten, an welchem Arbeitsplatz (Drehmaschine, Fräsmaschine, Härteofen), in welcher Abteilung und in welchem Betriebsbereich (Dreherei, Stanzerei, Gießerei) die Kosten angefallen sind. Man teilt den Betrieb in „Kostenstellen" auf und erfaßt in diesen Stellen die Kosten.

7.1.3 Kostenträger

Der Kostenträger sagt aus, „für wen" (für welches herzustellende Erzeugnis) die Kosten angefallen sind. Der Kostenträger ist das Objekt, für dessen Herstellung die Kosten entstanden sind.

Die Höhe der einzelnen Kostenanteile (Löhne, Materialkosten, Maschinenkosten und Gemeinkosten) kann man aus den Kalkulationsunterlagen und dem Betriebsabrechnungsbogen (s. Tabelle 19) entnehmen.

Die Kostengliederung nach Art, Ort und Objekt ist notwendig, um zu erkennen, wo und wie die Kosten entstanden sind und wie sie beeinflußt werden können.

7.2 Der Betriebsabrechnungsbogen BAB

Im Betriebsabrechnungsbogen werden alle Kosten erfaßt und nach Kostenarten und Kostenstellen geordnet. Er zeigt, wo die Kosten entstehen (Kostenstellen) und wofür (Kostenarten) sie angefallen sind. Der BAB liefert die Zahlen für die Berechnung der Gemeinkostensätze. Er zeigt auch, wie die Kosten der allgemeinen Kostenstellen, z. B. die Kosten für Grundstücke, Gebäude, Wasserversorgung usw. auf die anderen Kostenstellen umgelegt werden.

Er ermöglicht dem Betriebswirtschaftler, aus dem Kostenbild und der Kostenverteilung rechtzeitig Veränderungen im Betrieb zu erkennen. Aber nicht nur der Betriebswirtschaftler, sondern auch der technische Leiter und die Abteilungsleiter sollen aus dem BAB erkennen, ob in ihrem Verantwortungsbereich die geplanten Kosten eingehalten wurden.

Solche Planzahlen gewinnt man aus den tatsächlich angefallenen Kosten der vorangegangenen Abrechnungszeiträume unter Berücksichtigung zukünftiger betrieblicher Entwicklungen. Es sind Kosten mit Vorgabecharakter, die unter der Voraussetzung eines ordnungsgemäßen Betriebsablaufes bei gegebenen Produktionsverhältnissen veranschlagt werden. Dabei wird vorausgesetzt, daß der wertmäßige Güter- und Dienstleistungsverzehr der kommenden Abrechnungsperiode der veranschlagten Annahme entspricht.

In modernen Industriebetrieben werden die Planzahlen, die für den kommenden Abrechnungszeitraum festgelegt werden, mit den zuständigen Bereichsleitern in den Fertigungsbetrieben besprochen und abgestimmt. Im laufenden Geschäftsjahr ist dann der neueste BAB-Auszug, der den Bereichsleitern in der Produktion monatlich vorgelegt wird, ein Kostenüberwachungsinstrument.

Der BAB-Auszug zeigt, ob die geplanten Kosten den tatsächlich angefallenen Kosten entsprechen. Sind die angefallenen Kosten höher als die geplanten Kosten, dann sieht man im BAB-Auszug, wo die erhöhten Kosten entstanden sind. Dadurch wird es aber möglich, die Ursachen für die Kostenveränderung zu untersuchen und wenn notwendig, entsprechende Maßnahmen zur Kostensenkung einzuleiten.

Zusammenfassend kann man sagen, daß der BAB der Kostenspiegel des Unternehmens ist. Damit wird er zu einem Instrument, mit dem die Wirtschaftlichkeit des Unternehmens überwacht und beeinflußt werden kann.

7.2.1 Aufbau des BAB

In der horizontalen Kopfleiste sind die Kostenstellen aufgegliedert. In der Senkrechten sind die einzelnen Kostenarten aufgeführt. Darunter stehen die Umlagen, die Fertigungsgemeinkosten, die Fertigungslöhne und die Gemeinkostensätze.

Die Zahlen der Buchhaltung werden in Spalte 0 als Summen aller im Planungszeitraum angefallenen Kosten pro Kostenart eingetragen. Danach folgen

I   allgemeine Kostenstellen
II/1 Fertigungsstellen
II/2 Fertigungshilfsstellen
III   Materialstellen
IV   Verwaltungsstellen
V   Vertriebsstellen

Je nach Art und organisatorischem Aufbau des Betriebes werden nun diese Hauptgruppen (I bis V) der Kostenstellen noch einmal aufgegliedert, z. B.:

Tabelle 19 Schema des BAB

Bereiche →	Allgemeine Kostenstellen I	Fertigungs-hauptstellen II/1	Fertigungs-hilfsstellen II/2	Material III	Verwaltung IV	Vertrieb V
Kostenstellen → / ↓ Kostenarten						
Hilfslöhne Gehälter Werkzeuge Hilfsstoffe Energie kalk. Zinsen Abschreibungen						
Summe der Gemeinkosten						
Umlage Allgemeine Kostenstellen						
Umlage Fertigungs-Hilfsstellen						
Summe der Gemeinkosten einschließlich Umlage		Fertigungs-gemeinkosten		Material-gemeinkosten	Verwaltungs-gemeinkosten	Vertriebs-gemeinkosten
Zuschlagsgrundlage		Fertigungs-löhne		Fertigungs-material	Herstell-kosten	Herstell-kosten
Gemeinkostenzuschlag in %		%		%	%	%

Tabelle 20 Aufbau des BAB

Bereiche → / ↓ Kostenarten	Verteilungsschlüssel	0 — Zahlen der Buchhaltung Gesamtkosten	I — Grundstücke und Gebäude (1)	Wasserversorgung (2)	Kesselhaus (3)	Summe Spalte 1–3 (4)	II/1 — Dreherei (5)	Fräserei (6)	Stanzerei (7)	Montage (8)	Summe Spalte 5–8 (9)	II/2 — Werkzeugbau (10)	Instandhaltung (11)	Lohnbüro (12)	Summe Spalte 10–12 (13)	III — Einkauf und Verwaltung (14)	Materialprüfung (15)	Summe Spalte 14–15 (16)	IV — Geschäfts- und Betriebsleitung (17)	Kalkulation und Statistik (18)	Summe Spalte 17–18 (19)	V — Vertrieb (20)	Nr.
Genutzte Fläche in m²			10680	80	900		1500	1600	1000	1400	5500	900	600	60	1560	80	180	260	220	160	380	2000	
Nr.		0	1	2	3	4	5	6	7	8	9	10	11	12	13	14	15	16	17	18	19	20	Nr.
1 Gemeinkostenlöhne	direkt	34100	2800	60	1800	4660	6000	7200	3000	8000	24200	3200	1400	–	4600	200	400	600	40	–	40	–	1
2 Gehälter	direkt	19410	400	10	–	410	1100	900	400	1000	3400	900	100	200	1200	1200	500	1700	6200	2500	8700	4000	2
3 soziale Aufwendg.	direkt	5835	600	5	300	905	800	900	400	1100	3200	500	200	80	780	100	150	250	100	100	200	500	3
4 Hilfsstoffe	direkt	3935	600	5	200	805	500	600	200	100	1400	300	100	100	500	80	50	130	600	100	700	400	4
5 Werkzeuge, Vorrichtg.	direkt	3400	–	–	–	–	700	900	1000	200	2800	400	100	–	500	–	100	100	–	–	–	–	5
6 Reparaturen	direkt	5625	3900	25	600	4525	300	200	100	200	800	100	–	–	100	–	200	200	–	–	–	–	6
7 Energiekosten	direkt	3110	100	–	900	1000	300	400	300	100	1100	200	100	20	320	20	100	120	150	120	270	300	7
8 Steuern	Umlage	1145	800	–	–	800	–	–	–	–	–	–	–	–	–	–	–	–	300	45	345	–	8
9 Werbung	direkt	3000	–	–	–	–	–	–	.	–	–	–	–	–	–	–	–	–	–	–	–	3000	9
10 kalk. Abschreibung	Umlage	9520	1200	10	800	2010	1200	1600	1100	400	4300	1000	300	–	1300	10	300	310	80	120	200	1400	10
11 kalk. Zinsen	Umlage	3210	600	5	400	1005	400	600	300	100	1400	200	100	–	300	5	50	55	20	30	50	400	11
12 Summe		92290	11000	120	5000	16120	11300	13300	6800	11200	42600	6800	2400	400	9600	1615	1850	3465	7490	3015	10505	10000	12
13 Umlage Allgem. Kst.	16120						2264	2414	1509	2113		1358	906	91	2355	121	272	393	332	242	574	3018	13
14 Umlage Werkzeugbau	8158						2000	2000	2758	1400	←	8158	3306	491		Mat.-Gem.-K.		3858			11079	13018	14
15 Umlage Instandhaltung	3306						850	850	1006	600		←				Fert.-Mat.		120110					15
16 Umlage Lohnbüro	491						110	110	120	151		←				Mat.-Kosten		123968					16
17 Fertigungsgemeink.	(12 + 13 + 14 + 15 + 16)						16524	18674	12193	15464	62855												17
18 Fertigungslöhne							8100	10200	6300	5700	30300							Herstellk.			217123		18
19 Gemeinkostensatz [%]							204	183	193	271								3,2			5,1	6	19

I A l l g e m e i n e   K o s t e n s t e l l e n : Gebäude, Energieversorgung (Wasser, Strom, Gas), Transportmittel (Schienen- und Straßenfahrzeuge), Sozialeinrichtungen (Kantine, Betriebskrankenkasse).

II/1 F e r t i g u n g s s t e l l e n : Hier werden die Kosten der eigentlichen Erzeugungsstätten (Produktionsstätten) erfaßt.

II/2 F e r t i g u n g s h i l f s t e l l e n : Die Fertigungshilfsstellen werden gesondert erfaßt. Dazu gehören z. B. Werkzeugbau, Instandhaltung, Schreinerei.

III M a t e r i a l s t e l l e n : In dieser Spalte erscheinen alle Kosten, die für Materialverwaltung, Materiallager, Materialprüfung, Einkauf und Disposition entstehen.

IV V e r w a l t u n g s s t e l l e n : Hier erscheinen die Kosten für Geschäftsleitung, Betriebsleitung, kaufmännische Leitung, Buchhaltung, Auftragsabwicklung, Personalverwaltung usw.

V V e r t r i e b s s t e l l e n : Zu den Vertriebsstellen gehört alles, was zum Verkauf und Versand der Erzeugnisse erforderlich ist, z. B. Werbung, Angebotsabteilung, Auftragsabwicklung (Korrespondenz und Preisfestlegung), Lager für Fertigteile, Transportmittelplanung usw.

Tabelle 19 zeigt das Schema, Tabelle 20 den Aufbau eines BAB.

7.2.2 Aufgaben der Betriebsbuchhaltung

Die Betriebsbuchhaltung hat die Aufgabe, die Buchhaltungszahlen aus der 0-Spalte des BAB auf die einzelnen Kostenstellen umzulegen. Dies geschieht:

Direkt aus vorhandenen Unterlagen, mit denen die Kosten unmittelbar nachgewiesen werden können. Solche Unterlagen sind z. B. Rechnungen oder Lohnscheine.

Indirekt durch Umlegen der Kosten nach einem bestimmten Schlüssel. Der Umlageschlüssel kann z. B. sein:

— für Raumkosten: der Anteil der von der Abteilung genutzten Fläche,
— für Kosten des Lohnbüros: die Anzahl der Angestellten bzw. Arbeiter, für die der Lohn vom Lohnbüro zu berechnen ist.

Allgemein wählt man für alle Kostenarten die Umlage nach praktischen und in irgendeiner Form erfaßbaren Gesichtspunkten.

Im laufenden Betrieb werden die Umlagen nach den effektiven Zahlen des Vorjahres oder nach Zukunftsgrößen ermittelt und festgelegt. Die so geplanten Gemeinkosten werden monatlich mit den tatsächlich angefallenen Kosten verglichen.

Kommt es zu Abweichungen von den Planzahlen, dann wird nach den Ursachen gesucht. Dies geschieht durch persönliche Gespräche zwischen Betriebswirtschaftler und Betriebsleiter bzw. Abteilungsleiter. Wenn die tatsächlichen Kosten höher sind als die geplanten Kosten, dann muß der Betriebs- oder Abteilungsleiter nachweisen, warum er z. B. in einem bestimmten Bereich einen Hilfslöhner mehr beschäftigt hat als vorher.

Eine Korrektur der Planzahlen erfolgt nur dann, wenn die Notwendigkeit, einen zusätzlichen Mann einzusetzen, eindeutig nachgewiesen werden kann.

Bei solchen Kostengesprächen zwischen Techniker und Betriebswirtschaftler geht es oft hart zu. Der Betriebswirtschaftler ist für die Wirtschaftlichkeit des Unternehmens und der Techniker für die Produktion in Menge und Güte verantwortlich. Der Techniker möchte bezüglich des Personals eine kleine Reserve haben, damit er bei Ausfall durch Krankheit eine Personallücke schließen und seine

Produktionsverpflichtung erfüllen kann. Solche Reserven kann aber der Betriebswirtschaftler nur in begründeten Fällen zulassen, sonst muß er sich von der Geschäftsleitung fragen lassen, warum die Kosten bei gleicher Produktionsmenge gestiegen sind.

Hier entsteht zuweilen eine Problematik in den zwischenmenschlichen Beziehungen im Betrieb, die im Grunde von keinem gewollt wird.

7.2.3 Berechnung der Gemeinkostensätze

Materialgemeinkostensatz

$$MGS = \frac{MG}{KM} \cdot 100$$

MGS   in %   Materialgemeinkostensatz
MG   in DM   Materialgemeinkosten (Spalte 16, Zeile 14 im BAB)
KM   in DM   Kosten an Fertigungsmaterial (Spalte 16, Zeile 15 im BAB)

Beispiel 20

$$MGS = \frac{3858,- \text{ DM}}{120\,110,- \text{ DM}} \cdot 100 = 3,21\%$$

Fertigungsgemeinkostensatz

$$FGS = \frac{FG}{FL} \cdot 100$$

FGS   in %   Fertigungsgemeinkostensatz
FG   in DM   Fertigungsgemeinkosten (Spalten 5, 6, 7, 8; Zeile 17 im BAB)
FL   in DM   Fertigungslohnkosten

Beispiel 21 (für die Abteilung Dreherei, Spalte 5, Zeile 17 und 18 im BAB)

$$MGS = \frac{16\,524,- \text{ DM}}{8100,- \text{ DM}} \cdot 100 = 204\%$$

Verwaltungsgemeinkostensatz

$$VwGS = \frac{VG}{HK} \cdot 100$$

VwGS   in %   Verwaltungsgemeinkostensatz
HK   in DM   Herstellkosten
VG   in DM   Verwaltungsgemeinkosten (Spalte 19, Zeile 14)

Vertriebsgemeinkostensatz

$$VtGS = \frac{VtG}{HK} \cdot 100$$

VtGS   in %   Vertriebsgemeinkostensatz
VtG   in DM   Vertriebsgemeinkosten

7.3 Maschinenstundensatz

Unter dem Maschinenstundensatz versteht man die Kosten, die eine Maschine, wenn sie eine Stunde läuft, verursacht. Wenn der Maschinenstundensatz einer Drehmaschine z. B. 50 DM/h beträgt, dann heißt das, daß die Maschine pro Stunde Einsatzzeit 50 DM kostet. Der Maschinenstundensatz läßt sich rechnerisch aus den maschinenabhängigen Gemeinkosten und der Maschinenlaufzeit pro Jahr bestimmen.

7.3.1 Bestimmung der maschinenabhängigen Gemeinkosten MG

Kalkulatorische Abschreibung A Unter der kalkulatorischen Abschreibung versteht man die technisch-wirtschaftliche Wertminderung einer Maschine pro Jahr.

Wenn der Wiederbeschaffungswert einer Drehmaschine z. B. DM 30 000,— beträgt und die Maschine voraussichtlich 10 Jahre eingesetzt wird, dann ist die Wertminderung 30 000 DM/10 Jahre = 3000 DM/Jahr, d. h. die kalkulatorische Abschreibung A dieser Maschine ist 3000 DM/Jahr.

Die Abschreibungszeit ist abhängig von der Einsatzzeit der Maschine (in Stunden) pro Jahr. Im Dreischichtbetrieb ist der Verschleiß der Maschine pro Jahr höher als im Einschichtbetrieb. Aber auch die technische Entwicklung einer bestimmten Maschinenart kann die Abschreibungszeit (siehe Kapitel 14) beeinflussen.

Im Hinblick auf den Rechnungszweck ist bei den Abschreibungen zwischen bilanziellen (extern orientierten) und kalkulatorischen (intern orientierten) zu unterscheiden. Zur Berechnung des Maschinenstundensatzes werden die kalkulatorischen Abschreibungen herangezogen.

Andererseits werden für die bilanziellen Abschreibungen von den staatlichen Finanzverwaltungen Richtwerte für Mindestabschreibungszeiten herausgegeben, so daß die Industriebetriebe nicht beliebige Abschreibungszeiten einsetzen können, um Steuerabgaben zu sparen.

Die Abschreibungen wirken wegen der Tatsache, daß sie in der Gewinn-Verlust-Rechnung als „Aufwendungen" gebucht werden, gewinnmindernd. Dadurch reduzieren sich die Steuern.

Die kalkulatorische Abschreibung ist, wie hier gezeigt wurde, abhängig vom Kaufpreis bzw. vom Wiederbeschaffungswert einer Maschine. Der Wiederbeschaffungswert setzt sich zusammen aus:

> Preis der Maschine (ohne Zubehör)
> + elektrische Ausrüstung (z. B. Schaltschrank)
> + Normalzubehör (z. B. Wechselräder)
> + Kosten für die Aufstellung der Maschine (Fundament, Kabelkanäle anlegen usw.)
> ____
> Σ Wiederbeschaffungswert (WBW)

Der Wiederbeschaffungswert beinhaltet also alle Kosten bis zur Betriebsbereitschaft der neuen Maschine. Daraus folgt für die Abschreibung:

$$A = \frac{WBW}{N}$$

A	in DM/Jahr	Abschreibung
WBW	in DM	Wiederbeschaffungswert
N	in Jahren	Nutzungsdauer der Maschine

Kalkulatorische Zinsen Z Mit der Anschaffung einer Maschine wird im Unternehmen Kapital gebunden. Jedes Kapital aber, ob Eigen- oder Fremdkapital, muß verzinst werden (Finanzierung des Unternehmens). Man rechnet mit dem banküblichen Darlehns-Zinssatz für langfristig gebundenes Kapital. Die kalkulatorischen Zinsen ergeben sich rechnerisch aus dem halben Wiederbeschaffungswert und dem Zinssatz, der für die Beschaffung des Kapitals gezahlt werden muß (Durchschnittswertmethode).

$$Z = \frac{WBW}{2 \cdot 100\%} \cdot p$$

Z	in DM/Jahr	kalkulatorische Zinsen
WBW	in DM	Wiederbeschaffungswert der Maschine
p	in %/Jahr	Zinssatz

Raumkosten R Die Raumkosten ergeben sich aus der von der Maschine beanspruchten Arbeitsfläche. In diesen Raumkosten sind die Grunstücks- und Gebäudekosten sowie die Kosten für die Heizung, Wasserversorgung und die Instandhaltungskosten für die Gebäude enthalten. Sie liegen z. Z. im Mittel zwischen 50 und 150 DM/m² Jahr

$$R = R_1 \cdot q$$

R	in DM	Raumkosten der Maschine pro Jahr
R_1	in DM/m²	Raumkosten für 1 m² pro Jahr
q	in m²	für die Maschine erforderliche Arbeitsfläche (Grundriß der Maschine plus Bedienungs- und Abstellraum für die Werkstücke)

Energiekosten E Die Energiekosten ergeben sich aus dem Energieverbrauch und der Einsatzzeit der Maschine. Sie setzen sich zusammen aus den Kosten für:

— Strom: z. Z. etwa 0,12 DM/kWh

— Gas (Stadtgas):   0,24 DM/m³

— Preßluft (6 bar):   0,03 DM/Ansaug-m³

— Wasser: 1,40 DM/m³

In die Kalkulation sind immer die z. Z. gültigen Energiepreise einzusetzen.

Instandhaltungs- und Wartungskosten I + W Diese Kosten ergeben sich als Erfahrungswerte aus den Vorjahren von gleichartigen Maschinen (s. Abschn. 12.4). Mit diesen Erfahrungswerten errechnet man in Verbindung mit dem Wiederbeschaffungswert Instandhaltungs- und Wartungskosten.

$$I_f = \frac{IK}{WBW} \qquad\qquad W_f = \frac{WK}{WBW}$$

I_f		Instandhaltungskostenfaktor	W_f		Wartungskostenfaktor
IK	in DM	Instandhaltungskosten/Jahr	WK	in DM	Wartungskosten
WBW	in DM	Wiederbeschaffungswert der Maschinen			

Mittlere Werte für diese Faktoren liegen bei

$$I_f = 0,35 \quad \text{und} \quad W_f = 0,25$$

Aus diesen beiden Faktoren bildet man für die weitere Berechnung einen Faktor K_f.

$$K_f = I_f + W_f = 0,35 + 0,25 = 0,6$$

Mit diesem Faktor $K_f = 0,6$ lassen sich dann die Instandhaltungs- und Wartungskosten rechnerisch wie folgt bestimmen:

$$\boxed{I + W = A \cdot K_f}$$

$I + W$ in DM/Jahr   Instandhaltungs- und Wartungskosten/Jahr
A in DM/Jahr   Abschreibung
K_f Faktor für Instandhaltung und Wartung

Summe der maschinenabhängigen Gemeinkosten MG (alle Kosten in DM/Jahr)

$$
\begin{array}{ll}
 & \text{Abschreibung } A \\
+ & \text{Zinsen} \quad\quad Z \\
+ & \text{Raumkosten} \quad R \\
+ & \text{Energiekosten } E \\
+ & (I + W)\text{-Kosten} \\
\hline
 & MG = A + Z + R + (I + W) + E
\end{array}
$$

7.3.2 Nutzungsstunden der Maschine pro Jahr

Unter Zugrundelegung einer 40-Stunden-Arbeitswoche ergeben sich gerundet für
— Einschichtbetrieb   2000 h
— Zweischichtbetrieb   4000 h

Rechnet man von diesen Stunden für personelle und maschinelle Ausfallzeiten 25% ab, dann verbleiben an effektiven Nutzungsstunden
— Einschichtbetrieb   1500 h
— Zweischichtbetrieb   3000 h

Maschinenstundensatz MStS Der Maschinenstundensatz läßt sich nun aus der Summe der maschinenabhängigen Gemeinkosten MG und den effektiven Nutzungsstunden (d. h. die Zeit, die die Maschine im Laufe eines Jahres tatsächlich genutzt wird), bestimmen.

$$\boxed{MStS = \frac{MG}{t}}$$

$MStS$ in DM/h   Maschinenstundensatz
MG in DM/Jahr   Summe der maschinenabhängigen Gemeinkosten
t in h/Jahr   effektive Nutzungszeit der Maschine

Um die Berechnung des Maschinenstundensatzes in übersichtlicher Form durchführen zu können, benutzt man das Berechnungsblatt nach Tabelle 21.

Tabelle 21 Schema des Berechnungsblatts zur Bestimmung des Maschinenstundensatzes

1. Wiederbeschaffungswert WBW	**5. Energiekosten E**
= Anschaffungspreis = + elektr. Ausrüstung = + Normalzubehör = + Aufstellung = Σ WBW =	Strom = = Gas = = Preßluft = = (Wasser) = = = = DM/Jahr
2. Abschreibung A $= \dfrac{\text{WBW}}{\text{Nutzungsdauer (Jahre) N}}$ = ——— = DM/Jahr	**6. Instandhaltungs- und Wartungskosten I + W** $= A \cdot$ Kostenfaktor K_f = = DM/Jahr $(K_f = 0.6)$
3. Zinsen Z $= \dfrac{\text{WBW}}{2 \cdot 100} \cdot$ Zinssatz/Jahr $= \dfrac{\quad\cdot\quad}{2 \cdot 100}$ = DM/Jahr	**7. Summe der maschinenabhängigen Gemeinkosten MG** Abschreibung A = DM + Zinsen Z = DM + Raumkosten R = DM + Energiekosten E = DM + (I + W)-Kosten = DM Σ Kosten/Jahr = DM
4. Raumkosten R R_1 im Mittel 50,– bis 150,– DM/m^2 Jahr q Raumanteil der Maschine (m^2) $R = R_1 \cdot q$ = = DM/Jahr	**8. Maschinenstundensatz MStS** $= \dfrac{\text{Kosten/Jahr}}{\text{eff. Nutzungsstd.}}$ = ——— = DM/h

Kenndaten der Maschine:

Bezeichnung: _________________________________

Antriebsleistung:	kW	Wasserverbrauch:	m^3/h
Gasverbrauch:	m^3/h	erforderlicher Raum:	m^2
Preßluftverbrauch:	m^3/h	Nutzungsstunden:	h/Jahr

Beispiel 22

Es soll der Maschinenstundensatz für eine Fräsmaschine bestimmt werden.

G e g e b e n :

1. Anschaffungskosten der Maschine:
   Grundpreis der Maschine (ohne Zubehör) DM 48 000,–
   Zubehör (Fräsdorne, Wechselräder) DM 4 000,–
   Elektrische Ausrüstung (Schaltschrank) DM 4 000,–
   Aufstellungskosten (Fundament, Kabelkanal) DM 3 000,–
2. Raumbedarf (Grundfläche und Bedienungsraum) $q = 18 \text{ m}^2$
3. Energiebedarf:
   Antriebsleistung der Maschine: $P = 16 \text{ kW}$
   Preßluftverbrauch: $1 \text{ m}^3/\text{h}$
4. Voraussichtliche Nutzungsdauer: 8 Jahre
5. Effektive Nutzungsstunden pro Jahr: 1500 h/Jahr
6. Zinssatz: $p = 6\%$
7. Raumkosten pro m^2: $R_1 = 50 \text{ DM/m}^2 \text{ Jahr}$

L ö s u n g :

1. Stromkosten: $1500 \text{ h} \cdot 16 \text{ kW} \cdot 0,12 \text{ DM/kWh} = 2880,– \text{ DM}$
2. Preßluftkosten: $1500 \text{ h} \cdot 1 \text{ m}^3 \cdot 0,03 \text{ DM/m}^3 = 45,– \text{ DM}$

Die weitere Berechnung erfolgt auf dem Berechnungsblatt (Tabelle 22).

7.4 Die Kalkulationsverfahren

Die für die Herstellung bestimmter Teile oder Produkte entstehenden Kosten setzen sich aus den Materialkosten, Maschinenkosten und den Lohnkosten zusammen.

Zur Bestimmung dieser Herstellkosten gibt es mehrere Verfahren. Die drei gebräuchlichsten Kalkulationsverfahren sollen hier dargestellt werden.

7.4.1 Divisionskalkulation

Bei der Divisionskalkulation erhält man die Kosten pro Kostenträger aus der Division der Gesamtkosten durch die Anzahl der im Abrechnungszeitraum gefertigten Teile oder Produkte.

$$\boxed{K_{st} = \frac{K}{n}}$$

K_{st} in DM/Einheit Kosten pro Kostenträger
K in DM Summe aller im Abrechnungszeitraum angefallenen Kosten
n in Stück (oder einer anderen Einheit) die im Abrechnungszeitraum gefertigte Menge

Aus der Summe aller Kosten, die hier nicht nach Kostenarten getrennt werden, erhält man die Kosten pro Einheit.

V o r t e i l e   d e s   V e r f a h r e n s : Einfache, wenig aufwendige Kostenermittlung.

N a c h t e i l e   d e s   V e r f a h r e n s : Durch die Summierung der angefallenen Kosten erhält

Tabelle 22 Berechnung des Maschinenstundensatzes

1. Wiederbeschaffungswert WBW

=	Anschaffungspreis =	48 000,– DM
+	elektr. Ausrüstung =	4 000,– DM
+	Normalzubehör =	4 000,– DM
+	Aufstellung =	3 000,– DM

Σ WBW = 59 000,– DM

5. Energiekosten E

Strom	= 2 880,–
Gas	= –
Preßluft	= 45,–
(Wasser)	= –

= 2 925,– DM/Jahr

z. B. Stromkosten	0,12 DM/kWh
Gas (Stadtgas)	0,24 DM/m^3
Preßluft (6 atü)	0,03 DM/Ansaug m^3
Wasser (kühlen)	1,40 DM/m^3

2. Abschreibung A

$$= \frac{WBW}{\text{Nutzungsdauer (Jahre) N}}$$

$$= \frac{59\ 000,-\ DM}{8\ \text{Jahre}} = 7\ 375,-\ DM/Jahr$$

6. Instandhaltungs- und Wartungskosten I + W

$$= A \cdot \text{Kostenfaktor } K_f$$

$$= 7\ 375,-\ DM \cdot 0,6 = 4\ 425,-\ DM/Jahr$$

$(K_f = 0,6)$

3. Zinsen Z

$$= \frac{WBW}{2 \cdot 100} \cdot \text{Zinssatz/Jahr}$$

$$= \frac{59\ 000,-\ DM \cdot 6}{2 \cdot 100} = 1\ 770,-\ DM/Jahr$$

7. Summe der maschinenabhängigen Gemeinkosten MG

	Abschreibung	A	=	7 375,– DM
+	Zinsen	Z	=	1 770,– DM
+	Raumkosten	R	=	900,– DM
+	Energiekosten	E	=	2 925,– DM
+	(I + W)-Kosten		=	4 425,– DM

= 17 395,– DM/Jahr

4. Raumkosten R

R_1 im Mittel 50,– bis 150,– DM/m^2 Jahr
q Raumanteil der Maschine (m^2)

$R = R_1 \cdot q$

$= 50\ DM \cdot 18\ m^2 = $ 900,– DM/Jahr

8. Maschinenstundensatz MStS

$$= \frac{\text{Kosten/Jahr}}{\text{eff. Nutzungsstd.}}$$

$$= \frac{17\ 395,-\ DM/Jahr}{1\ 500\ h/Jahr} = 11,60\ DM/h$$

Kenndaten der Maschine:

Bezeichnung: _______________________________

Antriebsleistung:	16 kW	Nutzungsstunden:	1 500 h/Jahr
Gasverbrauch:	– m^3/h	Nutzungsdauer:	8 Jahre
Preßluftverbrauch:	1 m^3/h	Zinssatz p:	6%
Wasserverbrauch:	– m^3/h	Raumkosten R:	50 DM/m^2 Jahr
erforderl. Raum:	18 m^2		

man nur ein ungenaues Kostenbild. Die Kostenrechnung zeigt nicht, wo im einzelnen die Kosten entstanden sind. Dadurch ist es auch nur schwer möglich, die einzelnen Kostenarten zu beeinflussen.

A n w e n d u n g : Betriebe mit einheitlichen Massenfertigungen, in denen nur eine Produktart gefertigt wird, wie z. B. Strom-, Gas- oder Wassererzeugung.

Aber auch in Brauereien, in der Zigarettenindustrie, bei Zementfabriken und in Gießereien wendet man dieses Kalkulationsverfahren an. Montagekosten auf einer Bandstraße können ebenfalls, wie Beispiel 24 zeigt, mit der Divisionskalkulation bestimmt werden.

Beispiel 23

In einem Elektrizitätswerk wurden in einem Monat für Löhne, Material und innerbetriebliche Aufwendungen insgesamt DM 50 000,– ausgegeben. Im gleichen Zeitraum wurden 420 000 kWh Strom erzeugt.

Wie hoch sind die Selbstkosten für 1 kWh Strom?

$$K_{st} = \frac{K}{n} = \frac{50\ 000,- \text{ DM}}{420\ 000,- \text{ kWh}} = 0{,}119 \text{ DM/kWh}$$

Die Selbstkosten für 1 kWh erzeugten Strom betragen also 11,9 Pfg.

Beispiel 24

Es sollen die Kosten für die Montage einer einfachen elektronischen Weckeruhr, die auf einem Montageband montiert wird, ermittelt werden.

G e g e b e n :

1. Montagezeit für 10 000 Stück Uhren: 300 h
2. Rüstzeit zum Umrüsten des Montagebandes: 8 h
3. Gesamtkosten des Bandes: DM 300/h

L ö s u n g :

1. Bandbelegungszeit:

$$t_{ges} = t_M + t_r = 300 \text{ h} + 8 \text{ h} = 308 \text{ h}$$

t_{ges} in h   Gesamtbelegungszeit des Bandes
t_M in h   Montagezeit für 10 000 Stück Uhren
t_r in h   Rüstzeit des Bandes

2. Gesamtkosten für 10 000 Stück Uhren

$$K = t_{ges} \cdot K_h = 308 \text{ h} \cdot 300 \text{ DM/h} = 92\ 400,- \text{ DM}$$

3. Montagekosten pro Uhr

$$K_{st} = \frac{K}{n} = \frac{92\ 400,- \text{ DM}}{10\ 000 \text{ Stück}} = 9{,}24 \text{ DM/Stück}$$

7.4.2 Äquivalenzziffernkalkulation

Die Kalkulation mit Äquivalenzziffern ist eine Sonderform der Divisionskalkulation, die man anwendet, wenn gleichartige Teile in verschiedenen Größen gefertigt werden. Die Äquivalenzziffer drückt aus, wieviel mal so groß die Kosten für eine andere Produktgröße im Vergleich zu einer Grundgröße mit der Äquivalenzziffer 1 sind.

Für die Produktgröße 1 mit der Äquivalenzziffer 1 gilt für die Kosten pro Kostenträger auch hier:

$$K_{st} = \frac{K}{n}$$

Bei einer anderen Größe (z. B. Produktgröße 2) verhalten sich die Kosten proportional zu den Kosten des kleineren Gerätes. Sind die Kosten der Größe 2 z. B. 20% höher als die der Größe 1, dann ist die Äquivalenzziffer 1,2. Ergeben sich für eine 3. Größe um 50% höhere Kosten als bei Gerätegröße 1, dann ist die Äquivalenzziffer 1,5. Betragen im Vergleich zur Produktgröße 1 die Kosten für eine 4. Größe nur 90% im Vergleich zu Größe 1, dann ist die Äquivalenzziffer 0,9.

Wenn die Kosten K_{st} für eine Produktgröße bekannt sind, dann lassen sich mit Hilfe der Äquivalenzziffern auch die Kosten für andere Gerätegrößen bestimmen:

$$K_x = K_{st} \cdot f_x$$

K_x	in DM	Kosten für ein Gerät der Größe x
K_{st}	in DM	Kosten pro Kostenträger (pro Gerät der Größe 1)
f_x	—	Äquivalenzziffer für die Gerätegröße x

Erzeugt man nun von den verschiedenen Gerätegrößen unterschiedliche Stückzahlen, dann läßt sich mit Hilfe der Äquivalenzziffern bestimmen, welcher fiktiven Stückzahl n_f (scheinbaren Stückzahl) der Größe 1 diese gefertigten Stückzahlen entsprechen.

Diese Vergleichsstückzahl n_f der Größe 1 ermöglicht es, die Kalkulation wieder auf eine einfache Divisionskalkulation zurückzuführen.

Weil aber bei den erzeugten Produkten nicht immer die Stückzahl das Maß für die erzeugte Menge ist, spricht man allgemein von der Menge der erzeugten Einheiten. Dabei kann die Maßeinheit kg, ℓ, m, Stück usw. sein.

Die Anzahl der fiktiven (scheinbaren) Einheiten n_f (der Vergleichsstückzahl, wenn die Einheit in Stück gemessen wird) mit der Wertigkeit 1, ergibt sich zu:

$$n_f = n_1 \cdot f_1 + n_2 \cdot f_2 + n_3 \cdot f_3 + \ldots + n_z \cdot f_z$$

n_f	in Einheiten der Wertigkeit 1	Summe der fiktiven Einheiten die im Abrechnungszeitraum gefertigt wurden
n_1 bis n_z	in Einheiten	Anzahl der gefertigten Einheiten in den Größen 1 bis z
f		Äquivalenzziffer

Sind nun die im Abrechnungszeitraum angefallenen Gesamtkosten K_G für die Herstellung von n_f fiktiven Einheiten bekannt, dann können die Kosten pro fiktiver Einheit wie bei der Divisionskalkulation bestimmt werden.

$$K_{st} = \frac{K_G}{n_f}$$

K_{st}	in DM	Kosten pro fiktiver Einheit
K_G	in DM	im Abrechnungszeitraum angefallene Gesamtkosten
n_f	in Einheiten	Anzahl der im Abrechnungszeitraum gefertigten fiktiven Einheiten

Mit Hilfe der Äquivalenzziffern kann man bei dieser Kalkulation von den Kosten einer bestimmten Gerätegröße bzw. Produktgröße auf die Kosten einer anderen Größe schließen. Die Proportionalität der Gesamtkosten pro Einheit ist aber nur dann gegeben, wenn sowohl die Fertigungskosten (Lohn- und Maschinenkosten) als auch die Materialkosten der Produktgröße proportional sind.

Wenn nur ein Faktor, Fertigungskosten oder Materialkosten, der Produktgröße proportional ist, dann kann man die Äquivalenzziffer aus dem Faktor ermitteln, der die Proportionalität aufweist.

Hier ist aber zu prüfen, ob das so entstehende Kostenbild für die einzelnen Größen noch dem tatsächlichen Kostenverhalten der Produkte entspricht.

Allgemein gilt: Wenn die Gesamtkosten der Produktgröße proportional sind, dann wird die Äquivalenzziffer aus den Gesamtkosten ermittelt. Ist das nicht der Fall, dann kann sie bedingt auch aus der Kostenart bestimmt werden, die am stärksten in die Kostenrechnung eingeht.

V o r t e i l e   d e s   V e r f a h r e n s : Einfache, wenig aufwendige Kostenermittlung.

N a c h t e i l e   d e s   V e r f a h r e n s : Das Kostenbild ist ungenau, weil die Kostenrechnung mit den Gesamtkosten nicht zeigt, wo die einzelnen Kosten angefallen sind. Die Genauigkeit der Rechnung wird durch den Schluß auf andere Produktgrößen vor allem dann noch einmal verringert, wenn nicht alle in die Rechnung eingehenden Kosten der Produktgröße proportional sind.

A n w e n d u n g : Für Produkte, die aus wenig Einzelteilen bestehen und in mehreren Größen gebaut werden, z. B. einfache Zahnradpumpen.

Diese Kalkulation ist auch anwendbar für Normteile mit verschiedenen Durchmessern und Längen, die mit gleichen Fertigungsverfahren hergestellt werden. Auch für Schmieröle und andere Produkte, die in verschiedenen Mengen abgefüllt werden (z. B. 1-ℓ-; 5-ℓ- und 20-ℓ-Gefäße), ist diese Kalkulation anwendbar.

Allgemein kann man sagen, daß die Kalkulation mit Äquivalenzziffern überall da angewandt werden kann, wo Produkte mit gleichen Fertigungsverfahren hergestellt und in ihrem Aufbau gleich sind, jedoch in verschiedenen Größen bzw. Abmessungen gefertigt werden.

Beispiel 25

Bei der Herstellung von einfachen Getrieben ergibt sich folgendes Kostenbild:

Getriebe Größe 1:   Gesamtkosten für ein Stück   DM 170,—
Getriebe Größe 2:   Gesamtkosten für ein Stück   DM 221,—
Getriebe Größe 3:   Gesamtkosten für ein Stück   DM 255,—

Bestimmen Sie die Äquivalenzziffern!

L ö s u n g :

$$K_x = K_{st} \cdot f_x \qquad f_x = \frac{K_x}{K_{st}}$$

$$f_2 = \frac{K_2}{K_{st}} = \frac{DM\ 221,-}{DM\ 170,-} = 1{,}3$$

$$f_3 = \frac{K_3}{K_{st}} = \frac{DM\ 255,-}{DM\ 170,-} = 1{,}5$$

P r o b e :

$$K_2 = K_{st} \cdot f_2 = 170,-\ DM \cdot 1{,}3 = 221,-\ DM$$

Beispiel 26

In einem Betrieb wurden im Abrechnungszeitraum insgesamt 38 Stück Zahnradpumpen in 3 Größen hergestellt. Davon waren 15 Pumpen Größe 1, 12 Pumpen Größe 2 und 11 Pumpen Größe 3. Die Gesamtkosten betrugen 9807,10 DM. Die Äquivalenzziffern sind: $f_1 = 1$; $f_2 = 1{,}4$; $f_3 = 1{,}7$.

Wie groß sind die Kosten pro Zahnradpumpe für die einzelnen Pumpengrößen?

L ö s u n g :

1. Anzahl der fiktiven Einheiten, die gefertigt wurden:

$$n_f = n_1 \cdot f_1 + n_2 \cdot f_2 + n_3 \cdot f_3$$
$$= 15 \cdot 1 + 12 \cdot 1{,}4 + 11 \cdot 1{,}7 = 50{,}5$$

2. Kosten pro fiktive Einheit:

$$K = \frac{K_G}{n_f} = \frac{9807,10 \text{ DM}}{50,5 \text{ Einheiten}} = 194,20 \text{ DM/Einheit}$$

3. Kosten für die einzelnen Größen:

$$K_1 = 194,20 \text{ DM/Stück}$$

$$K_2 = K_1 \cdot f_2 = 194,20 \text{ DM} \cdot 1,4 = 271,88 \text{ DM/Stück}$$

$$K_3 = K_1 \cdot f_3 = 194,20 \text{ DM} \cdot 1,7 = 330,14 \text{ DM/Stück}$$

4. Die Summe der Kosten muß nun wieder die vorgegebenen Gesamtkosten ergeben.

$$K_G = K_1 \cdot n_1 + K_2 \cdot n_2 + K_3 \cdot n_3 = 194,20 \cdot 15 + 271,88 \cdot 12 + 330,14 \cdot 11 = 9807,10 \text{ DM}$$

Tabelle 23 zeigt noch einmal den Zusammenhang.

Tabelle 23 Zusammenfassung der Zahlenwerte von Beispiel 26

Größe	Menge n in Stück	Äquivalenz-ziffer f	$n_x \cdot f_x$	Kosten K_x in DM/Stück	Kosten für n Stück in DM
1	15	1,0	15,0	194,20	2913,00
2	12	1,4	16,8	271,88	3262,56
3	11	1,7	18,7	330,14	3631,54
			$n_f = 50,5$		$K_G = 9807,10$

7.4.3 Zuschlagskalkulation

Bei der Zuschlagskalkulation werden die für ein bestimmtes Erzeugnis verursachten Kosten aus den nachweisbaren Einzelkosten (Materialeinzel- und Fertigungseinzelkosten) und den Gemeinkosten ermittelt.

Die Gemeinkosten werden prozentual zu den Einzelkosten zugeschlagen. Die prozentualen Gemeinkostenzuschläge haben dieser Kalkulation auch den Namen gegeben.

Die Divisionskalkulation und die Kalkulation mit Äquivalenzziffern ist nur in Betrieben mit einheitlichen Fertigungen und festen Kostenrelationen anwendbar.

Die Zuschlagskalkulation, mit der die Kosten für jedes einzelne Produkt bestimmt werden können, ist bei allen Fertigungsarten, auch bei gemischter Produktion, einsetzbar.

Zu den genau erfaßbaren Einzelkosten, wie Material-, Lohn- und Maschinenkosten, werden durch Zuschläge die im Erzeugnis nicht nachweisbaren Kosten erfaßt.

Die Berechnung der Gemeinkostensätze in Prozent werden mit Hilfe des BAB (Betriebsabrechnungsbogen) für jede in die Kalkulation eingehende Kostenstelle (s. Abschn. 7.2) ermittelt. So werden z. B. die Materialgemeinkosten, die durch die Verwaltung und Prüfung des Materials entstehen, den erfaßbaren Materialkosten pro kg Einsatzmasse, die ja durch die Rechnung des Lieferanten bekannt sind, zugeschlagen. Genau so verfährt man mit den Fertigungskosten, die sich aus den Lohn- und Maschinenkosten zusammensetzen. Die Verwaltungs-, Vertriebs- und Entwicklungskosten werden ebenfalls durch Zuschläge berücksichtigt. Diese Zuschläge in Prozent beziehen sich auf die Herstellkosten.

Die Zuschlagskalkulation ist jedoch nur anwendbar, so lange die genau erfaßbaren Kosten noch in einer gewissen Relation zu den Gemeinkostensätzen stehen. Allgemein kann jedoch festgestellt werden, daß die Zuschlagskalkulation die meist angewandte Kalkulationsart ist.

Voraussetzung für die Kostenermittlung mit der Zuschlagskalkulation ist die Kenntnis der:

— Gemeinkostensätze

— Maschinenkostensätze

— Lohnkosten

Bei der Ermittlung der Kosten wird unterschieden zwischen:

— Materialkosten

— Fertigungskosten

— Herstellkosten I

— Herstellkosten II

— Selbstkosten

Materialkosten Sie setzen sich aus den Kosten für den Materialeinkauf, den Kosten für fehlerhafte Teile und den Gemeinkosten zusammen.

Die Materialeinkaufkosten sind genau erfaßbar, denn sie werden ja durch Rechnungen nachgewiesen. Im Material ist aber immer ein bestimmter Anteil an fehlerhaften Teilen enthalten, der durch den kalkulierten Ausschuß erfaßt wird. Die Verwaltung des Materials, die Lagerung, das Prüfen und der innerbetriebliche Transport wird in den Materialgemeinkosten erfaßt.

Daraus folgt für die Materialkosten:

1	Materialkosten	(Einkaufspreis)
2	Materialgemeinkosten	(% von 1)
3	Zwischensumme	(Σ 1 + 2)
4	Material-Ausschuß	(% von 3)
5	Materialkosten gesamt	(Σ 3 + 4)

Fertigungskosten Hier gibt es zwei Möglichkeiten:

Z u s c h l a g s k a l k u l a t i o n   a u f   L o h n b a s i s : Diese vereinfachte, aber auch ungenauere Kalkulation auf Lohnbasis berücksichtigt nur die Fertigungslöhne. Die Maschinenkosten werden bei dieser Kalkulation im Gemeinkostensatz mit erfaßt. Hier ergeben sich die Fertigungskosten aus den Fertigungslöhnen und den Fertigungsgemeinkosten.

a	Fertigungslöhne	
b	Fertigungsgemeinkosten	(% von a)
c	Fertigungskosten	(Σ a + b)

Weil aber die Maschinenkosten bei dieser Kalkulation nur über den Gemeinkostensatz in die Kalkulation eingehen, entsprechen sie oft nicht den tatsächlichen Maschinenkosten. Wenn in der Abteilung, für die der Gemeinkostensatz festgelegt wurde, teure und wertvolle Maschinen neben billigen und einfachen Maschinen stehen, dann gehen alle Maschinen mit den gleichen Kosten in die Kalkulation ein.

Wenn die Kalkulation auf Lohnbasis ein genaues Kostenbild ergeben soll, dann müssen die Kostenstellen so aufgeteilt sein, daß die Maschinen mit etwa gleichen Kostensätzen in dieser Kostenstelle zusammengefaßt sind. Dies ist aber aus fertigungstechnischen Gründen nicht immer möglich. Deshalb gibt man in vielen Fällen der Kalkulation mit Maschinenstundensätzen den Vorzug.

Z u s c h l a g s k a l k u l a t i o n   m i t   M a s c h i n e n s t u n d e n s a t z : Hier gehen bei der Ermittlung der Fertigungskosten sowohl die Fertigungslöhne als auch die tatsächlichen Maschinenkosten in die Kalkulation ein.

Weil hier die maschinenabhängigen Gemeinkosten

— kalkulatorische Abschreibung

— kalkulatorische Zinsen

— Instandhaltungskosten

— Raumkosten

— Energiekosten

bereits im Maschinenstundensatz enthalten sind, werden bei dieser Kalkulation nur noch die restlichen Fertigungsgemeinkosten (die sogenannten „Restfertigungsgemeinkosten") zugeschlagen. Zu diesen Restfertigungsgemeinkosten gehören:

— Hilfslöhne

— Gehälter

— Sozialkosten

— anteilige Umlagekosten

Der Restfertigungsgemeinkostensatz in Prozent bezieht sich auf die Lohnkosten; d. h. ein Zuschlag von z. B. 120% bedeutet 120% von den Lohnkosten.

Die Fertigungskosten ergeben sich dann aus folgenden Summanden:

6	Maschinenkosten
	(Maschinen-Stundensatz · Maschinen-Zeit)
7	Lohnkosten
8	Restfertigungsgemeinkosten (% von 7)
9	Fertigungskosten (Σ 6 + 7 + 8)

Herstellkosten Die Herstellkosten setzen sich aus den Material- und den Fertigungskosten zusammen. Man unterscheidet die Herstellkosten I und II. In den Herstellkosten II ist der Fertigungsausschuß zusätzlich berücksichtigt.

5	Materialkosten
9	Fertigungskosten
10	Herstellkosten I (Σ 5 + 9)
11	Fertigungsausschuß (% von 10)
12	Herstellkosten II (Σ 10 + 11)

Vorteile der Zuschlagskalkulation: Die Zuschlagskalkulation kann in allen Industriezweigen eingesetzt werden, weil mit dieser Kalkulation die Kosten für jedes einzelne Produkt bestimmt werden können.

Nachteile der Zuschlagskalkulation: Unterschiedliche Löhne in einer Abteilung haben gleiche Gemeinkostensätze. Dadurch werden Arbeitsgänge mit hohen Löhnen zu niedrig und Arbeitsgänge mit niedrigen Löhnen zu hoch kalkuliert. Dieser Nachteil kann ausgeglichen werden, wenn man die Anzahl der Kostenstellen vergrößert.

Unterschiedlich teure Maschinen in einer Abteilung haben gleiche Gemeinkostensätze. Dadurch werden Arbeitsgänge auf teuren Maschinen zu niedrig und Arbeitsgänge auf billigeren Maschinen zu hoch kalkuliert. Dieser Nachteil wird aufgehoben, wenn man die Kalkulation mit Maschinenstundensätzen ausführt.

Anwendung der Zuschlagskalkulation: Für alle Arten der Produktion, bei denen die Kosten für jedes einzelne Produkt bestimmt werden sollen.

Die Zuschlagskalkulation ist nicht mehr anwendbar, wenn die Gemeinkostenzuschläge im Vergleich zu den tatsächlich erfaßbaren Kosten zu hoch werden.

Tabelle 24 Schema des Berechnungsblatts zur Bestimmung der Selbstkosten

Werkstück:	Zeichnungs-No.:		Material:		
Rohlingsabmessung:		Rohlingsgewicht:			kg/Stück
Materialpreis in DM/kg:		Kalkulation gilt für:			Stück
			Variante 1	Variante 2	Variante 3
Materialkosten	1	Materialkosten (Einkaufspreis)			
	2	Materialgemeinkosten (5% von 1)			
	3	(Σ 1 + 2)			
	4	Ausschuß (2% von 3)			
	5	Materialkosten gesamt (Σ 3 + 4)			
Fertigungskosten	6	Maschinenkosten (Masch.-Stundensatz · Masch.-Zeit/Stück)			
	7	Lohnkosten			
	8	Restfertig.-Gemeink. % von 7			
	9	Fertigungskosten (Σ 6 + 7 + 8)			
Herstellkosten	10	Herstellkosten I (Σ 5 + 9)			
	11	Ausschuß $\approx$ % von 10			
	12	Herstellkosten II (Σ 10 + 11)			
Selbstkosten	13	Konstr. + Entwicklungskosten (2% von 12)			
	14	Verwaltungskosten (20% von 12)			
	15	Vertriebsgemeinkosten (4% von 12)			
	16	Selbstkosten (Σ 12 + 13 + 14 + 15)			

Bemerkung:

Tabelle 25 Berechnung der Selbstkosten (zu Beispiel 27)

Werkstück: Welle	Zeichnungs-No.:	Material: St 50

Rohlingsabmessung: 120 ϕ x 600 lang	Rohlingsgewicht: 53,3 kg/Stück

Materialpreis in DM/kg: 0,90	Kalkulation gilt für: 100 Stück

		Materialeinkaufspreis für 100 Stück DM 4797,–	Variante 1	Variante 2	Variante 3
Materialkosten	1	Materialkosten (Einkaufspreis)	4 797,00		
	2	Materialgemeinkosten (5% von 1)	239,85		
	3	(Σ 1 + 2)	5 036,85		
	4	Ausschuß (2% von 3)	100,74		
	5	Materialkosten gesamt (Σ 3 + 4)	5 137,59		
Fertigungskosten	6	Maschinenkosten (Masch.-Stundensatz · Masch.-Zeit/Stück) $\frac{11\,\text{DM}}{\text{hr}} \cdot \frac{80\,\text{min}\,\text{hr}}{60\,\text{min}} \cdot 100$	1 466,67		
	7	Lohnkosten $\frac{9,50\,\text{DM}}{\text{K}} \cdot \frac{80\,\text{min}\,\text{K}}{60\,\text{min}} \cdot 100$	1 266,67		
	8	Restfertig.-Gemeink. 120% von 7	1 519,99		
	9	Fertigungskosten (Σ 6 + 7 + 8)	4 253,33		
Herstellkosten	10	Herstellkosten I (Σ 5 + 9)	9 390,92		
	11	Ausschuß $\approx$ 0,5% von 10	46,95		
	12	Herstellkosten II (Σ 10 + 11)	9 437,87		
Selbstkosten	13	Konstr. + Entwicklungskosten (2% von 12)	188,75		
	14	Verwaltungskosten (20% von 12)	1 887,57		
	15	Vertriebsgemeinkosten (4% von 12)	377,51		
	16	Selbstkosten (Σ 12 + 13 + 14 + 15)	11 891,70		

Bemerkung:

7.5 Selbstkosten

Die Selbstkosten ergeben sich aus den Herstellkosten II und den Gemeinkostenzuschlägen für Entwicklung, Vertrieb und Verwaltung.

12	Herstellkosten II
13	Entwicklungskosten (% von 12)
14	Verwaltungskosten (% von 12)
15	Vertriebskosten (% von 12)
16	Selbstkosten (Σ 12 + 13 + 14 + 15)

Um die Kosten in übersichtlicher Form darstellen zu können, legt man ein Formblatt nach Tabelle 24 an.

Beispiel 27

Es sind die Selbstkosten von 100 Stück Wellen, die aus gewalztem Material St 50 gedreht werden sollen, zu bestimmen. Das Material wird in Längen von 600 mm eingekauft.

G e g e b e n :

Rohlingsabmessung:	120 ϕ x 600 mm lang
Rohlingsmasse:	53,3 kg/Stück
Materialeinkaufspreis:	0,90 DM/kg
Maschinenstundensatz für das Drehen:	11 DM/Std.
Maschinenzeit für 1 Stück:	80 min
Fertigungslohn:	9,50 DM/Std.
Restfertigungsgemeinkosten:	120%
Gemeinkostenzuschläge für:	Konstruktion und Entwicklung 2%
	Verwaltung 20%
	Vertrieb 4%

Die Berechnung der Selbstkosten erfolgt nach Tabelle 25.

7.6 Verkaufspreis

Den Verkaufspreis erhält man, wenn man zu den Selbstkosten den Gewinn und einen evtl. Risikozuschlag addiert. Diese Zuschläge beziehen sich auf die Selbstkosten.

16	Selbstkosten
17	Gewinnzuschlag (% von 16)
18	Risikozuschlag (% von 16)
19	Verkaufspreis (Σ 16 + 17 + 18)

8 Fertigungslos

Unter einem Fertigungslos versteht man die Menge an Werkstücken, die geschlossen durch die Fertigung läuft. Ein Los ist eine Teilmenge eines Auftrages und darf nicht zerrissen werden. Zu jedem Los gehört (weil es eine in sich geschlossene Fertigungseinheit ist) ein Satz Arbeitspapiere (Arbeitsplan, Durchlaufplan usw.). Wenn die Losgröße richtig gewählt ist, dann ist es die Fertigungsmenge, die günstigste Stückkosten und optimale Durchlaufzeiten ergibt.

8.1 Kriterien für die Wahl der Losgröße

Die optimale Losgröße ist von vielen Faktoren abhängig. Einige wichtige Einflußgrößen sollen hier näher betrachtet werden.

8.1.1 Kapitalbindung

Die Durchlaufzeit für ein Fertigungslos ist abhängig von der Losgröße. Unter Durchlaufzeit versteht man die Zeit, die vom Beginn der Fertigung bis zur Versandbereitschaft benötigt wird.

Große Lose haben längere Durchlaufzeiten als kleine Lose. Je größer die Durchlaufzeit, um so größer ist aber die in den Werkstücken festgelegte (Rohstoff- und Bearbeitungskosten) Kapitalbindung. Deshalb sind aus dieser Sicht kleine Lose kostengünstiger als große Lose.

Die Durchlaufzeit für den gesamten Auftrag, der aus einer größeren Anzahl von Losen besteht, wird jedoch größer, weil die Rüstzeitanteile und die Transportzeitanteile dann entsprechend oft erforderlich sind. Sie läßt sich mit der folgenden Gleichung rechnerisch bestimmen:

$$T_{Lges} = n\,[(t_r + t_{Tr}) + m_1 \cdot t_e]$$

T_{Lges}	in min	Gesamtdurchlaufzeit
n	in Stück	Anzahl der Lose
t_r	in min	Rüstzeit pro Los
t_e	in min	Stückzeit für 1 Stück
t_{Tr}	in min	Transportzeit
m_1	in Stück/Los	Stückzahl pro Los
m	in Stück	Stückzahl des Auftrages

$$m = n \cdot m_1$$

Aus den hier angestellten Überlegungen ist nun unter Berücksichtigung der noch folgenden Faktoren das Optimum zu ermitteln.

8.1.2 Masse und Volumen der Teile

Aus der Masse und dem Volumen der Teile ergibt sich:
— der erforderliche Transportraum
— die Transportmöglichkeit unter Berücksichtigung der Masse
— der Raumbedarf am Arbeitsplatz und im Lager

Ein Los kann z. B. durch den erforderlichen Transportraum begrenzt werden. Sperrige Werkstücke erfordern viel Raum am Arbeitsplatz. Deshalb wird man solche Werkstücke lieber in kleinen Losen fertigen.

Bei Werkstücken mit großen Massen kann die Losstückzahl durch die Masse, z. B. durch die maximale Hubkraft eines Kranes oder eines Staplers, der die Teile transportieren soll, begrenzt werden.

8.1.3 Werkzeugstandzeiten

In bezug auf die Werkzeugstandzeit ist die Losgröße so zu wählen, daß möglichst während der Fertigung eines Loses kein Werkzeugwechsel erfolgen muß. Sollte dies zu kleine Lose ergeben, dann soll die Losgröße so abgestimmt sein, daß die Bearbeitungszeit ein ganzzahliges Vielfaches der Werkzeugstandzeit ist.

8.1.4 Ausführungs- und Rüstzeit

Die Ausführungszeit ist von der Zeit pro Einheit und der Stückzahl abhängig. Die Auftragszeit ergibt sich aus der Summe von Rüst- und Ausführungszeit.

Daraus folgt, daß der Rüstzeitanteil an der Auftragszeit immer größer wird, je kleiner die Losgröße ist. Aus dieser Sicht wären große Lose günstiger als kleine. Dem stehen aber die in Abschn. 8.1.1 bis 8.1.3 genannten Kriterien gegenüber.

Aus dem zu Abschn. 8.1 Gesagten ergibt sich, daß man die optimale Losgröße meist nicht mit einer einfachen Formel rechnerisch bestimmen kann. Es müssen vielmehr alle Gesichtspunkte für ein bestimmtes Produkt in diese Überlegungen einbezogen werden.

Beispiel 28
Es sind 1000 Stück Wellen aus St 50 mit der Abmessung 120 ϕ x 600 lang herzustellen.
G e g e b e n :
1. Rohgewicht   58,0 kg
2. Materialpreis   DM 1,15/kg = 66,70 DM/Stück
3. Zeiten, Lohn- und Maschinenkosten

Arbeitsgang	t_e in min	t_r in min	Lohn- und Maschinenkosten in DM/h
Sägen	3	8	14,—
Schruppdrehen	6	20	18,—
Schlichtdrehen	12	20	18,—

G e s u c h t : Optimale Losgröße

L ö s u n g : Für die Losgrößen 1000, 500 und 100 Stück

1. Bindung der Betriebsmittel

	Losgröße in Stück		
	1 000	500	100
Auftragszeit $T = t_r + m \cdot t_e$			
Sägen in min	3 008	1 508	308
Schruppdrehen in min	6 020	3 020	620
Schlichtdrehen in min	12 020	6 020	1 220
Gesamtzeit pro Los in h	350	175,8	35,8
Durchlaufzeit pro Los in Schichten zu je 8 h	44	22	4,5
Lohn- und Maschinenkosten			
Sägen in DM	701,86	351,86	71,86
Schruppdrehen in DM	1 805,99	905,99	185,99
Schlichtdrehen in DM	3 605,99	1 805,99	365,99
Summe der Lohn- und Maschinenkosten in DM	6 113,84	3 063,84	623,84
Materialkosten in DM	66 700,00	33 350,00	6 670,00
Bindung der Betriebsmittel in DM/Los (Fertigungs- und Materialkosten)	72 813,84	36 413,84	7 293,84

2. Gewicht und erforderlicher Transportraum

Losgröße in Stück	Masse in t	erforderlicher Transportraum in m^3
1000	58	ca. 12
500	29	ca. 6
100	5,8	ca. 1,2

3. Diskussion der Zahlen

Durchlaufzeit pro Los: Im einschichtigen Betrieb beträgt bei einer Losgröße von 1000 Stück die Durchlaufzeit 44 Schichten. Das sind bei 20 Arbeitstagen pro Monat insgesamt 2 Monate und 6 Tage (mit einem zusätzlichen Wochenende) = 66 Tage.

Bei einer Losgröße von nur 100 Stück beträgt die Durchlaufzeit nur 5 Tage.

Zinskosten durch die Bindung des Kapitals: Bei einer Losgröße von 1000 Stück werden 73 000,– DM an Kapital für 66 Tage gebunden. Das bedeutet bei einem Zinssatz von 8% einen Zinsverlust von

$$73\ 000\ \text{DM} \cdot \frac{8}{100} \cdot \frac{66\ \text{Tage}}{360\ \text{Tage}} = 1070,-\ \text{DM}$$

Dagegen wäre der Zinsverlust bei einer Losgröße von 100 Stück nur

$$7300\ \text{DM} \cdot \frac{8}{100} \cdot \frac{5\ \text{Tage}}{360\ \text{Tage}} = 8,11\ \text{DM}$$

Transportgewicht und Abstellraum: Aus dieser Sicht wäre eine Losgröße von 1000 Stück nur negativ zu beurteilen. Der erforderliche Abstellraum von ca. 12 m^3 für 10 bis 12 Transportkästen wäre viel zu groß. Dagegen wäre der erforderliche Abstellraum bei einer Losgröße von 100 Stück mit 1,2 m^3 optimal.

Für die endgültige Festlegung der optimalen Losgröße können noch weitere, für die jeweilige Produktion wichtige Fakten eine bestimmende Rolle spielen. In Beispiel 28 sollte nur das prinzipielle Vorgehen gezeigt werden.

9 Fertigungssteuerung

Fertigungsplanung und Fertigungssteuerung sind eng miteinander verkettet. Mit der Abgabe von Angeboten beginnt die Grobplanung im Betrieb. Nach Eingang des Kundenauftrages wird das Planungssystem mit der Auftragsterminierung in Gang gesetzt:

— die AV stellt die technischen Unterlagen mit den erforderlichen Fertigungszeiten zur Verfügung

— die Produktionsplanung (Arbeitsplanung) disponiert und legt in Abstimmung mit allen an der Produktion beteiligten Abteilungen die Termine für den Fertigungsbeginn und den Durchlauf durch die Fertigung fest

— Der Einkauf ermittelt die Termine für die Materialbeschaffung des Rohmaterials und die Termine der Fremdbezugsteile, die nicht im eigenen Betrieb hergestellt werden können

Nach Abstimmung aller an der Terminfestlegung beteiligten Betriebsabteilungen wird nun von der Abteilung Arbeits- bzw. Produktionsplanung der Fertigungsbeginn festgelegt und die Freigabe der Arbeitspapiere (s. Abschn. 6.6) veranlaßt.

Jetzt beginnt die Fertigungssteuerung. Darunter versteht man alle Maßnahmen, die zur Durchsetzung eines geplanten Produktionsauftrages notwendig sind. Dazu gehören alle A r b e i t s v e r t e i - l u n g s - u n d K o n t r o l l s y s t e m e , die

— den Arbeitsfortschritt überwachen

— die Kapazitäten der Maschinen und Anlagen anzeigen

— die Belegung der Maschinen ermitteln

— die Durchlaufzeiten in der Fertigung bestimmen

— die Termine für den Produktionsbeginn und das Ende eines bestimmten Auftrages festlegen

— die Bereitstellung des Materials sichern

— den Transport steuern

Bild 34 zeigt das Zusammenwirken aller Abteilungen, die an der Arbeitsplanung und der Fertigungssteuerung vom Kundenauftrag bis zur Arbeitsfortschrittskontrolle beteiligt sind. Die wichtigsten Elemente für eine solche Fertigungssteuerung sollen nachfolgend dargestellt werden.

9.1 Maschinenbelegungsplan

Der Maschinenbelegungsplan zeigt die Belegung der Maschinen und Fertigungseinrichtungen und damit zugleich die Kapazitätsauslastung dieser Anlagen.

9.1.1 Disposition mit Plantafeln

Zur Disposition verwendet man Plantafeln (Bild 35), die in übersichtlicher Form die Belegung der einzelnen Maschinen zeigen. Mit Hilfe von Markierungsstreifen unterschiedlicher Höhe kann die Maschinenbelegung auch für die 2. und 3. Schicht angezeigt werden.

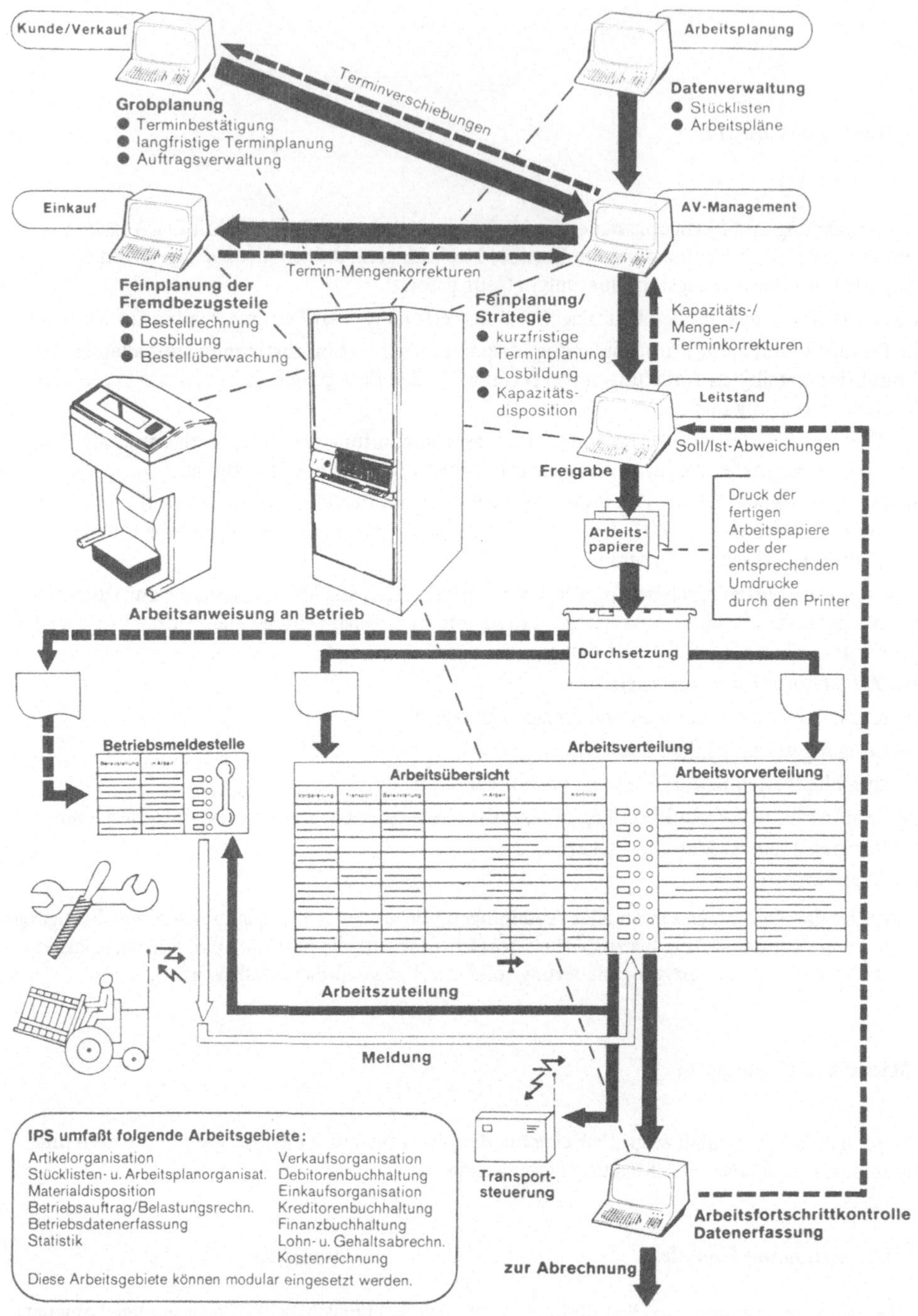

Bild 34 Zusammenwirken aller Betriebsabteilungen in einer modernen, computergestützten Produktionsplanung (Werkfoto der Fa. dispo-Organisation, Arnsberg)

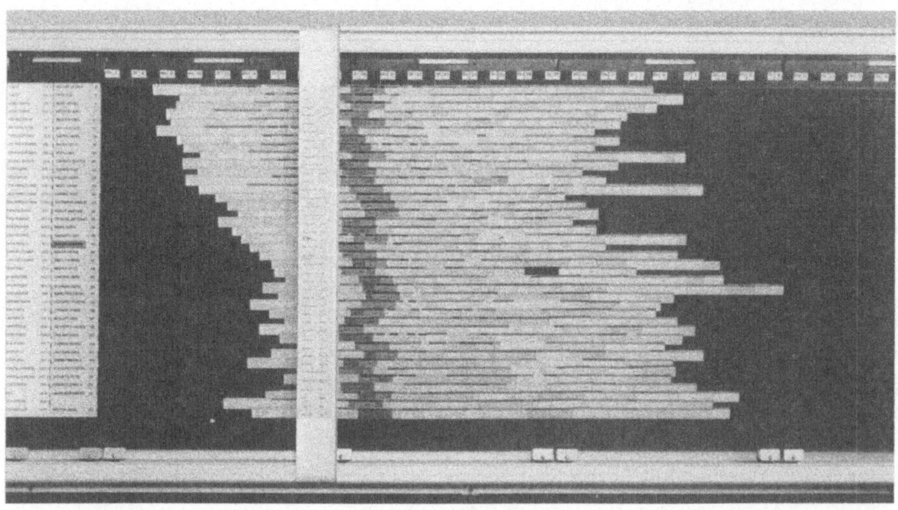

Bild 35 Kapazitäts- und Maschinenbelegungsplanung mit einer Plantafel (Werkfoto der Fa. dispo-Organisation, Arnsberg)

In Tabelle 26 erkennt man, daß im Monat Mai die Säge 1.11 in 3 Schichten voll ausgelastet ist. Dagegen ist die Fräsmaschine noch nicht einmal in einer Schicht ausgelastet.

Aus Platzgründen stellt man mit Hilfe von Plantafeln vor allem die Maschinenbelegung der Engpaßmaschinen dar. Die Maschinenbelegung der übrigen Maschinen kann man nach dem gleichen Prinzip auf Planungsblätter (Tabelle 26) übertragen, in die man mit farbigen Filzstiften die Maschinenbelegung für den Planungszeitraum einträgt.

Maschinenbelegungspläne zeigen in optisch übersichtlicher Form zugleich auch die Kapazitätsauslastung der Maschinen und Anlagen an.

Tabelle 26 Maschinenbelegungsplan

Arbeitstage im Monat: Mai

Maschine	1	2	3	4	5	6	7	8	9	10	11	12	13	14	15	16	17	18	19	20	21	Schicht
Säge 1.11		108/1							109/1				110/1				108/2			111		1
			110/2					108/3					110/3			112				109/2		2
			109/3				113			108/4		114					109/5			115		3
Säge 1.12																						1
																						2
																						3
Drehm. 2.11			110/1						110/2						110/3				113			1
			109/1						109/2					109/3				108/4				2
																						3
Drehm. 2.12																						1
																						2
																						3
Drehm. 2.13																						1
																						2
																						3
Fräsm. 3.11			110/1						110/2					110/3						113		1
																						2
																						3
Fräsm. 3.12																						1
																						2
																						3
Bohrm. 4.11																						1
																						2
																						3
																							1
																						2
																						3

9.1.2 Disposition mit EDV-Anlagen

Für die Kapazitätsauslastung der einzelnen Maschinen und Anlagen und die Maschinenbelegung lassen sich EDV-Anlagen einsetzen. Man muß aber abwägen, ob eine solche Anlage auch wirtschaftlich eingesetzt werden kann.

Wo die Grenzen der Wirtschaftlichkeit liegen, können am besten die Hersteller der Organisationsmittel sagen, weil sie in der Regel beide Systeme, die vielfach bewährte Plantafel, aber auch EDV-Systeme am besten kennen.

Klein- und Mittelbetriebe tun sich aus Mangel an Erfahrung und personeller Kapazität bei der Einführung von EDV-Systemen oft schwer. Darum ist der Übergang von manuellen zu computergestützten Systemen möglichst behutsam zu vollziehen.

Basierend auf diesen Erfahrungen entwickelten die Organisationsmittelhersteller verschiedene Systeme, die der Arbeitsvorbereitung den Einsatz von Computern ermöglichen. Ein solches Programmpaket ist das in Bild 36 gezeigte IPS (= Integriertes Planungssystem). In diesem IPS-Programm wurden die Merkmale der Serien- und Einzelfertigungsbetriebe besonders berücksichtigt.

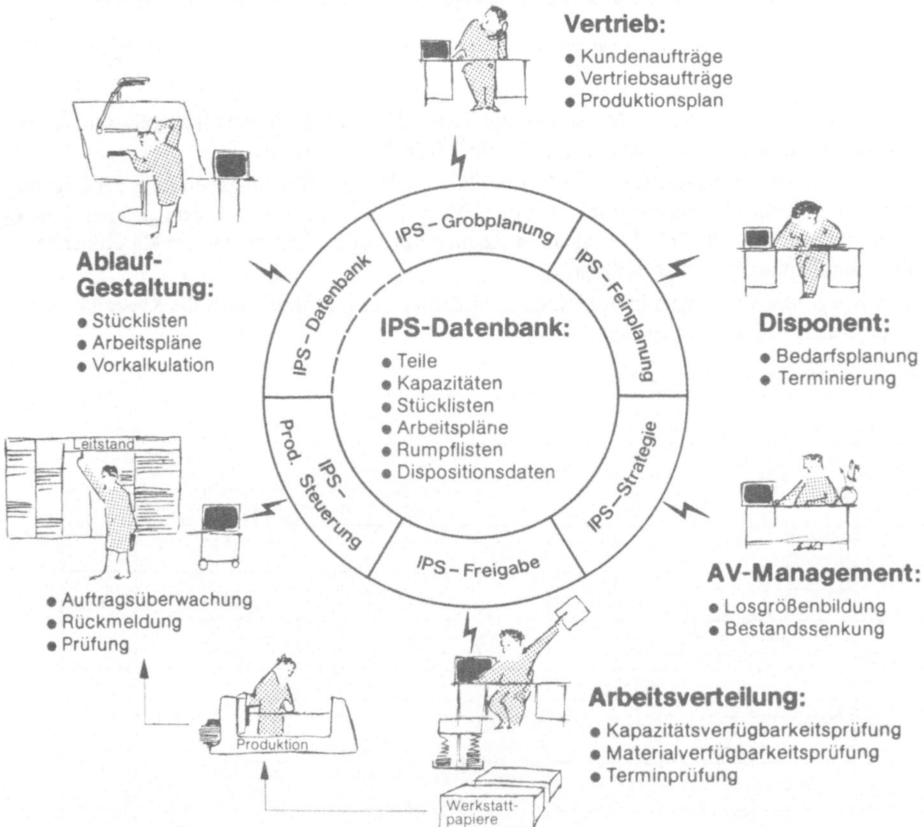

Bild 36 Integriertes Planungssystem (Abkürzung IPS) für die Fertigungssteuerung (Werkfoto der Fa. dispo-Organisation, Arnsberg)

Standard-Programme wurden bisher von Praktikern skeptisch betrachtet, weil sie meist nicht ihren individuellen historisch gewachsenen Organisationsmerkmalen Rechnung trugen und deshalb einen entsprechend hohen Anpassungsaufwand erforderten.

Mit IPS erhält der Anwender die Möglichkeit den organisatorischen IST-Zustand nach modernen wissenschaftlich fundierten und praxisbezogenen Organisationsmitteln festzuhalten. IPS ist in COBOL (ANS 74) programmiert und deshalb leicht zu beherrschen.

Außer dem hier beschriebenen IPS-System gibt es auf dem Markt noch eine Vielzahl ähnlicher, ebenfalls bewährter Systeme.

Tabelle 27 zeigt einen im IPS-System erstellten Kapazitäts- und Maschinenbelegungsplan im Computerausdruck, der zugleich die Maschinenauslastung in Prozenten anzeigt.

Tabelle 27 Kapazitäts- und Maschinenbelegungsplan, hier Computerausdruck IPS

```
IPS - AUSLASTUNGSGRAFIK                              PROGRAMMBEREICH GROBPLANUNG      24.11.80

KAPAZITAETSGRUPPE: 0183  BEZEICHNUNG: PRINTPEGEL GELENK                KST:  1500

AB TERMINWOCHE:  8040    NUTZUNGSGRAD:  66.00            KAPAZ. - FAKTOR:  1.0

                  010  020  030  040  050  060  070  080  090  100  110  120  130

TERMIN   STD.   I---:----:----:----:----:----:----:----:----:----:----:----:----:I

 8040     0.00

 8046   160.00  FFFFFFFFFFFFFFFFFFFFFFFFFF

 8047   160.00  FFFFFFFFFFFFFFFGGGGGGGGG

 8048   160.00  FFGGGGGGGGGG

 8049   160.00  FFFFFFFFFGGGGGG

 8050   160.00  GGGGGGGG

 8051   160.00  GGGGGGG

 8052   160.00  GG

 8101    88.00  GG

 8102   200.00  GG

                I---:----:----:----:----:----:----:----:----:----:----:----:----:I

                  010  020  030  040  050  060  070  080  090  100  110  120  130

                                AUSLASTUNG IN PROZENT
```

9.2 Durchlaufplan

Der Durchlaufplan zeigt an, zu welchem Zeitpunkt ein Arbeitsauftrag bzw. ein Los an einem bestimmten Arbeitsplatz sein muß und welche Zeit für die Bearbeitung in der Produktion erforderlich ist. Er zeigt aber zugleich auch an, an welchem Tag mit der Fertigung begonnen werden muß.

Der Durchlaufplan darf nicht nur den Sollzustand, sondern er muß auch immer den aktuellen Ist-zustand anzeigen. Deshalb arbeitet man mit dem sogenannten Leitstand, der aus

— Plantafel

— Rückmeldesystem zur Terminüberwachung

— Kundenkartei

— Materialdispositionskartei

besteht.

9.2.1 Durchlaufplanung mit Plantafeln

Die Plantafel (Bild 37) zeigt, welcher Auftrag bzw. welches Los zu welcher Zeit an welchem Ort sein soll. In Tabelle 28 ist ein Beispiel für eine solche Durchlaufplanung mit Plantafel dargestellt.

Tabelle 28 Durchlaufplanung auf einer Plantafel

Durchlaufplan — Durchlaufzeit für Auftrag bzw. Teilauftrag bei Aufteilung in mehrere Lose

Monat Mai 1981 (Arbeitstage 1–21) / Monat Juni 1981 (Arbeitstage 1–21)

Arbeitsgang \ Arbeitstage	M1	M2	M3	M4	M5	M6	M7	M8	M9	M10	M11	M12	M13	M14	M15	M16	M17	M18	M19	M20	M21	J1	J2	J3	J4	J5	J6	J7	J8	J9	J10	J11	J12	J13	J14	J15	J16	J17	J18	J19	J20	J21
Säge 11		126						127					128																													
Presse 51								126					127					128																								
Drehmaschine 22												126											128																			
Bohrmaschine 31												129						127									128															
Fräsmaschine 41																	129				127																					
Gewindewalzmasch. 63																						129				127					128											
Kontrolle																126								129				127						128								
Versand																				126					129				127									128			

Bild 37 Durchlaufplanung mit Plantafeln (Werkfoto der Fa. dispo-Organisation, Arnsberg)

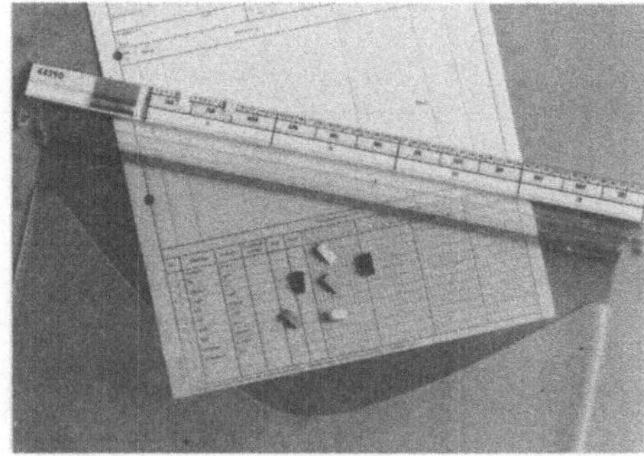

Bild 38 Durchlaufplanung mit Plantasche (Werkfoto der Fa. dispo-Organisation, Arnsberg)

Aus diesem Plan kann man ersehen

— Produktionsbeginn

— Länge der Zeit an jedem Arbeitsplatz

— Transportzeit

— Durchlaufzeit

— Fertigstellungstermin.

Bei der Erstellung des Durchlaufplanes beginnt man mit dem Endtermin, weil er durch die Kunden-forderung festgelegt ist. Aus der Planung von hinten (Endtermin) nach vorn ergibt sich dann der Anfangstermin.

In dem Durchlaufplan (Tabelle 28 und 29) wird für den Auftrag 127 eine Gesamtdurchlaufzeit von 28 Arbeitstagen benötigt. Weil der Auslieferungstermin von der Abteilung Verkauf mit dem Kunden in diesem Beispiel für den 16. Juni festgelegt wurde, beginnt die Planung mit dem letzten Arbeits-gang am 12. Arbeitstag im Monat Juni; das ist der 16. 6. Unter Berücksichtigung des bereits geplan-ten Auftrages 126 ergibt sich der Fertigungsbeginn zum 6. Arbeitstag im Monat Mai, das ist der 11. 5.

An Stelle von Plantafeln mit Planungsstreifen kann man auch mit Planungstaschen (Bild 38), in die die Auftragsunterlagen eingesteckt werden, arbeiten. Die Terminplanung wird in diesem Fall mit der Planungsleiste mit aufgesteckten verschiebbaren bunten Reitern durchgeführt.

Bei der Planung mit Plantafeln muß der Planungszeitraum auf die Durchlaufzeiten der Erzeugnisse abgestimmt sein. Er liegt im Mittel zwischen 1 und 3 Monaten.

Tabelle 29 Durchlaufzeiten und Fertigungsbeginn für die in Tabelle 28 geplanten Aufträge

Für den Transport von Abteilung zu Abteilung wurde 1/2 Schicht geplant

Auftrag	Durchlaufzeit Tage/Schichten	Fertigungsbeginn		Versand	
		Arbeits-Tag	Monat	Arbeits-Tag	Monat
126	21	1.	Mai	21.	Mai
127	28	6.	Mai	12.	Juni
128	30	11.	Mai	19.	Juni
129	22	10.	Mai	10.	Juni

9.2.2 Terminüberwachung im Betrieb

Hierzu benötigt man ein modernes, aber in seiner Ausführung doch auf die Betriebsbelange abge-stimmtes Meldesystem.

Optisch-akustisches System Ein optisch-akustisches System besteht aus einer Gegensprechanlage und zusätzlichen optischen Signalleuchten. In allen Betriebsbereichen sind Sprechanlagen (Bild 39) und Speicher für die Arbeitspapiere installiert. Der Bereichsmeister meldet dem Planungsleitstand (Bild 40 und 41), welche Aufträge er im Augenblick fertiggestellt hat. Zur gleichen Zeit erhält er vom Leitstand Weisung, welche Arbeit als nächste in Angriff genommen werden soll.

Die Arbeitsunterlagen für die nächsten Aufträge stecken bereits im Bereitstellungskasten des Betriebs-bereiches, so daß sie vom Bereichsmeister sofort entnommen werden können.

Durch dieses Meldesystem wird die Planung im Hauptleitstand immer auf dem neuesten Stand

Bild 39 Betriebsmeldestelle eines optisch akustischen
Rückmeldesystems (Werkfoto der Fa. dispo-
Organisation, Arnsberg)

Bild 40 Leitstandausschnitt für eine zentrale Fertigungssteuerung mit optisch-akustischem
Meldesystem (Werkfoto der Fa. dispo-Organisation, Arnsberg)

Bild 41
Leitstand mit Bildschirm für die Terminüberwachung
(Werkfoto der Fa. dispo-Organisation, Arnsberg)

gehalten. Tritt eine Störung in der Produktion ein, meldet der Bereichsmeister sofort an den Leitstand, warum an einer bestimmten Stelle die Produktion nicht planmäßig läuft. Er erhält dann vom
Leitstand Weisung, welcher Auftrag dafür ersatzweise vorzuziehen ist. Ursache für eine solche Störung kann z. B. der Ausfall einer Maschine oder die nicht termingerechte Anlieferung der zu bearbeitenden Werkstücke sein.

Weil die Mitarbeiter am Dispositionsleitstand immer über den neuesten Stand in der Produktion
informiert sind, können Veränderungen gegenüber der geplanten Produktion sofort durch geeignete Maßnahmen ausgeglichen werden.

EDV-Systeme Der elektronische Leitstand befreit den Menschen von zeitaufwendigen administra-
tiven Tätigkeiten, von Routinekontrollen, Nachfragen usw. Er wird frei für seine Primäraufgaben,
nämlich entscheidend einzugreifen, wenn die Planerfüllung in Gefahr gerät.

In der Praxis sieht das so aus: Die Betriebsstellen (Bild 42) geben die Ist-Daten — Arbeit beendet,
gebrauchte Zeit, Stückzahlen usw. je nach Betriebstyp — über Funktionstasten ein. Ist die Eingabe
logisch und stimmen die Daten mit den Soll-Vorgaben überein, wird sie registriert und quittiert.
Der Leitstandführer weiß, „kein Grund zum Eingreifen; alles läuft programmgemäß".

Bei Abweichungen wird die Annahme abgelehnt und im Leitstand (Bild 43) ein Warnsignal ausgelöst. Jetzt tritt der Leitstandführer in Aktion. Er kann sich am Bildschirm in Sekundenschnelle

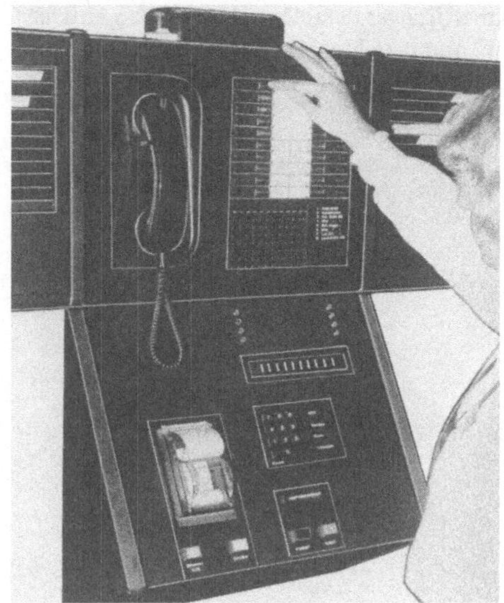

Bild 43 Leitstand für eine zentrale Fertigungssteuerung mit optisch-akustischem Meldesystem und zusätzlicher EDV-Unterstützung (Werkfoto der Fa. dispo-Organisation, Arnsberg)

Bild 42 Meldestelle mit Tastaturen für on-line-Betriebsdatenerfassung (Werkfoto der Fa. dispo-Organisation, Arnsberg)

über die bisher eingeleiteten Maßnahmen informieren und über den Sprechweg sofort neue Anweisungen direkt an den Betrieb geben.

Der organisatorische Ablauf des Leitstandes ist auch bei diesem System beibehalten worden:

1. Die Aufträge werden als Belegsatz und in maschinell lesbarer Form (Platte, Diskette, Band) in den Commander übernommen. Natürlich können sie durch Bildschirmeingaben ergänzt oder korrigiert werden (z. B. bei Eilaufträgen).

2. Die Arbeitsvorverteilung (Reihenfolgeplanung) wird auf der Plantafel simuliert. Hierdurch wird eine dem Menschen angepaßte Darstellung erreicht. Die Ergebnisse dieses Planspiels werden über Bildschirmeingabe in der Datenbank gespeichert.

3. Sobald ein Arbeitsgang zugeteilt ist, wird er zugleich in die Warteschlange der betreffenden Maschine eingereiht.

4. Rückmeldungen erfolgen über Stumm-Meldungen: Der Bediener drückt seine Maschinentaste und die entsprechende Funktionstaste (z. B. Arbeitsbeginn, Störungen, Rüsten, Materialmangel). Die Meldung wird im Leitstand-Bildschirm so lange angezeigt, bis sie bestätigt wird. Gleichzeitig mit der Eingabe wird die Maschinenarbeitsschlange verwaltet: Der nächstfolgende Arbeitsgang rückt nach.

Für einen ungestörten Informationsaustausch zwischen Zentrale und Betrieb steht eine Freisprechanlage zur Verfügung. In der Regel wird es so sein, daß für Routineangaben die Stumm-Meldungen ausreichen, während zum Ausregeln von Besonderheiten (z. B. Störungen) die Freisprechanlage benutzt wird.

5. Die Stumm-Meldungen werden in der Auftragsdatenbank gebucht: Uhrzeit, Zählzeit der Betriebsstelle, Dauer und eventuelle Menge werden in den betreffenden Sätzen fortgeschrieben. Alle Stumm-Meldungen und sich ergebende Ausnahmen werden bei der Buchung am Bildschirm angezeigt und protokolliert.

6. In der Auftragsdatenbank wird der Zustand jedes Arbeitsganges detailliert geführt. Der Auftrags-
fortschritt, die Maschinenwarteschlange sowie personen- und maschinenbezogene Statistiken sind
jederzeit am Bildschirm abrufbar.

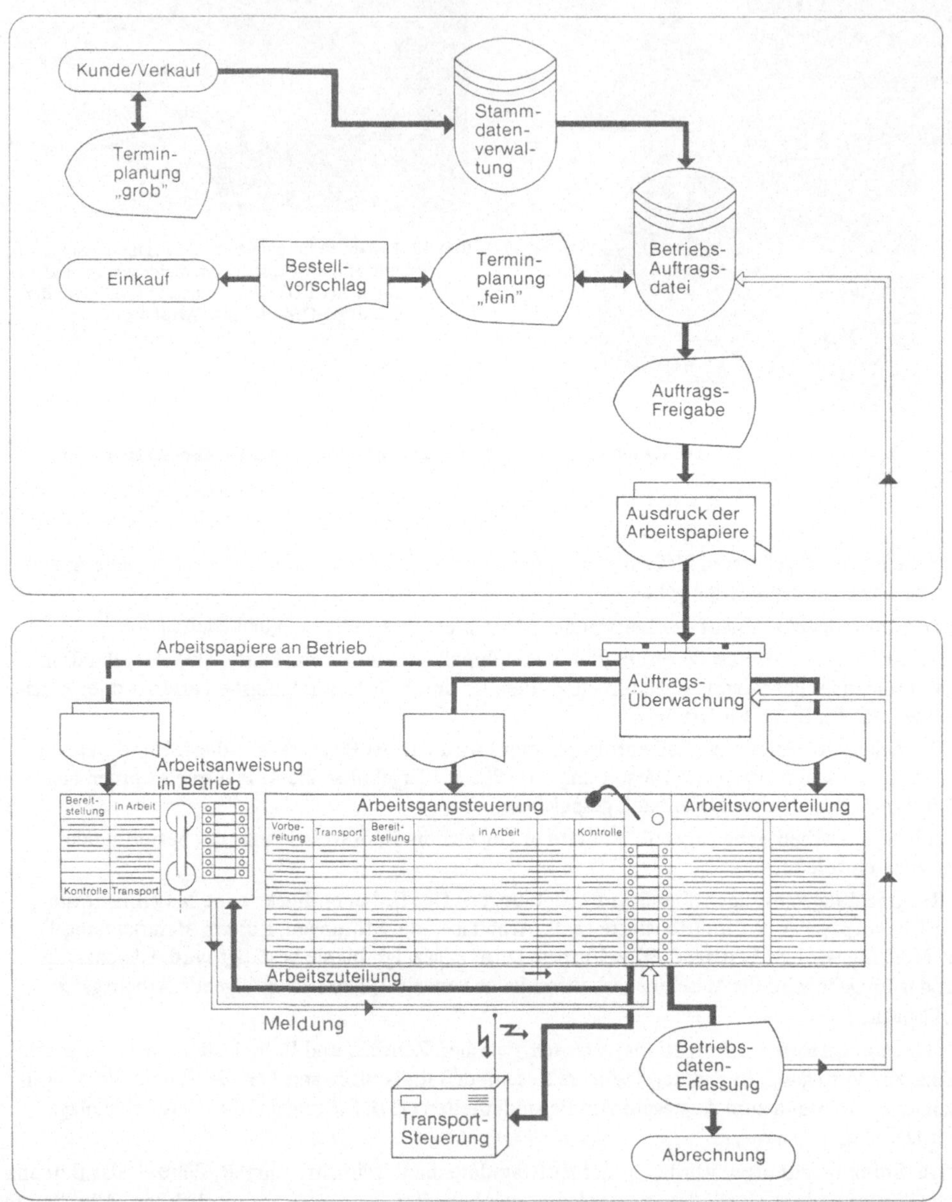

Bild 44 Ablaufschema einer Kombination aus dispo-Leitstand mit EDV-Unterstützung (Werkfoto der Fa. dispo-
Organisation, Arnsberg)

7. Die zurückgemeldeten und gebuchten Daten werden auf Datenträger an die Abrechnungsprogramme übergeben. Als integrierter Bestandteil des Standardprogrammpaketes können diese Funktionen on line gefahren werden.

Die gesamte Betriebsdatenerfassung erfolgt praktisch als Abfallprodukt.

Die straff organisierte Arbeitsfortschrittkontrolle beinhaltet, daß alle Meldungen über Vollzug und Störungen im Ereigniszeitpunkt erfolgen. Daraus ergeben sich lückenlose, unmanipulierte Daten betreffend Arbeitsplätze, Werker, Arbeitszeiten, Störzeiten, Störarten, Stückzahlen, Ausschußmenmen usw. Jede Abweichung von den Soll-Vorgaben ist sofort sichtbar und erklärbar.

Für Kosten- und Lohnabrechnungen stehen jederzeit die aktuellen Daten zur Verfügung.

Ob man mit optisch-akustischen, EDV- oder kombinierten Systemen optimal arbeitet, muß sich von Fall zu Fall aus der Produktionsstituation und der Art der Fertigung ergeben.

Das Arbeitsablaufschema einer Kombination aus Leitstand mit EDV-Unterstützung zeigt Bild 44.

Dieses unter der Bezeichnung „dispo-integral" bekannte System kann man mit relativ geringem Aufwand an die spezifischen Belange eines Unternehmens anpassen. Es besteht aus den Systemkomponenten:

— dispo-mat   Dialogcomputer

— dispo-IPS   Anwendungs-Software

— dispo-Leitstand   Durchsetzungsinstrument

In diesem Systemverbund sollen alle zur Durchführung der Aufträge notwendigen Maßnahmen zeitlich optimal abgestimmt und nach wirtschaftlichen Gesichtspunkten ausgeführt werden. Aus dieser Forderung ergeben sich folgende Teilaufgaben:

1. Terminplanung

Grobplanung, auch Offertterminierung genannt, d. h. schnelle Ermittlung verbindlicher Lieferzeiten für Angebote bzw. Auftragsbestätigungen unter Berücksichtigung der Kapazitätsbelegung und der Materialdisposition.

Feinplanung, d. h. Festlegen des idealen zeitlichen Ablaufs der Aufträge, und zwar unter Berücksichtigung kürzester Durchlaufzeiten und günstiger Maschinen- und Arbeitsplatzbelegung. Die Basis hierzu bilden Materialdisposition und Kapazitätsdisposition.

2. Auftragsvorbereitung, -freigabe

Erstellung von Datenträgern (Auftragsformulare), die alles enthalten, was für Terminplanung, Arbeitsverteilung, Arbeitsanweisung, Arbeitsfortschrittkontrolle, Datenerfassung und Abrechnung erforderlich ist.

3. Durchsetzung

Arbeitsvorverteilung, d. h. Simulation der Arbeitsreihenfolge je Arbeitsplatz für einen angemessenen Zeitraum.

Arbeitsgangsteuerung, d. h. Übergabe der Arbeit an den vorgesehenen Arbeitsplatz entsprechend der Terminplanung bzw. gemäß notwendiger Korrekturentscheidungen.

Arbeitsfortschrittkontrolle, d. h. Überwachung der Auftragsausführung im Hinblick auf das mengenmäßige und terminliche Soll.

4. Datenerfassung und -auswertung

Festhalten der im Zuge der Auftragsabwicklung anfallenden Daten, zum Beispiel: Arbeitsplatz, Werker, Arbeitszeit, Störzeit, Störart, gute Werkstücke, Ausschuß usw.

9.3 Materialdisposition

Die Materialdisposition ist abhängig von der Art der Fertigung.

In der auftragsbezogenen Einzelfertigung ist praktisch jedes Teil, bis auf Normteile wie Schrauben und Muttern, termingebunden zu disponieren.

In der Serienfertigung wird in der Regel auf Lager gefertigt. Die mengenmäßige Disposition wird bei dieser Fertigung im Planungszeitraum auf den Auftragseingang abgestimmt.

In der Lagerhaltung sind praktisch drei Faktoren zu beachten: Bedarf, Bestellung und Lagerbestand.

9.3.1 Der Regelkreis in der Materialdisposition

Bedarf Der Bedarf ergibt sich aus den Kunden- oder Betriebsaufträgen.

Laufende Bestellungen Die sich aus den vorliegenden Aufträgen ergebenden Bedarfsmengen an Material und Zulieferteilen werden von der Abteilung Einkauf beschafft.

Lagereingang und Lagerabgang Aus den Materialeingängen und der Materialentnahme ergibt sich der Lagerbestand, der auf die Termine der vorliegenden Aufträge abgestimmt sein muß.

Dieser Regelkreis der Materialdisposition ist organisatorisch so zu gestalten, daß das benötigte Material rechtzeitig zur Verfügung steht. Dazu verwendet man Dispositionskarteien.

9.3.2 Aufbau und Aufgabe der Materialdispositionskartei

Das Ziel der Lagerdisposition ist ein Optimum an Lagerbereitschaft bei kostenminimalen Beständen. Diese kostengünstigsten Bestände müssen, um die Lagerbereitschaft zu garantieren, die Lieferzeiten in die Disposition mit einbeziehen.

Die dafür verwendeten Organisationsmittel sind:

Lagerdispositionskarte Diese Karte (Tabelle 30) enthält:
— den verfügbaren Lagerbestand,
— den effektiven Lagerbestand,
— die für Aufträge disponierten Mengen,
— den Lager- Zu- und Abgang,
— die bestellten Mengen,
— die Verbrauchsmengen der Vormonate (daraus ergibt sich der Mindestbestand),
— den Verrechnungspreis.

Einkaufspendelkarte Diese Pendelkarte (Tabelle 31) dient zur Korrespondenz zwischen der Abteilung Materialdisposition und dem Einkauf. An Hand dieser Pendelkarte, die den Bestand, die angeforderten Mengen, die Termine und die Bestelldaten enthält, leitet der Einkauf die Bestellung ein. Nach Eintragung der Bestelldaten, Bestellmenge und Liefertermine, geht diese Karte an den Materialdisponenten zurück.

Terminüberwachung im Einkauf Es gehört zu den Aufgaben des Einkaufs, mit den wechselnden Lieferzeiten und den sich daraus ergebenden Terminschwankungen fertig zu werden. Je besser die Lieferzeiten abgesichert sind, um so kleiner kann man den Lagerbestand halten.

Tabelle 30 Lagerdispositionskarte

Verwendung: 40-3003 | 40-3029 | 40-5013 — 2 Stck | 1 Stck | 2 Stck

Verrechnungspreis 4/80 · Ø Monatsverbr. 24/4 = 237/240 · Lagerort 5156 · Karte Nr. 3 · Seite 1 · Pendelkugellager DIN 630 38/72/17/2

Jahr	JAN	FEB	MAR	APR	MAI	JUN	JUL	AUG	SEP	OKT	NOV	DEZ	Bestellmenge	Signalzahl
1980	180	264	252	231	240	242	248						600	150

Tag	Auftrag-/Bestellung Beleg-Nr.	Bedarf Menge	Bedarf Termin	Bestellung Menge	Bestellung Termin	Lagervorgang Zugang	Lagervorgang Abgang	Lager Bestand	Verfügbarer Bestand
14.7.		(Vorlauf aus Karte 2)					141	387	288
14.7.	VA 38 016						26	361	288
18.7.	VA 28 284						15	346	288
20.7.	V 44 316	30	33.W.					346	258
21.7.	V 44 802	65	34.W.					346	103
24.7.	A 45 004						20	326	173
25.7.	A 45 182						18	308	155
25.7.	V 46 216	40	38.W.					308	115
25.7.	B 48 006			600	33.W.			308	715
28.7.	VA 39 026						28	280	715
	Vorbrauch Juli						248		
2.8.	VA 40 126						30	250	715
4.8.	A 48 092						16	234	699
8.8.	A 48 992						24	210	675
10.8.	V 49 120	36	37.W.					210	639
11.8.	VA 44 316						30	180	639
11.8.	Z 48 006					600		780	639
14.8.	V 49 321	60	38.W.					780	579
15.8.	VA 44 802						65	715	579

Lager-Dispositionskarte

Tabelle 31 Einkaufs-Pendelkarte

Bestelltext: Pendelkugellager DIN 630 38/72/17/2 mit gestanztem Blechkäfig · Pendelkugellager DIN 630 38/72/17/2

Bestellmenge 600 · Signalzahl 150 · Einheit Stück

Tag	Bestand	Menge	Termin gefordert	Zch	Gen.	Tag	Bestellg Nr.	Lief. Nr.	Menge	Preis je Einh.	Termin bestätigt	Bemerkungen
15.3.	82	450	14.W.			16.3.	31 026	2	450	11.43	14.W.	wegen 22
10.5.	110	600	23.W.			10.5.	40 021	1	600	10.78	23.W.	
25.7.	115	600	33.W.			26.7.	48 006	1	600	10.78	33.W.	

	Lieferanten	Tag	Preis	Lieferz	Tag	Preis	Lieferz
1	SKF Kugellagerfabriken GmbH, 8720 Schweinfurt, Postfach 406, Nr. 12077/Dyn. Tragkr. 1250 kg	Preis St. 1980	10.78	2 W.			
2	FAG Kugelfischer, G. Schäfer & Co, 8720 Schweinfurt, Nr. 12077/Dyn. Tragkr. 1250 kg	Preis St. 1980	11.43	1 W.			
3							
4							

Pendelkarte

Als wirkungsvolles Mittel zur Terminüberwachung im Einkauf hat sich der Einsatz der Hängetasche, die die Auftragskopie enthält, mit Dispositionskopfleiste erwiesen. An der Kopfleiste können mit farbigen Signalen Soll-Termine, Wareneingang, Auftragsbestätigung usw. kenntlich gemacht werden. Den jeweils nächstfälligen Termin kennzeichnet ein breites Schiebesignal. Bild 45 zeigt einen solchen Plancontroller.

Bild 45
Plancontroller zur Terminüberwachung im Einkauf

10 Betriebliche Statistik

Das Kapitel betriebliche Statistik wurde nach Unterlagen der Deutschen Gesellschaft für Qualität DGQ (Literaturverzeichnis [7] bis [10]) und DIN 55302 Tl. 1 u. 2 gestaltet.

Jeder Industriebetrieb bedient sich heute in vielfältiger Weise der Statistik. Unter Statistik versteht man eine vergleichende, zahlenmäßige Erfassung von Werten, die in größerer Zahl anfallen. Solche Werte können in einem Industriebetrieb z. B. sein:

— Anzahl der Mitarbeiter in einer bestimmten Zeitspanne

— Aufteilung der Arbeitskräfte in produktive und unproduktive Arbeiter

— Lohnentwicklung über einen bestimmten Zeitraum

— Umsatzzahlen

— Anzahl der Reklamationen

— Fertigungstoleranzen bei einem bestimmten Arbeitsgang.

Um aber aus den Zahlenwerten zu einer statistischen Aussage zu kommen, muß man die Zahlen aufbereiten.

10.1 Aufbereitung der Zahlen

10.1.1 Festlegung des „Merkmales", das überprüft werden soll

Merkmal kann z. B. sein:

— gefertigte Stückzahl pro Zeiteinheit

— Kosten eines Werkstückes

— ein bestimmtes Maß an einem Werkstück

10.1.2 Häufigkeit

Sie soll aussagen, wie oft (in welcher Häufigkeit) ein bestimmtes Merkmal in einer bestimmten Menge, der sogenannten Grundgesamtheit, aufgetreten ist.

B e i s p i e l : In einer gefertigten Menge von 420 Paar Schuhen sind bei 30 Paar Schuhen fehlerhafte Stellen an den Absätzen festgestellt worden.

Die Grundgesamtheit sind in diesem Beispiel 420 Paar Schuhe, das Merkmal sind die fehlerhaften Absätze. Das Merkmal trat 30mal auf, d. h. die Häufigkeit ist 30.

10.2 Kennzahlen für eine statistische Beurteilung

10.2.1 Mittelwert $\overline{x}$

Unter Mittelwert versteht man das arithmetische Mittel aus einer Stichprobe mit n Einzelmeßwerten.

$$\overline{x} = \frac{1}{n}(x_1 + x_2 + x_3 + \ldots + x_n)$$

$$\overline{x} = \frac{1}{n}\sum_{i=1}^{i=n} x_i \tag{1}$$

$\overline{x}$ Mittelwert
x_i Einzelmeßwert
n Anzahl der Meßwerte

10.2.2 Standardabweichung s

Die Standardabweichung ist ein Maß für die Streuung. Sie zeigt, wie stark in einer Fertigung die Maße um einen bestimmten Mittelwert $\overline{x}$ streuen. Sie wird deshalb auch aus den Differenzen der einzelnen Meßwerte zum Mittelwert $(x_i - \overline{x})$ bestimmt.

$$s = \sqrt{\frac{1}{n-1}[(x_1 - \overline{x})^2 + (x_2 - \overline{x})^2 + \ldots + (x_n - \overline{x})^2]}$$

$$s = \sqrt{\frac{1}{n-1} \cdot \sum_{i=1}^{i=n}(x_i - \overline{x})^2} \tag{2}$$

s Standardabweichung
n Anzahl der Meßwerte
x_i Einzelmeßwert
$\overline{x}$ Mittelwert

10.2.3 Varianz s^2

Als Varianz bezeichnet man das Quadrat der Standardabweichung.

$$s^2 = \frac{1}{n-1} \cdot \sum_{i=1}^{i=n}(x_i - \overline{x})^2 \tag{3}$$

10.2.4 Variationskoeffizient V

Er sagt aus, in welchem Verhältnis die Schwankung zum Mittelwert steht.
Eine Standardabweichung von 0,5 kann viel oder auch wenig sein. Sie kann z. B. für einen Mittelwert von 200 ohne Bedeutung sein. Bei einem Mittelwert von 2 ist eine Standardabweichung von

0,5 jedoch sehr viel. Der Variationskoeffizient sagt also etwas über die Gewichtung der Standardabweichung aus.

$$V = \frac{s}{\bar{x}} \cdot 100 \tag{4}$$

V in %   Variationskoeffizient
s Standardabweichung
$\bar{x}$ Mittelwert

10.3 Praktische Durchführung der Berechnung von $\bar{x}$, s und V

10.3.1 Kleine Stückzahlen n < 25

Beispiel 29
Für die neun Meßwerte in Tabelle 32 sind $\bar{x}$, s und V zu bestimmen.
L ö s u n g :
1. Bestimme $\sum x_i$ und $\sum x_i^2$
2. Berechne:
Mittelwert $\bar{x}$

$$\bar{x} = \frac{\sum x_i}{n} = \frac{73{,}69}{9} = 8{,}18$$

Standardabweichung s

$$s = \sqrt{\frac{1}{n-1} \cdot \sum (x_i - \bar{x})^2} = \sqrt{\frac{1}{n-1} \left(\sum x_i^2 - \frac{(\sum x_i)^2}{n} \right)}$$

$$s = \sqrt{\frac{1}{9-1} \cdot \left(603{,}3729 - \frac{73{,}69^2}{9} \right)} = 0{,}044$$

Variationskoeffizient V

$$V = \frac{s}{\bar{x}} \cdot 100 = \frac{0{,}044}{8{,}18} \cdot 100 = 0{,}54\%$$

Tabelle 32 Aufsummierung der Meßwerte x_i und x_i^2

lfd. Nr.	x_i	x_i^2
1	8,13	66,0969
2	8,24	67,8976
3	8,23	67,7329
4	8,17	66,7489
5	8,17	66,7489
6	8,25	68,0625
7	8,14	66,2596
8	8,20	67,2400
9	8,16	66,5856
n = 9	$\sum x_i = 73{,}69$	$\sum x_i^2 = 603{,}3729$

10.3.2 Große Stückzahlen n > 25

Bei größeren Prüfstückzahlen n faßt man die Werte in Klassen zusammen, d. h. man trägt nicht mehr jeden einzelnen Meßwert auf, sondern faßt eine Anzahl der Meßwerte in einem bestimmten Bereich zu einer Klasse zusammen.

Um mit solchen Klassen arbeiten zu können, muß man folgende Werte bestimmen.

Anzahl der Klassen k Die Anzahl der Klassen k kann man nach Strauch näherungsweise rechnerisch bestimmen.

$$k = \frac{\log n}{\log 2} + 1 = \frac{\ln n}{\ln 2} + 1 = \boxed{\frac{\ln n}{0{,}693} + 1}$$

k   Anzahl der Klassen
n   Anzahl der zu prüfenden Teile

Spannweite R Die Spannweite R ist die Differenz, die sich aus dem gemessenen Größtwert und dem Kleinstmaß ergibt.

$$R = x_{max} - x_{min}$$

R   Spannweite
x_{max} größter Meßwert
x_{min} kleinster Meßwert

Klassenbreite w Sie ist durch die Anzahl der Klassen und durch die Spannweite gegeben

$$w = \frac{R}{k - 1}$$

w   Klassenbreite
R   Spannweite
k   Anzahl der Klassen

Wenn man diese Werte w, k und R bestimmt hat, kann man die Klasseneinteilung festlegen.

Festlegung der Klasseneinteilung

Beispiel 30
G e g e b e n : k = 7, x_{max} = 18,7 mm, x_{min} = 18,10 mm
L ö s u n g :
1. Klassenbreite w berechnen:

$$w = \frac{R}{k - 1} = \frac{x_{max} - x_{min}}{k - 1} = \frac{18{,}70 - 18{,}10}{6} = 0{,}1 \text{ mm}$$

2. Festlegung der Klassengrenzen: Wenn der kleinste Meßwert x_{min} = 18,10 mm ist, dann ist dieser Meßwert zugleich die Klassenuntergrenze von Klasse 1

$$x_{min} = x_0 \quad \text{von Klasse 1}$$

Die Obergrenze für Klasse 1 ergibt sich dann durch Addition

$$x_1' = x_0 + w = 18{,}10 \text{ mm} + 0{,}1 \text{ mm} = 18{,}20 \text{ mm}$$

Die Obergrenze für Klasse 2 ist dann

$$x_2' = x_{min} + 2 \cdot w \qquad x_2' = 18{,}1 + 2 \cdot 0{,}1 = 18{,}3$$

Fällt ein Meßwert mit einer Klassengrenze zusammen, dann wird er in die Klasse eingeordnet, in der der Meßwert Klassenobergrenze ist.

Ein Meßwert sei z. B. 18,30 mm. Er ist in der Klasse 2 Obergrenze (Bild 46). Deshalb wird er der Klasse 2 zugeordnet.

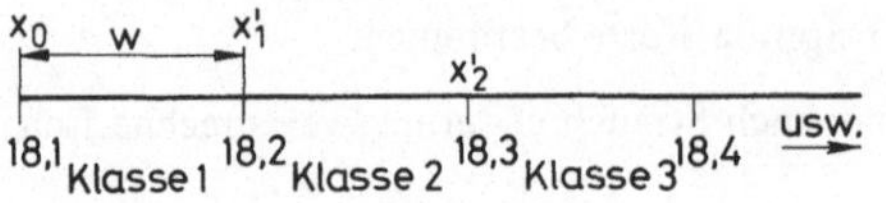

Bild 46 Klassengrenzen
x_0 = Untergrenze; x' = Obergrenze

Berechnung von Mittelwert und Streuung für n $>$ 25 Hier lassen sich beide Werte $\overline{x}$ und s mit Gl. (5) und (6) berechnen.

$$\overline{x} = a + \frac{w}{n} \cdot \Sigma\, z_j \cdot n_j \tag{5}$$

$\overline{x}$ Mittelwert
a   angenommener Mittelwert
w   Klassenbreite
z_j Klassennummer
n_j Anzahl der innerhalb einer Klasse gemessenen Teile
s   Standardabweichung

$$s = \sqrt{\frac{w}{n-1} \cdot \left[\sum_{j=1}^{j=n} z_j^2 \cdot n_j - \frac{1}{n} \cdot (\Sigma\, z_j \cdot n_j)^2 \right]} \tag{6}$$

Die tatsächliche Rechnung dieser Werte führt man jedoch nicht mit Gl. (5) und (6) aus, sondern mit Hilfe des DGQ-Auswerteblattes 18-172c für statistische Auswertung. In diesem Formblatt (Tabelle 33) lassen sich die Klassen tabellarisch und die absoluten Häufigkeiten einer Klasse in Form von Strichlisten übersichtlich darstellen.

In der Tabelle wird d e r Klassenmittelwert als angenommener Mittelwert a gewählt, der am häufigsten vorkommt. In Tabelle 33 ist es der Wert a = 3,50.

Die sogenannten Klassennummern z_j geben den Abstand vom angenommenen Mittelwert an.

$$z_j = \frac{x_j - a}{w}$$

z_j Klassennummer
x_j betrachteter Mittelwert einer Klasse (Klassenmitte)
a   angenommener Mittelwert
w   Klassenbreite

Die Klassennummern mit den negativen Vorzeichen sind die Meßwerte der Klassenmitte, die kleiner sind als der angenommene Mittelwert.

Positive Vorzeichen erhalten die Klassennummern, deren Werte (Klassenmitten) größer sind als der angenommene Mittelwert.

In Tabelle 33 soll die Klassennummer für die Klassenmitte 3,50 bestimmt werden.

$$z_j = \frac{x_j - a}{w} = \frac{3,00 - 3,50}{0,1} = \frac{-0,5}{0,1} = -5$$

Tabelle 33 Prinzip des DGQ-Auswerteblattes 18-172c

Flanschbüchse nach Zeichnung 47112									
Lieferumfang N = 1500 Stichprobe n = 135					Nennmaß 3,5 Toleranz ±0,6				
Klassen- grenzen	Klas- sen- mitte	Absolute Häufigkeit Strichliste		An- zahl n_j	Klas- sen Nr. z_j	$z_j \cdot n_j$	$z_j^2 \cdot n_j$	Häu- fig- keit G_j	Sum- men- häufig- keit H_j in %
2,95/3,05	3,00	|||		3	−5	−15	75	3	2,2
3,05/3,15	3,10	|||		3	−4	−12	48	6	4,4
3,15/3,25	3,20				1	−3	− 3	9	7	5,2
3,25/3,35	3,30	‖‖‖‖‖‖‖‖|||		23	−2	−46	92	30	22,2
3,35/3,45	3,40	‖‖‖‖‖‖‖‖|		21	−1	−21	21	51	37,7
3,45/3,55	3,50	‖‖‖‖‖‖‖‖‖‖‖‖|||		33	0	0	0	84	62,2
3,55/3,65	3,60	‖‖‖‖‖‖‖‖||||		24	+1	+24	24	108	80,0
3,65/3,75	3,70	‖‖‖‖‖‖|		16	+2	+32	64	124	91,8
3,75/3,85	3,80	‖‖|		6	+3	+18	54	130	96,2
3,85/3,95	3,90	|||		3	+4	+12	48	133	98,5
3,95/4,05	4,00	||		2	+5	+10	50	135	100
Klassen- breite: w = 0,1	Vorläufig. Mittelwert: a = 3,50	Summen:		135 = n		$\begin{matrix}-\,1\\=\Sigma_1\end{matrix}$	$\begin{matrix}485\\=\Sigma_2\end{matrix}$	$H_j = 100 \cdot \dfrac{G_j}{n}$	

Berechnung der Standardabweichung s   **Berechnung des Mittelwertes $\bar{x}$**

$\Sigma_2 =$ ⟶ $\boxed{4\,8\,5{,}0\,0}$

$-\dfrac{\Sigma_1^2}{n} = -\dfrac{(-1)^2}{135} =$ ⟶ $-\ 0{,}0\,0\,7\,4$

$Q =$ ⟶ $4\,8\,4{,}9\,9$

$$s^2 = w^2 \cdot \frac{Q}{n-1} = 0{,}1^2 \cdot \frac{484{,}99}{134} = 0{,}03619$$

$s = 0{,}19$

$a =$ ⟶ $3{,}5\,0$

$+\,w \cdot \dfrac{\Sigma_1}{n} = 0{,}1 \cdot \dfrac{(-1)}{135} =$ ⟶ $-\ 0{,}0\,0\,0\,7\,4\,0\,7$

$\bar{x} = 3{,}499$ ⟶ $3{,}4\,9\,9$

Berechnung des Variationskoeffizienten V

$$V = \frac{s}{\bar{x}} \cdot 100 = \frac{0{,}19}{3{,}499} \cdot 100 = 5{,}43\%$$

G_j sind die zeilenweise aufsummierten Werte von n_j, H_j ist die Summenhäufigkeit in %.

(Bestell-Nr. des Originalauswerteblattes: 32725 − Beuth-Verlag)

d. h. der Klassenmittenwert 3,0 ist im negativen Bereich 5 Stellen vom angenommenen Mittelwert entfernt. Für den Klassenmittenwert 3,80 ergibt sich eine Klassennummer von

$$z_j = \frac{3,80 - 3,50}{0,1} = \frac{0,3}{0,1} = +3$$

Dieser Wert 3,80 ist im positiven Bereich 3 Stellen von angenommenen Mittelwert entfernt.

Beispiel 31 (Die Werte sind in Tabelle 33 eingetragen.)

Aus einer Urliste mit 135 Meßwerten wurden 11 Klassen mit einer Klassenbreite von w = 0,1 gebildet. Die Häufigkeit, in der die Meßwerte in jeder Klasse vorliegen (Klassenhäufigkeit), wird in einer Strichliste ausgewiesen und in der Spalte Klassenhäufigkeit n_j zahlenmäßig angegeben. Die größte Häufigkeit liegt bei dem Klassenmittelwert 3,50. Deshalb wird dieser Wert als angenommener Mittelwert a betrachtet.

Mit Hilfe von Tabelle 33 kann man nun in einfacher Weise den Mittelwert $\bar{x}$, die Standardabweichung s und den Variationskoeffizienten bestimmen.

Zusätzlich lassen sich in den beiden letzten Spalten noch die Summenhäufigkeiten G_j (die zeilenweise aufsummierten Werte von n_j) und die Summenhäufigkeit in % H_j (die Prozentzahlen aus den aufsummierten Werten) bestimmen. Damit kann man z. B. aussagen, daß im Meßbereich von 2,95 bis 3,35 22,2% aller Teile liegen.

10.4 Häufigkeitsverteilung

Es ist Aufgabe der Statistik, aus einer Vielzahl von Teilen durch Stichproben die Qualität einer Fertigung zu beurteilen. Da mit einer solchen Beurteilung über die Annahme oder Ablehnung einer bestimmten Sache entschieden werden soll, müssen die aus einer Stichprobe gewonnenen Erkenntnisse mit einer berechenbaren statistischen Sicherheit zutreffen.

Vorausgesetzt, daß in einer Fertigung eine größere Menge an Werkstücken auf der gleichen Maschine mit der gleichen Einstellung hergestellt wurden und auf den Fertigungsprozeß nur zufällige, nicht aber systematische Störgrößen wirksam waren und vorausgesetzt, daß die Merkmale vom Prüfer mit dem gleichen Meßgerät geprüft wurden, dann ergibt sich eine sogenannte Normalverteilung.

Die bekannteste Häufigkeitsverteilung, die man als Normalverteilung bezeichnet, ist die Gaußsche Glockenkurve. Diese Normalverteilungskurve (Bild 47) hat markante Eigenschaften:

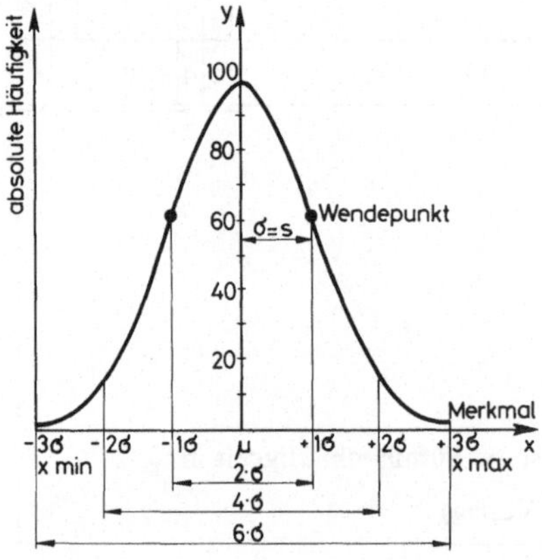

Bild 47
Gaußsche Glockenkurve (Normalverteilungskurve)

1. Sie ist symmetrisch und hat beim Mittelwert μ ($\mu = \overline{x}$ in der Fertigung) ihr Maximum.

2. Sie hat im Abstand $\pm\,\sigma$ ($\sigma = s$ in der Fertigung) vom Mittelwert $\overline{x}$ Wendepunkte.

3. Ihre Fläche zwischen den Grenzen von x_{max} und x_{min} entspricht einer statistischen Aussage-sicherheit von 99,7%.

4. Die Ordinaten y dieser Normalverteilungskurve kann man mit Hilfe der Standardabweichung (für eine begrenzte Stückzahl in der Fertigung ist $\sigma = s$) aus Tabelle 34 bestimmen.

Tabelle 34 Ordinatenhöhen der Normalverteilungskurve in Abhängigkeit vom Merkmalswert
$y = f(x)$

y	100	97	88,3	60,6	32,4	13,5	4,4	1,1
x	$0 \cdot \sigma$	$0,25 \cdot \sigma$	$0,5 \cdot \sigma$	$1 \cdot \sigma$	$1,5 \cdot \sigma$	$2 \cdot \sigma$	$2,5 \cdot \sigma$	$3 \cdot \sigma$

$\sigma \,\hat{=}\, s,\ \mu \,\hat{=}\, \overline{x}$ in der Fertigung

5. Die Flächenanteile in den Grenzen von Tabelle 35 zeigt Bild 48.

Tabelle 35 Flächenanteile als Funktion vom Mittelwertsabstand
in der Normalverteilungskurve

Grenzen	Flächenanteil in % der Gesamtfläche
$\overline{x} \pm 3\,s$	99,7
$\overline{x} \pm 2\,s$	95,4
$\overline{x} \pm s$	68,3

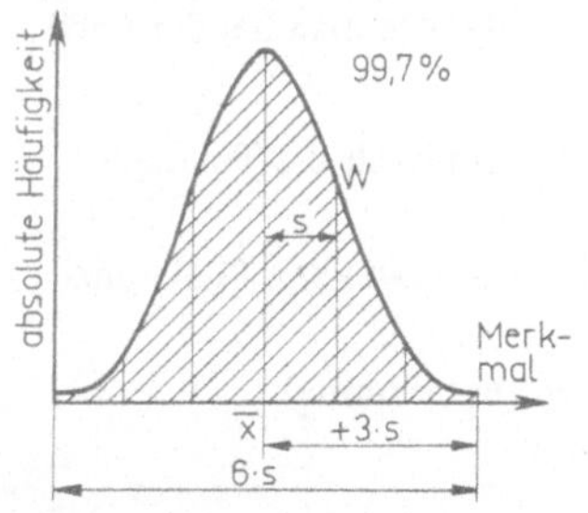

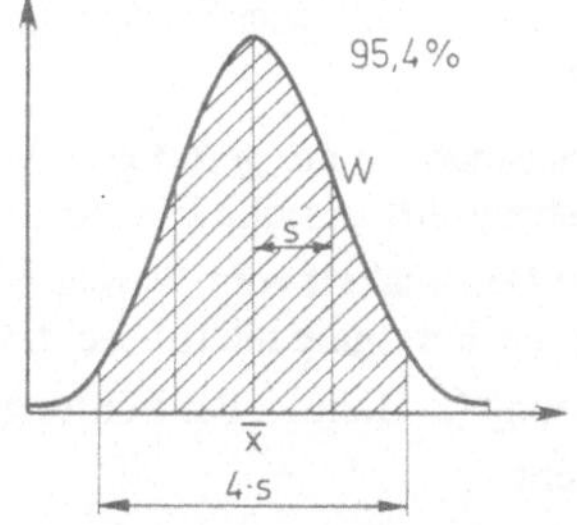

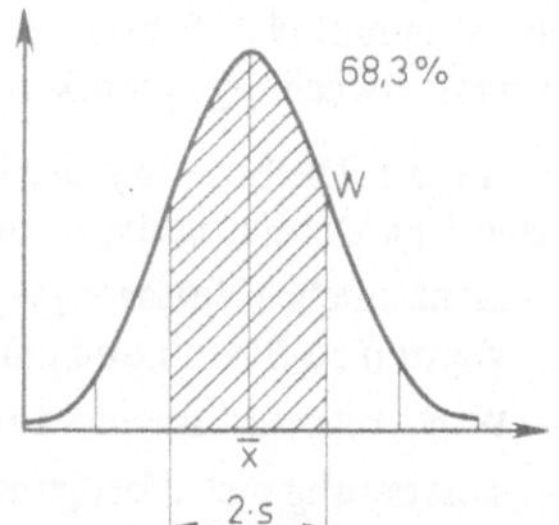

Bild 48 Flächenanteile der Normalverteilungskurve in den Grenzen von $\overline{x} \pm 1s$ bis $\overline{x} \pm 3s$

10.4.1 Praktische Anwendung der Normalverteilungskurve

Aus den Mittelwerten $\overline{x}$ der Standardabweichung s und den absoluten Häufigkeiten (Anzahl der Teile pro Maß bzw. pro aufgetragene Klasse) wird die Normalverteilungskurve erstellt.

Dann werden die Kleinst- und Größtmaße des Merkmales mit der Toleranz verglichen. Aus der Lage der Toleranz zur Normalverteilungskurve kann man sehen, ob eine Fertigung beherrscht ist und wie groß der Anteil der Werkstücke ist, die außerhalb der Toleranz liegen.

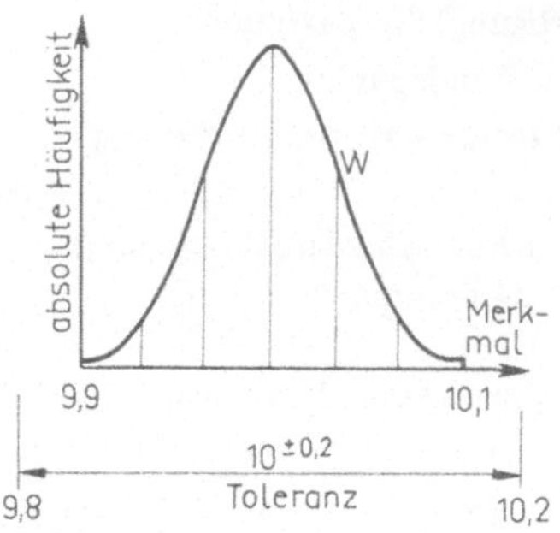

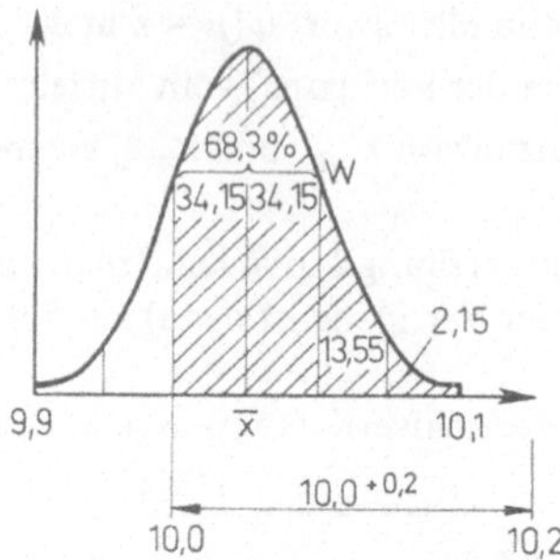

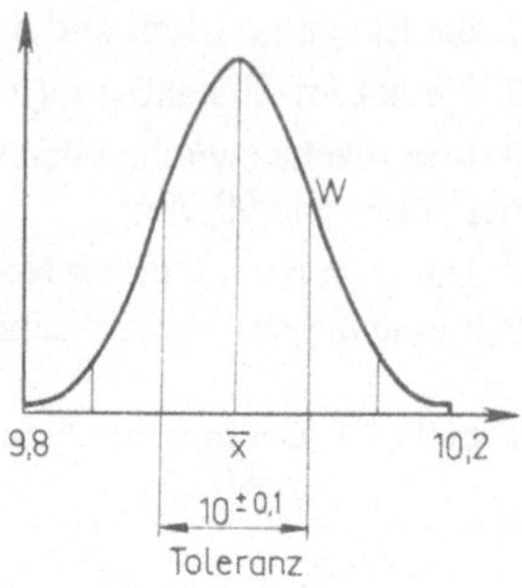

Bild 49 Alle Maße liegen innerhalb der Toleranz

Bild 50 Nur ein Teil der geprüften Menge ist innerhalb der Toleranz

Bild 51 Streuung der Istmaße (10 ± 0,1) ist größer als die Toleranz

F a l l 1 : Alle Werkstücke (Bild 49) liegen innerhalb der Toleranz. Die Fertigung ist beherrscht.

F a l l 2 : Innerhalb der Toleranz (Bild 50) liegt nur der schraffierte Teil der Normalverteilungskurve. Dies sind 84% der geprüften Menge; 16% der Teile sind Ausschuß (Berechnung mit den Werten von Tabelle 35).

$$\left(68,3\% + \underbrace{\frac{95,4 - 68,3}{2}}_{13,55\%} + 2,15\% = 84\% \right)$$

Die Ursache für diesen Ausschuß kann z. B. eine falsche Werkzeugeinstellung sein. Durch Nachstellung bzw. richtige Einstellung des Werkzeuges kann dieser Fehler mit Sicherheit vermieden werden. Hat sich die Verschiebung aus dem Toleranzbereich heraus jedoch allmählich ergeben, dann liegt ein systematischer Einfluß z. B. die Abnutzung eines Werkzeuges vor. Dies hätte man bei der Fertigungsüberwachung bemerken müssen.

F a l l 3 : Die Streuung der Merkmalsmaße in der gefertigten Menge ist größer als die Toleranz (Bild 51). Die Fertigung ist nicht beherrscht. Ursache kann sein:
— Menschliches Versagen, wenn die Genauigkeit vom Werker beeinflußt werden kann (Toleranzgrenzen zu Beginn und am Ende der Fertigung nicht beachtet)
— Werkzeugmaschine nicht in Ordnung (z. B. Spiel der Führungen nicht in Ordnung)
— Tolerierung nicht fertigungsgerecht
— Gewähltes Arbeitsverfahren nicht optimal
— Falsche Maschine gewählt. Bei einer Biegearbeit federt das gefertigte Werkstück ungleich zurück.
  Änderung: Biegearbeit statt auf einer hydraulischen auf einer Schlagpresse durchführen. Dadurch wird die Rückfederung geringer, und die Teile bleiben innerhalb der Toleranz

Mit den Kenngrößen x̄, s und R kann man eine Fertigung schon recht gut beurteilen. Statt der Normalverteilungskurve, deren Erstellung recht zeitaufwendig ist, wird man sich in den meisten Fällen mit der Strichliste oder dem Staffeldiagramm, das den ungefähren Verlauf zeigt, begnügen. Das Staffeldiagramm (Bild 52) zeigt, wie oft (absolute Häufigkeit) ein bestimmtes Merkmal (z. B. ein bestimmtes Maß oder ein Maßbereich = Klasse) vorhanden ist.

Nur dann, wenn es darum geht, genauere Analysen zu erstellen, wird man die Normalverteilungskurve konstruieren.

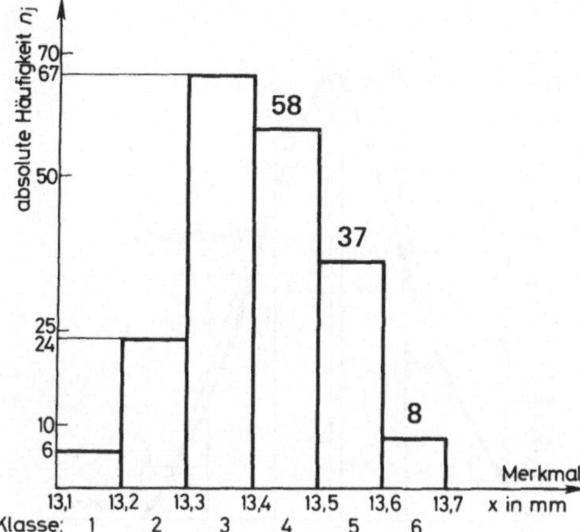

Bild 52   Staffeldiagramm (Säulendiagramm)

10.4.2 Erstellung der Normalverteilungskurve

Die Erstellung der Normalverteilungskurve wird an Beispiel 32 erklärt.

Beispiel 32

Aus 200 Meßwerten wurden folgende Werte ermittelt:

Spannweite der Meßwerte: $R = x_{max} - x_{min} = 13{,}70 - 13{,}10 = 0{,}6$
Anzahl der Klassen: $k = 6$
Klassenbreite: $w = 0{,}10$ gewählt

Die Anzahl der Meßwerte pro Klasse (absolute Häufigkeit pro Klasse) zeigt Tabelle 36.

L ö s u n g :

1. Man zeichnet ein Koordinatensystem mit den Merkmalswerten als Abszisse und den absoluten Häufigkeiten (Anzahl der Meßwerte pro Klasse) als Ordinate (Bild 52).

2. Man unterteilt die Abszisse in die sechs Klassen.

3. Man teilt die Ordinate in 67 Einheiten (größte Zahl der absoluten Häufigkeiten n_j) ein.

4. Man errichtet Säulen über jeder Klasse, deren Höhen durch die absoluten Häufigkeiten (Anzahl der Teile in jeder Klasse) gegeben sind. Damit erhält man das sogenannte Säulen- oder Staffeldiagramm Bild 52.

5. Man verbindet, vom Nullpunkt ausgehend, die Klassenmitten durch Gerade (Bild 53).

6. Man bestimmt mit dem DGQ-Auswerteblatt den Mittelwert $\bar{x}$ und die Standardabweichung s (Tabelle 37).

7. Man trägt den Mittelwert in das Staffeldiagramm ein (bei $\bar{x}$ liegt der Scheitelpunkt der Normalverteilungskurve) (Bild 53).

8. Man trägt im Abstand von ± s vom Mittelwert $\bar{x}$ ausgehend die Wendepunkte der Normalverteilungskurve ein. Die zugeordneten Ordinaten liegen nach Tabelle 34 bei 60,6% von y_{max}. Im Beispiel

Tabelle 36   Absolute Häufigkeiten n_j in den Klassen 1 bis 6

Klasse	13,1−13,2	13,2−13,3	13,3−13,4	13,4−13,5	13,5−13,6	13,6−13,7
	1	2	3	4	5	6
absolute Häufigkeit n_j	6	24	67	58	37	8

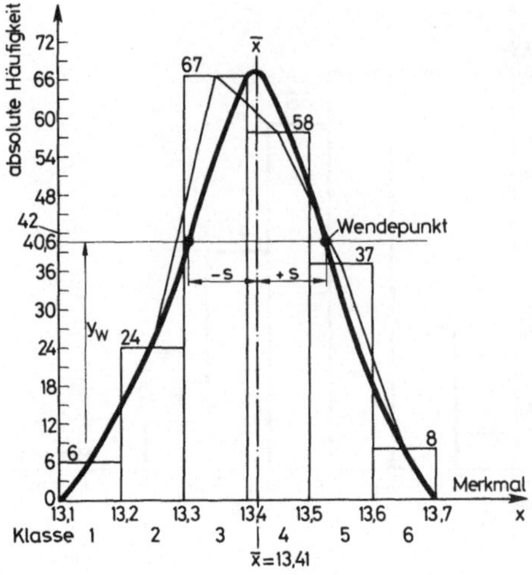

entspricht y_{max} dem Maximalwert von $n_j = 67$ Teilen. Davon sind

$$60,6\% = 67 \cdot \frac{60,6}{100} = 40,6 \text{ Teile}$$

9. Man korrigiert nun mit dem Kurvenlineal die zunächst aus den Geraden gebildete Normalverteilungskurve unter Berücksichtigung der Wendepunkte und der Lage von $\bar{x}$. Die korrigierte Kurve ist die gesuchte Normalverteilungskurve.

Bild 53
Konstruktion der Normalverteilungskurve aus dem Säulendiagramm und den Werten von Tabelle 37

Tabelle 37 Meßwerte und Berechnung von $\bar{x}$ und s zur Konstruktion der Normalverteilung

Klassen-grenzen	Klas-sen-mitte	Absolute Häufigkeit		An-zahl n_j	Klas-sen Nr. z_j	$z_j \cdot n_j$	$z_j^2 \cdot n_j$	Häu-fig-keit iG_g	Sum-men-häufig-keit H_j in %
		Strichliste							
13,1−13,2	13,15	|||||		6	−2	−12	24		
13,2−13,3	13,25	|||| |||| |||| |||| ||||		24	−1	−24	24		
13,3−13,4	13,35	|||| |||| |||| |||| |||| |||| |||| |||| |||| ||||		67	0	0	0		
13,4−13,5	13,45	|||| |||| |||| |||| |||| |||| |||| |||| |||| ||||		58	+1	+58	58		
13,5−13,6	13,55	|||| |||| |||| |||| |||| |||| |||| ||		37	+2	+74	148		
13,6−13,7	13,65	|||| |||		8	+3	+24	72		
Klassen-breite: w = 0,1	Vorläufig. Mittelwert: a = 13,35	Summen:		200 = n		120 = Σ_1	326 = Σ_2		

Berechnung der Standardabweichung s

$$\Sigma_2 = 326$$

$$-\frac{\Sigma_1^2}{n} = -\frac{120^2}{200} = 72$$

$$Q =$$

$$s^2 = w^2 \cdot \frac{Q}{n-1} = 0,1^2 \cdot \frac{254}{199} = 0,01276$$

$$s = 0,1129$$

3	2	6			
	7	2			
2	5	4			

Berechnung des Mittelwertes $\bar{x}$

$$a =$$

$$+ w \cdot \frac{\Sigma_1}{n} = 0,1 \cdot \frac{120}{200} =$$

$$\bar{x} = 13,41$$

1	3,	3	5			
	0,	0	6			
1	3,	4	1			

11 Qualitätssicherung im Betrieb

Jeder Industriebetrieb muß heute im weltweiten Konkurrenzkampf mehr denn je auf die Qualität seiner Erzeugnisse bedacht sein. Nur dann, wenn neben dem Preis auch die Qualität der Erzeugnisse dem internationalen Standard entspricht, ist der Absatz einer Ware gesichert.

In vielen Fällen ist das Ansehen eines Unternehmens abhängig von der Qualität seiner Erzeugnisse. Der Preis ist oft zweitrangig, denn der Kunde will nicht „billig", sondern „preiswert" kaufen.

Billige, störungsanfällige Maschinen sind im Betrieb wegen des laufenden Produktionsausfalles, den sie verursachen, sehr teure Maschinen. Deshalb geht auch im Industriebetrieb „Qualität vor Quantität".

11.1 Voraussetzungen für ein Qualitätserzeugnis

Qualität entsteht in der Produktion und nicht in der Kontrollabteilung. Die Abteilung Prüfwesen kann zunächst nur feststellen, ob ein Werkstück nach den vorliegenden Zeichnungen gut oder Ausschuß ist. Damit der Ausschußanteil aber sehr klein bleibt, sollten an jedes Werkstück folgende Forderungen gestellt werden:

11.1.1 Ausgereifte Konstruktion

Eine Konstruktion gilt als ausgereift, wenn das Werkstück
— die Funktion, für die es entwickelt wurde, erfüllt
— festigkeitsmäßig beanspruchungsgerecht ausgelegt ist
— fertigungsgerecht gestaltet ist, d. h. die Formen des Werkstückes und die Toleranzen sollten so sein, daß es mit normalen Werkzeugmaschinen hergestellt werden kann.

11.1.2 Erfüllung der Zeichnungsforderungen

Die Fertigung muß die Zeichnungsforderungen mit Sicherheit erfüllen können. Dies setzt voraus, daß die Arbeitsverfahren und die technologischen Werte optimal gewählt sind. Aber auch die Produktionsmaschinen müssen in einem Zustand sein, der eine präzise Fertigung ermöglicht.

Nur wenn durch die richtige Wahl aller an der Fertigung beteiligten Faktoren eine Fertigung kontinuierlich läuft, gilt sie auch im Sinne der Qualität als beherrscht.

11.2 Umfang der Kontrollmaßnahmen

Die Wirtschaftlichkeit des Unternehmens ist nicht zuletzt durch einen optimalen Kontrollaufwand gegeben. Er muß den Erfordernissen des Betriebes entsprechen und sollte weder zu groß noch zu klein sein.

Zu großer Kontrollaufwand

— zwingt zwar die Fertigung zur Präzision

— senkt die Anzahl der Reklamationen und der damit verbundenen Kosten

— erhöht aber die Produktionskosten unnötig und zusätzlich die Kontrollkosten

Zu geringer Kontrollaufwand

— verringert zwar die Produktions- und Kontrollkosten

— erhöht aber die Anzahl der Reklamationen und die damit verbundenen Kosten

— verschlechtert das Ansehen des Unternehmens, was zur Verminderung des Auftragseinganges
   führen kann

Deshalb muß auch die Qualität geplant werden!

11.3 Aufbau der Abteilung Prüfwesen

Der grundsätzliche Aufbau der Abteilung Prüfwesen wurde in Abschn. 2.4 bereits beschrieben. Deshalb sollen hier nur noch einige Besonderheiten ergänzt werden.

11.3.1 Leitung der Abteilung Prüfwesen

Sie ist verantwortlich für:

1. den Einsatz und die Planung des Personals

2. die Erstellung von Prüfvorschriften:

— Was wird gemessen?

— Wie wird gemessen?

— Wo wird gemessen?

— In welchen Zeitintervallen wird gemessen?

— Welche Meßgeräte werden eingesetzt?

— Festlegung der Grenzen für Gut und Ausschuß (in Abstimmung mit der Kundenforderung und
   in Abstimmung mit Konstruktion und Fertigung im eigenen Betrieb).

3. die Abstimmung der Prüfpläne mit Kunden und amtlichen Güteprüfstellen (den sogenannten
Bauaufsichten). Die Beauftragten dieser amtlichen Güteprüfstellen unterhalten in den Industriebetrieben, die für staatliche Dienststellen wie Bundespost, Bundesbahn, Bundeswehr usw. fertigen,
eigene Büros. Damit sind sie in der Lage — und das ist ihre Aufgabe —, die Fertigung in allen Bereichen zu überwachen und die Endprodukte nach den vereinbarten Prüfvorschriften zu prüfen.

Aus diesem Grund ist es von besonderer Bedeutung, daß die Prüfvorschriften von Fachexperten
unter Mitwirkung von Fertigungsingenieuren erstellt werden.

11.3.2 Meß- und Lehreneinstellraum

Damit im Betrieb gewährleistet ist, daß an jeder Stelle im Betrieb unter gleichen Bedingungen gemessen wird, ist es zweckmäßig, alle Meßmittel in einer Zentralstelle (Lehren-Meß- und Einstellraum)
prüfen, einstellen und wenn notwenig austauschen zu lassen.

11.3.3 Reklamationsabteilung

Sie übernimmt die technische Bearbeitung der Reklamationen. Ihre Aufgabe ist es zu prüfen,

— ob die Reklamation zu recht besteht

— wie es zu dem Fehler kommen konnte

— wie er künftig vermieden werden kann

Die letztere Feststellung ist besonders wichtig, weil sie möglicherweise Veränderungen in der Fertigung und der Konstruktion erforderlich macht. Auch eine Änderung der Prüfbedingungen könnte im Einzelfalle zur Vermeidung des beanstandeten Fehlers führen.

Durch statistische Aufzeichnungen soll die Reklamationsabteilung Schwachstellen am Produkt erkennen. Solche Schwachstellen können dann von der Konstruktion überprüft und wenn möglich geändert werden.

11.4 Fertigungskontrolle

11.4.1 Aufgaben der Fertigungskontrolle

Die Fertigungskontrolle, auch fliegende Kontrolle genannt, hat die Aufgabe, unmittelbar am Entstehungsort von Ausschuß die Fertigung zu überwachen. Der Laufkontrolleur, der in einem bestimmten Bereich von Maschine zu Maschine geht, prüft dort stichprobenweise einige Teile. Diese Prüfung erfolgt in bestimmten Zeitintervallen, z. B. alle 2 Stunden. An kritischen Arbeitsplätzen kann aber die Intervallzeit auch wesentlich kürzer (z. B. 10 Minuten) sein.

Als Meßgeräte verwendet man überwiegend anzeigende Lehren. Damit aber das Messen sowohl für den Mann an der Maschine als auch für den Laufkontrolleur recht einfach wird, werden die Meßgeräte mit Zusatzskalen (Bild 54) versehen, bei denen man die Gesamttoleranz in Klassen (z. B. 7 Klassen) unterteilt. Die beiden äußeren Felder dieser aufgeklebten Skala (I und II) stellen die Warngrenzen dar.

Der Laufkontrolleur trägt dann das mit einem solchen Meßgerät gemessene Ergebnis in die Maschinenprüfkarte (Tabelle 38) ein. Bei jeder Messung entnimmt er eine Stichprobe von ca. fünf Teilen. Beim Eintrag in die Maschinenprüfkarte wird die Streuung der Maße sichtbar. In dieser Prüfkarte kann

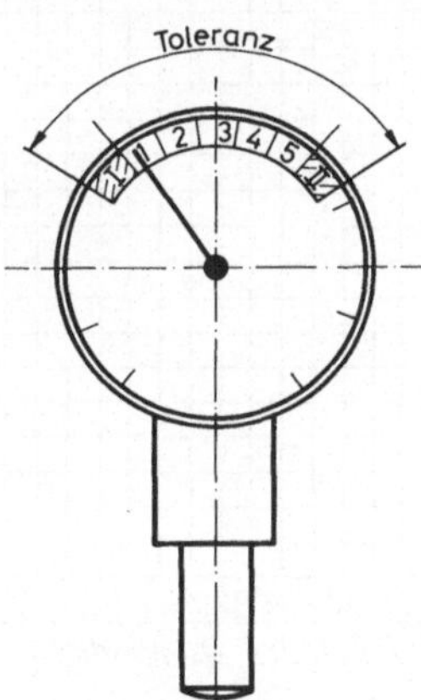

Bild 54
Meßuhr mit Hilfsskala, (Felder 1 bis 5 = Sicherheitsbereich, Felder I und II = Warngrenzen)

Tabelle 38 Meßblatt zur Fertigungsüberwachung
Toleranzverschiebung durch Abnutzung des Werkzeuges

Benennung	Charge	Los	Arbeitsgang	Kontrollblatt	Karte Nr
Flanschbuchse	*H 4110*	*2*	*5. Zug*	*52 – 070 – 701*	*3*

Name	Einsteller *Huber*	Prüfer *Meier*	Arbeiter *Müller*	Masch.	Kennzeich. *28*	Inventar Nr. *41119/13*			

Tag	Zeit	Maß *Bodenstärke* 2,6 −0,4	Maß *Aussen − ⌀* 31,0 ⌀ ± 0,05	Maß *Innen − ⌀* 29,0 ⌀ +0,02 −0,05	Maß	Sauberkeit

Bemerkungen: *E.V. = Einsteller verständigt !*

man die Lage der Istmaße mit einem Blick erfassen. Zwei dicke Striche in dieser Prüfkarte deuten die sogenannten Warngrenzen an. Wenn die Maße der Stichprobe an einer der Warngrenzen liegen, wird der Maschineneinsteller verständigt, der dann z. B. an einem Drehautomaten die Werkzeuge nachstellt oder austauscht.

Dadurch, daß man nicht ein bestimmtes Maß, z. B. 138,78, messen und dann aufschreiben muß, sondern nur Kreuze in das Meßblatt einzuzeichnen hat, wird die Messung einfach und die Eintragung geht schnell.

Vor allem aber sieht man mit einem Blick auf dem Meßblatt, in welcher Richtung sich die Maße verändern. Außerdem erkennt man, in welchen Zeitintervallen z. B. die Werkzeuge nachgestellt werden müssen. In Tabelle 38 erkennt man sehr gut, daß etwa alle drei Stunden eine solche Korrektur erforderlich ist. Durch diese Unterlage erhält auch die Arbeitsvorbereitung wertvolle Erkenntnisse. Sie erhält Richtwerte für die Standzeit der Werkzeuge. Damit ist sie z. B. in der Lage, die Anzahl der Werkzeuge, die pro Schicht benötigt werden, genau zu planen.

Die Fertigungskontrolle erkennt aus der Aufzeichnung, wenn eine Fertigung unsicher ist und kann dann sofort, bevor Ausschuß entsteht, die Fertigung anhalten und die zuständigen Vorgesetzten informieren.

Bild 55 zeigt, wie durch eine systematische Verschiebung immer mehr Teile aus dem Toleranzbereich herausfallen. Dies wäre die Folge, wenn die Produktion auf Grund der Aufzeichnung vom Laufkontrolleur nicht rechtzeitig angehalten wird. Für die Fertigungskontrolle gilt: „Rechtzeitig Fehler erkennen ist besser als nacharbeiten oder gar wegwerfen". Wenn also im Betrieb Kontrolle und Produktion im richtigen Verhältnis zueinander stehen, kann der Ausschuß auf ein Mindestmaß reduziert werden. Neben der statistischen Aufschreibung müssen besonders für kritische Arbeitsoperationen immer wieder mit dem statistischen Berechnungsblatt (Tabelle 33) Standardabweichung s, Mittelwert $\overline{x}$ und die Häufigkeitsverteilung (wie in Kapitel 10 gezeigt) überwacht werden.

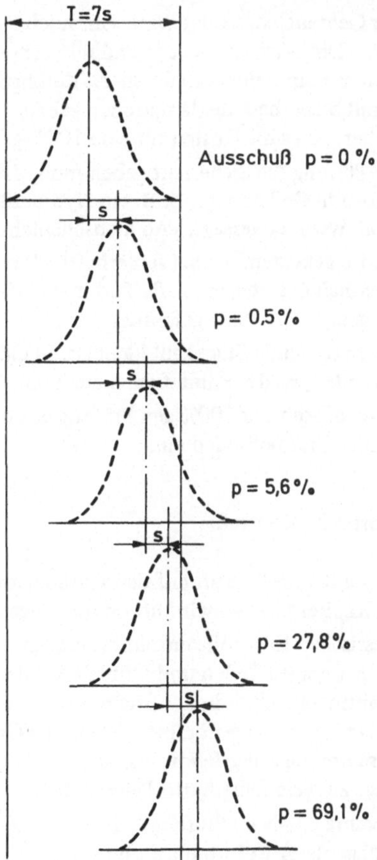

Bild 55
Systematische Verschiebung der Merkmalswerte
(z. B. durch Abnutzung der Werkzeuge)

11.5 Endkontrolle

Die Endkontrolle prüft das fertige Werkstück. Im Gegensatz zur Fertigungskontrolle kann sie nur noch Fehler feststellen, aber nicht mehr verhindern.

Hier ist zunächst die Frage zu beantworten, ob man alle Maße bzw. Merkmale, die für das Erzeugnis von Bedeutung sind, 100%ig oder nur stichprobenweise prüfen will.

11.5.1 Hundertprozentige Prüfung

Wenn jedes einzelne Werkstück einer gefertigten Gesamtmenge auf bestimmte Maße, Gewichte, bzw. allgemein gesagt, auf bestimmte Merkmale geprüft werden soll, dann spricht man von 100%iger Prüfung. Nimmt man einmal an, daß ein bestimmtes Werkstück nur fünf zu prüfende Merkmale hat, (z. B. zwei Längenmaße, zwei Durchmessermaße und das Gewicht), dann ist der Prüfaufwand für 1000 gefertigte Werkstücke schon sehr groß.

Daraus ergibt sich die Frage: „Wann muß man die sehr teure und aufwendige 100%ige Prüfung anwenden?" Die Antwort kann man in vier Leitsätzen geben.

Eine 100%ige Prüfung ist in folgenden Fällen erforderlich:

1. Wenn der Gebrauchswert der Ware sehr hoch ist. Ein elektronisches Rechengerät im Wert von ca. 100 000,– DM wäre ein Gegenstand mit hohem Gebrauchswert. Würde bei einer statistischen Prüfung auch nur ein Fehleranteil von 2% durchgehen, dann würde es bei zwei Geräten von 100 gelieferten mit Sicherheit Reklamationen geben. Die daraus entstehenden Kosten sind aber voraussichtlich höher, als es die Kosten für eine 100%ige Prüfung gewesen wären.

2. Wenn die Prüfung die Sicherheit geben muß, daß jedes Teil 100%ig in Ordnung ist, weil sonst Menschenleben in Gefahr sind. Z. B. ein Hydraulikzylinder, der an einem Flugzeug eine Landeklappe betätigen soll. Wenn er versagt, sind Menschenleben in Gefahr.

3. Wenn die Folgekosten, die bei fehlerhaften Werkstücken entstehen, sehr hoch sind und die Prüfkosten wesentlich übersteigen, z. B. Turbinenläufer. Wenn nur eine Turbinenschaufel nicht fest sitzt, ist die gesamte Turbine gefährdet.

4. Wenn die zu prüfende Stückzahl klein ist. In einer Einzelfertigung, in der nur kleinste Stückzahlen hergestellt werden, ist der Prüfaufwand auch bei einer 100%igen Prüfung nicht groß.

Ist die Notwendigkeit der 100%igen Prüfung aus diesen vier Punkten nicht gegeben, dann setzt man die statistischen Prüfmethoden ein.

11.5.2 Statistische Kontrolle

Die statistische Kontrolle baut auf den mathematischen Gesetzen der Wahrscheinlichkeitsrechnung auf (s. dazu Kapitel 10). Sie wird bevorzugt eingesetzt, wenn in großen Stückzahlen gefertigt wird.

Bei der statistischen Kontrolle entnimmt man aus einer großen Anzahl gefertigter Teile eine Stichprobe von nur wenigen Teilen und schließt aus dem Ergebnis der geprüften Stichprobe auf die Qualität der Gesamtmenge. Wird in der Stichprobe eine bestimmte Fehleranzahl nicht überschritten, dann wird die Gesamtmenge angenommen. Wenn die Grenzfehlerzahl jedoch überschritten wird, dann wird die Gesamtmenge abgelehnt, weil dann nach den Gesetzen der Wahrscheinlichkeitsrechnung die Gesamtmenge zu viele fehlerhafte Teile enthält.

Diese sogenannte „Ja-Nein-Prüfung", die entweder Annahme (Ja) oder Ablehnung (Nein) ergibt, bezeichnet man als A t t r i b u t p r ü f u n g.

Tabelle 39 Einfachstichprobenplan für normale Beurteilung (n-c)
Auszug aus Stichprobentabellen für die Attributprüfung [37], herausgegeben von der Deutschen Gesellschaft für Qualität (DGQ)
e.V. Frankfurt/M

N \ Stichproben-Plan	AQL 0,010	AQL 0,015	AQL 0,025	AQL 0,040	AQL 0,065	AQL 0,10	AQL 0,15	AQL 0,25	AQL 0,40	AQL 0,65	AQL 1,0	AQL 1,5	AQL 2,5
2 bis 8	N	N	N	N	N	N	N	N	N	N	N	N	N bzw. 5-0
9 bis 15	N	N	N	N	N	N	N	N	N	N	N bzw. 13-0	8-0	5-0
16 bis 25	N	N	N	N	N	N	N	N	N	N bzw. 20-0	13-0	8-0	5-0
26 bis 50	N	N	N	N	N	N	N	N	N bzw. 32-0	20-0	13-0	8-0	5-0
51 bis 90	N	N	N	N	N	N	N bzw. 80-0	50-0	32-0	20-0	13-0	8-0	20-1
91 bis 150	N	N	N	N	N	N bzw. 125-0	80-0	50-0	32-0	20-0	13-0	32-1	20-1
151 bis 280	N	N	N	N	N bzw. 200-0	125-0	80-0	50-0	32-0	20-0	50-1	32-1	20-1
281 bis 500	N	N	N	N bzw. 315-0	200-0	125-0	80-0	50-0	32-0	80-1	50-1	32-2	32-2
501 bis 1 200	N	N bzw. 800-0	500-0	315-0	200-0	125-0	80-0	50-0	125-1	80-1	50-1	50-2	50-3
1 201 bis 3 200	N bzw. 1250-0	800-0	500-0	315-0	200-0	125-0	80-0	200-1	125-1	80-1	80-2	80-3	80-5
3 201 bis 10 000	1250-0	800-0	500-0	315-0	200-0	125-0	315-1	200-1	125-1	125-2	125-3	125-5	125-7
10 001 bis 35 000	1250-0	800-0	500-0	315-0	200-0	500-1	315-1	200-1	200-2	200-3	200-5	200-7	200-10
35 001 bis 150 000	1250-0	800-0	500-0	315-0	800-1	500-1	315-1	315-2	315-3	315-5	315-7	315-10	315-14
150 001 bis 500 000	1250-0	800-0	500-0	1250-1	800-1	500-1	500-2	500-3	500-5	500-7	500-10	500-14	315-14
> 500 000	1250-0	800-0	2000-1	1250-1	800-1	800-2	800-3	800-5	800-7	800-10	500-14	500-14	315-14

Anmerkung: N bedeutet Vollprüfung, falls $N \leqslant n$.

Stichprobenpläne Wie groß die Stichprobe zu wählen ist bzw. wieviel Stück von einer Gesamtmenge als zu prüfende Stichprobe zu entnehmen sind, geben die Stichprobenpläne an. Einen solchen Einfachstichprobenplan zeigt Tabelle 39. Die darin enthaltenden Symbole haben folgende Bedeutung:

AQL   Acceptable Quality Level (annehmbare Qualitätslage). Der AQL-Wert gibt an, wie groß der prozentuale Fehleranteil in einer Lieferung sein darf.

AQL = 1,0 heißt, der Fehleranteil darf 1% betragen

AQL = 0,1 heißt, der Fehleranteil darf 0,1% betragen

N   ist die Anzahl der zu prüfenden Werkstücke (Losgröße)

Die Zahlen in der Tabelle (n-c) geben an:

n   die Größe der aus dem Los mit der Losgröße N zu entnehmende Stichprobe

c   die Anzahl der fehlerhaften Teile, die die Stichprobe enthalten darf (Annahmezahl)

i   tatsächliche Anzahl an fehlerhaften Teilen (i muß immer gleich oder kleiner als c sein)

Beispiel 33

Es soll an einem Los von 2000 Werkstücken eine Stichprobenprüfung durchgeführt werden. Für das zu prüfende Merkmal wurde AQL 0,15 vorgeschrieben, d. h. in der Gesamtlieferung von 2000 Stück dürfen nicht mehr als 0,15% fehlerhafte Teile enthalten sein.

G e s u c h t : Welche Stichprobenstückzahl n ist wahllos aus der Gesamtmenge zu entnehmen (d. h. so zu entnehmen, daß jedes Werkstück mit der gleichen Wahrscheinlichkeit herausgegriffen werden könnte)?

Wieviel fehlerhafte Teile i darf diese Stichprobe enthalten?

L ö s u n g : Aus dem Stichprobenplan Tabelle 39 kann man folgende Werte herauslesen:

   n = 80 Teile,   c = 0   für N = 2000 Stück und AQL 0,15

Wenn in der Stichprobe auch nur ein fehlerhaftes Teil gefunden wird (i > 0), dann ist das gesamte Los mit 2000 Stück zurückzuweisen, weil dann in dem Los mehr als 0,15% fehelrhafte Teile enthalten sind.

Annahmekennlinie Unter „Annahme" versteht man die Bereitschaft eines Kunden, eine bestellte Ware anzunehmen, wenn sie die vereinbarten Qualitätsmerkmale erfüllt.

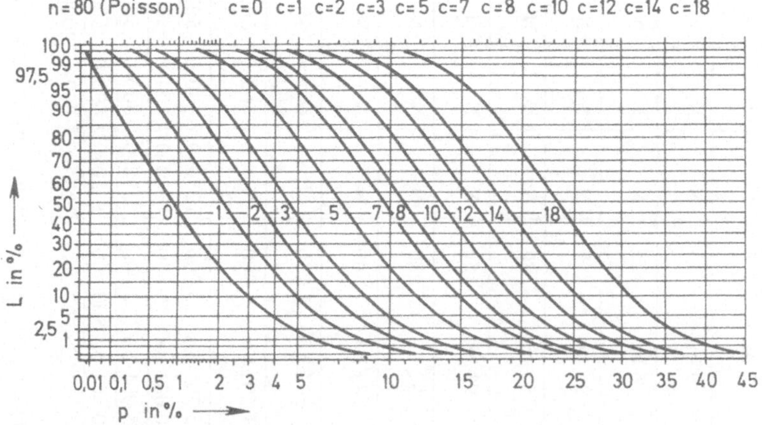

Bild 56 Operationscharakteristik (Annahmekennlinie) für c = 0 fehlerhafte Teile ≙ AQL = 0,15 (Auszug aus [37])

Wenn z. B. in einer Lieferung von 2000 Werkstücken kein einziges fehlerhaftes Teil enthalten ist, dann ist die Annahme der Ware 100%ig gesichert. Wenn aber ein bestimmter Prozentsatz fehlerhafter Teile in der Lieferung enthalten sind, dann ist die Annahme nur bedingt gewährleistet.

Die Annahmekennlinie (Bild 56), die man auch als Operationscharakteristik bezeichnet, zeigt die Annahmewahrscheinlichkeit L in %, in Abhängigkeit von dem in der Losgröße enthaltenen Fehleranteil p in %, für ein bestimmten AQL-Wert, der ja feste Werte für n und c hat.

In Beispiel 33 waren n = 80, c = 0 für N = 2000 und AQL 0,15 angegeben. Aus Bild 56 kann man nun für c = 0 ablesen, daß die Annahmewahrscheinlichkeit L in % bei p = 0,15% Fehleranteil L = 90% ist.

Ist der Fehleranteil in der Losgröße jedoch größer als 0,15%, dann sinkt die Annahmewahrscheinlichkeit. Bei p = 1% Fehleranteil ist die Annahmewahrscheinlichkeit L nur noch 45%, das heißt, wenn die Ware in der vorliegenden Qualität ausgeliefert wird, muß der Lieferer damit rechnen, daß 55% der Lieferungen zurückgesandt werden.

Ein Fehleranteil von 1% entspräche einem AQL 1,0, der bei N = 2000 in der Stichprobe n = 80 zwei fehlerhafte Teile i haben darf, weil die Annahmezahl c = 2 ist. In der Kurve 2 (Bild 56) erkennt man, daß die Annahmewahrscheinlichkeit L in % für einen Fehleranteil von p = 1% bei 96% liegt.

Solche Annahmekennlinien gibt es praktisch für alle üblichen Stichprobengrößen. Sie können vom Beuth-Vertrieb bezogen werden.

Aus der obigen Gegenüberstellung von Fehleranteil und Annahmewahrscheinlichkeit folgt, daß man die Qualität zwischen Hersteller und Abnehmer eindeutig festlegen muß, damit es nicht zu unnötigen Reklamationen kommt.

Andererseits muß der Hersteller seine Qualität planen. So kann ein Hersteller von Haushaltgeräten z. B. einen für die Funktion untergeordneten Fehler in einem höheren Fehlerprozentsatz als den festgelegten AQL zulassen, weil er aus Erfahrung damit rechnen kann, daß die Kunden, obwohl die Annahmewahrscheinlichkeit wesentlich geringer ist, diesen Fehler gar nicht erkennen und deshalb nur in Einzelfällen reklamieren. Die Reklamationskosten für diese Einzelfälle sind aber geringer als eine erhöhte Qualitätsforderung in der Fertigung. Um nun aber optimale Prüfschärfen disponieren zu können, muß man die Fehler nach ihrer Bedeutung, die sie für ein bestimmtes Gerät haben, klassifizieren.

Klassifizierung der Fehler (nach DGQ/AWF 1 und VG-Norm 95 082 Bl. 1). Mit der Klassifizierung der Fehler wird die Prüfschärfe entsprechend der Bedeutung des einzelnen Merkmales am Werkstück festgelegt.

Es gibt praktisch an jedem Werkstück Merkmale mit geringer und solche mit größerer Bedeutung für die Funktion dieses Werkstückes. Je nach Bedeutung des zu prüfenden Merkmales muß die Prüfschärfe, die sich im AQL-Wert ausdrückt, groß oder klein sein. Ein AQL 0,01 läßt nur einen Fehleranteil von 0,01% zu, während ein AQL 10 einen Fehleranteil von 10% bei einer Annahmewahrscheinlichkeit von 90% zuläßt.

In der Klassifizierungstabelle (Tabelle 40) werden die Fehler nach der Bedeutung für das Erzeugnis geordnet und den einzelnen Fehlerklassen entsprechende AQL-Werte zugeordnet.

Zuordnung der Prüfschärfe zu Fertigungsarten Wenn man einen Prüfplan aufstellen will, dann ist es natürlich ein Unterschied, ob man ein Werkstück für eine Landmaschine oder für ein optisches Instrument in der Prüfschärfe festlegen will. Tabelle 41 zeigt eine mögliche Zuordnung von der Art der Fertigung zur Prüfschärfe. Deshalb kann es aber in einer Sonderfertigung (z. B. Raketenbau) durchaus auch Merkmale mit der Fehlerklasse NS oder NF geben. Entscheidend ist immer die Auswirkung des Fehlers auf das Erzeugnis.

Tabelle 40 Fehlerklassifizierung nach VG 95082 Bl. 1

Fehlerklasse	Kurzbezeichnung	Fehler, die die Brauchbarkeit des Erzeugnisses	zugeordnete AQL-Werte
Nebensächliche Fehler	NS	nicht beeinflussen	AQL 10
Nebenfehler	NF	nur wenig beeinflussen	AQL 1,5 − AQL 6,5
Hauptfehler	H	für den vorgesehenen Verwendungszweck stark vermindern	AQL 0,065 − AQL 0,25 (AQL 0,10−1,0)
Kritische Fehler	K	nicht mehr gewährleisten. Fehler kann zum Ausfall oder zum Verlust des Erzeugnisses führen	AQL 0,01 − AQL 0,035
Überkritische (gefährliche) Fehler	ÜK	ausschalten oder Menschenleben direkt oder indirekt gefährden; ferner Fehler, die den Verlust großer wirtschaftlicher Werte zur Folge haben	100%ige Prüfung oder AQL 0,010

Tabelle 41 Zuordnung von Fertigungsart zu Prüfschärfe

Art der Fertigung	Prüfplan	Prüfschärfe − AQL
Sonderfertigung	S1−S3	0,010− 0,040
Präzisionsfertigung	P1−P4	0,065− 0,25
Normalfertigung	N1−N4	0,4 − 1,0
grobe (ordinäre) Fertigung	O1−O5	1,5 −10,0
zerstörende oder sehr teure Prüfung (unabhängig von der Art der Fertigung)	Z1−Z3	abhängig von Fehlerklasse S1−O5

Einen Sonderfall bildet die zerstörende Prüfung, bei der das zu prüfende Werkstück durch die Prüfung unbrauchbar wird. Eine solche zerstörende Prüfung ist z. B. notwendig, um die Zugfestigkeit einer Welle im Zugversuch festzustellen. Zu diesem Zweck müßte aus dieser Welle ein Teilstück zur Herstellung des Zerreißstabes entnommen werden. Damit ist diese Welle aber zerstört und unbrauchbar.

Richtwerttabellen für die zerstörende Prüfung enthält die VG-Norm 95082 Bl. 2, Seite 4 und 5.

Prüfen mit Einfachprüfplänen Bei den Einfachprüfplänen wird ein Los zur Lieferung freigegeben, wenn die in der Stichprobe n gefundene Zahl an fehelrhaften Teilen i gleich oder kleiner ist als die Annahmezahl c. Ist die Zahl der fehlerhaften Teile i größer als die Annahmezahl c, dann wird das Los zurückgewiesen. Das Prüfschema zeigt Bild 57.

Beispiel 34 (Zum Einfachprüfplan)
Zur Prüfung eines Merkmales (z. B. Durchmesser eines Wellenzapfens) wurde ein AQL 0,65 festgelegt. Die Losgröße ist N = 1000 Stück.
G e s u c h t : Stichprobenzahl n, Annahmezahl c, zulässige Anzahl an fehlerhaften Teilen i.

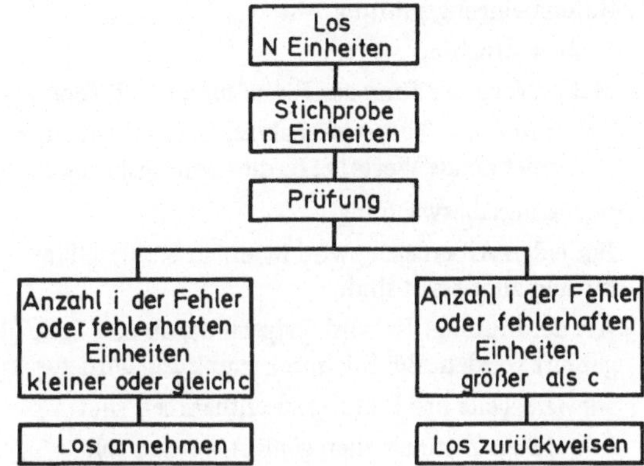

Bild 57 Prüfschema beim Prüfen mit Einfachstichprobenplänen (Auszug aus VG 95082)

L ö s u n g :

1. Aus dem Einfachstichprobenplan (Tabelle 39) entnimmt man folgende Werte: Für N = 1000
Stück und AQL 0,65 ist n = 80, c = 1, (n-c → 80-1), d. h. wenn die Anzahl der fehlerhaften Teile
i in der Stichprobe von n = 80 Stück gleich oder kleiner als 1 Stück ist, dann wird das Los angenommen.

Ist diese Bedingung erfüllt, entspricht das Los dem AQL 0,65 und enthält in der Gesamtmenge nicht
mehr als 0,65% fehlerhafte Teile.

Beträgt die Anzahl der fehlerhaften Teile i in der Stichprobe mehr als 1 Stück, dann wird das Los
zurückgewiesen, weil dann der Fehleranteil in der Gesamtmenge mit Sicherheit größer ist als 0,65%.

Wäre der Fehleranteil z. B. 1%, dann sinkt die Annahmewahrscheinlichkeit auf 80%, d. h. 20%
der Lieferungen würden dann mit großer Wahrscheinlichkeit vom Kunden zurückgewiesen (s. Annahmekennlinie in Bild 56).

2. Prüfungsablauf: Aus dem Los von 1000 Stück 80 Teile entnehmen. (Teile aus verschiedenen
Behältnissen von oben und unten so herausgreifen, daß für jedes Teil aus der Gesamtmenge die
gleiche Wahrscheinlichkeit der Entnahme besteht.)

Bei den 80 Teilen der Stichprobe das Merkmal prüfen.

Anzahl der fehlerhaften Teile in der Stichprobe feststellen.

Über Annahme oder Ablehnung entscheiden: Ist i kleiner oder gleich c — Annahme, ist i größer
als c — Ablehnung.

Prüfen mit Doppeltprüfplänen Das Prüfen mit Doppeltprüfplänen gibt keine doppelte Sicherheit,
weder die Aussagegenauigkeit noch die Prüfschärfe ist größer. Der Doppeltprüfplan bietet dem
Güteprüfdienst nur dann Vorteile, wenn die Lose sehr gut oder sehr schlecht sind. In diesen beiden
Fällen ist die zu prüfende Stichprobe n_1 kleiner als die Stichprobe n bei Einfachprüfplänen.

Sonst bietet der Doppeltprüfplan keine weiteren Vorteile. Deshalb wird überwiegend mit Einfachprüfplänen gearbeitet. Güteprüfungen mit Doppeltprüfplänen dürfen nur durchgeführt werden,
wenn sie in den technischen Lieferbedingungen ausdrücklich vorgeschrieben und zugelassen sind.

Deshalb wird in diesem Buch auf das Prüfschema des Doppeltprüfplanes verzichtet.

11.6 Erstellen von Kontrollplänen im Betrieb

Ein Prüf- oder Kontrollplan legt für ein bestimmtes Werkstück bzw. für ein Produkt, das aus vielen
Elementen besteht, die gesamte Prüfung vom Rohmaterial bis zum Fertigerzeugnis fest.

1. Materialeingangsprüfung

— Probenentnahme

— Maßprüfung: Prüfung auf Einhaltung der Toleranzen am Rohmaterial

— Laborprüfung: Werkstoffanalyse, Gefügezustand, Festigkeitswerte oder andere für das Werkstück kennzeichnende Werte, z. B. die Tiefungsprobe für Tiefziehblech

2. Fertigungsüberwachung

— Für jeden Arbeitsgang wird in einem Kontrollblatt festgelegt, welche Maße mit welchen Meß- mitteln zu messen sind.

— Art der Prüfung: Es wird festgestellt, ob alle Teile (100%ige Prüfung) oder nur Stichproben geprüft werden. Bei Stichprobenprüfung wird zusätzlich gesagt,

    wieviele Teile pro Prüfung zu entnehmen sind

    in welchen Zeitinervallen geprüft werden soll

    wie das Ergebnis zu registrieren ist (z. B. Eintragung in ein Meßblatt wie Tabelle 38)

    bei Umformteilen wird zusätzlich in bestimmten Zeitintervallen das Gefüge und der Fließlinien- verlauf überprüft

3. Endkontrolle

Hierfür wird im Kontrollplan festgelegt:

— Losgröße bei statistischer Kontrolle

— Welches Maß mit welchen Meßmitteln zu prüfen ist

— Prüfschärfe (AQL für jedes einzelne Maß).

Beispiel 35

Es sind für ein optisches Gerät 1500 Stück Flanschbuchsen nach Zeichnung K 102.11 (Bild 58) her- zustellen. Von der Einhaltung des Innendurchmessers und der Rundlaufgenauigkeit vom Innen- durchmesser $\phi\ 52^{+0,06}$ zum Außendurchmesser $\phi\ 68_{-0,05}$ ist die Meßgenauigkeit des Meßgerätes stark abhängig.

Werkstoff: Al Mg Si1; Rohmaterialabmessung: Rohr-$\phi\ 68^{+0,5}/50^{+0,5} \cdot 3$ m lang

L ö s u n g :

1. Materialeingangsprüfung

Probenentnahme: Von jedem 10. Rohr ist ein 250 mm langes Stück für die Laborprüfung zu ent- nehmen.

Maßprüfung: Für die Maßprüfung der Rohre sind der Außendurchmesser und die Mindestwand- dicke entscheidend.

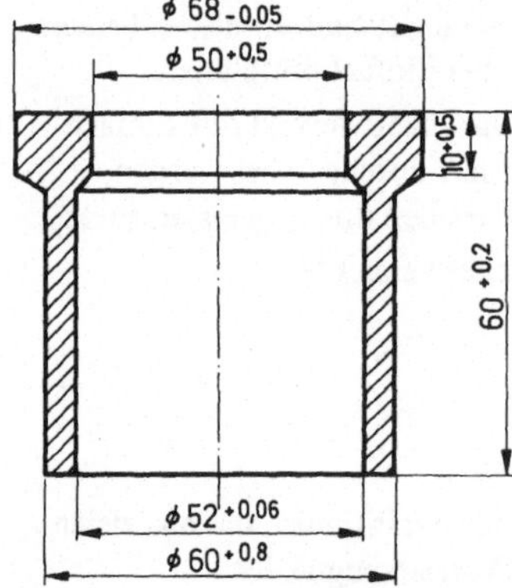

Bild 58
Flanschbuchsen nach Zeichnung K 102.11

Prüfplan für das Rohr:

Außen-ϕ	Wanddicke	Meßgerät	Prüfschärfe
$\phi\,68^{+0,5}$	$9^{+0,5}$	Schieblehre	jedes 10. Rohr

Die Rohre müssen in den Herstellungslängen von 3 m gerichtet sein. Zulässige Durchbiegung: 2 mm pro 1 m Länge.

Es sind drei Rohre aus jeder Lieferung zu prüfen.

Laborprüfung: Aus drei von den 250 mm langen Probestücken (pro Lieferung) sind Zerreißstäbe herzustellen und die Zugfestigkeit zu bestimmen.

Gefüge des weichgeglühten Materials bestimmen.

Prüfung auf Risse, Narben, Falten, Abblätterungen und eingezogene Fremdkörper.

2. Fertigungsüberwachung

Prüfung nach dem Sägen: nach Kontrollplan K 102.11/1

Kontrollplan K 102.11/1: Sägen

N = 1500

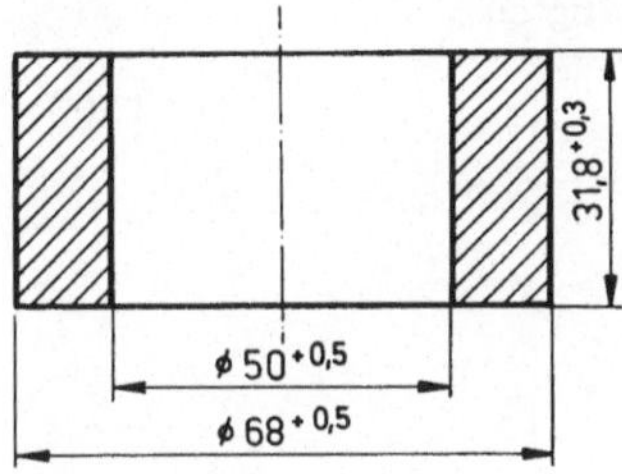

Zeichnung	Maß	Meßgerät	AQL	n-c
Rohlingszeichnung 102.11/1	$31,8^{+0,3}$ Prüfung nur auf Kleinstmaß	anzeigendes Sondermeßgerät	100%	—

Prüfung nach dem Fließpressen: nach Kontrollplan K 102.11/2

Kontrollplan K 102.11/2: Fließpressen

N = 1500

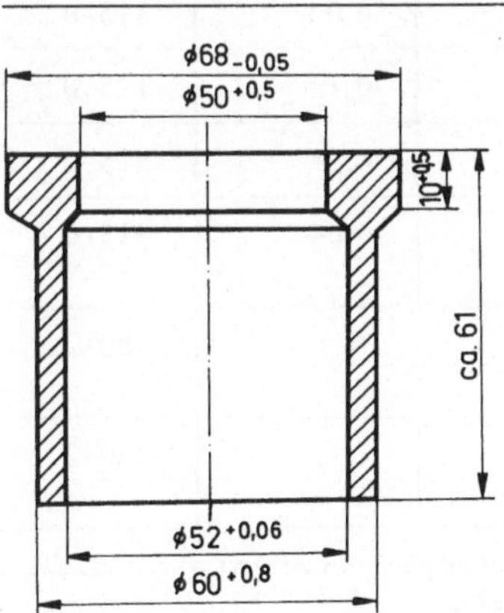

Zeichnung	Maß	Meßgerät	AQL	n-c
Preßteil 102.11/2	$\phi\,68_{-0,05}$	Lehrring-Gut-Ausschuß	0,1	125-0
	$\phi\,50^{+0,5}$	Grenzlehrdorn	0,1	125-0
	$\phi\,52^{+0,06}$	Grenzlehrdorn	0,04	315-0
	$\phi\,60^{+0,8}$	Lehrring-Gut Lehrring-Ausschuß	0,1	125-0
	$10^{+0,5}$	Sonderlehre nach Zeichnung KL 12	1	80-2
	61^{+1} nur auf Kleinstmaß	Schieblehre	25	32-14

3. Endkontrolle: nach Kontrollplan K 102.11/3

Kontrollplan K 102.11/3: Flanschbuchse nach Zeichnung 102.11, Fertigteil

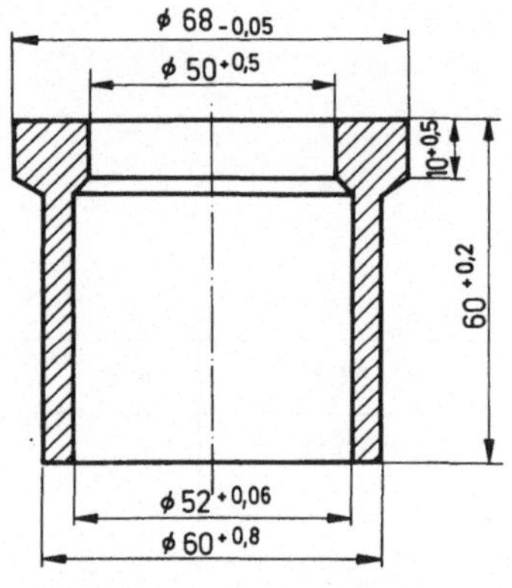

N = 1500

Zeichnung	Maß	Meßgerät	·AQL	n-c
Flanschbuchse 102.11	$\phi\,52^{+0,06}$	Grenzlehrdorn	0,04	315-0
	$\phi\,60^{+0,8}$	Lehrring-Gut-Ausschuß	0,1	125-0
	$\phi\,68_{-0,05}$	Lehrring-Gut-Ausschuß	0,04	315-0
	Rundlauf $\phi\,52/68$	Sonderlehre nach Zeichnung KL 13	0,04	315-0
	$10^{+0,5}$	Sondereinstecklehre nach Zeichnung KL 12	1	80-2
	$60^{+0,2}$	Sonderlehre nach Zeichnung KL 14	1	80-2

Die AQL-Werte und damit die Prüfschärfen wurden nach der Bedeutung der einzelnen Maße für die Funktion und die Sicherheit des Meßgerätes festgelegt (s. Tabelle 27).

11.7 Überwachung von Zulieferfirmen

Wenn man bestimmte Werkstücke, die man aus Kapazitäts- oder anderen Gründen nicht im eigenen Betrieb herstellen will, von dritten Firmen bezieht, dann werden mit dem Lieferanten Prüfvorschriften vereinbart.

Je klarer und eindeutiger solche Prüfvorschriften sind, um so weniger Reklamationen bzw. Streitigkeiten gibt es später darüber, ob ein Werkstück im Sinne der vereinbarten Qualität gut oder Ausschuß ist. Die Prüfung beim Auftraggeber kann dann in gleicher Weise mit Kontrollplänen, wie sie im vorigen Abschnitt gezeigt wurden, durchgeführt werden.

Tabelle 42 DGQ-Fehlersammelkarte

ASQ-Fehlersammelkarte mit/ohne Zufallsgrenzen	Lieferfirma: Fa. Flink	vereinbarter AQL Maß AQL	Lieferumfang je Lieferung N = 500	

(Linke Randbeschriftung: Best.-Nr. AWF 179 – Berlin-Schmargendorf und Frankfurt a. M. – Nachdruck verboten – Ausschuß für wirtschaftliche Fertigung e. V. (AWF), Verlag: Beuth-Vertrieb, Berlin W 15 und Köln (1.60). Ordnungs-Nr.:)

Fehlerart	1 2 3 4 5 6 7 8 9 10 11 12 13 14 15 16 17 18 19 20 21 22 23 24 25 26 27 28 29 30 31 32 33 34 35 36 37 38 39 40 41	Σ	%	Festgestellter Fehleranteil
Maßabweichung Ø 68 $_{-0,06}$				
Materialfehler Risse in Oberfl.				

$n:$ Zeit:

Werden je Stichprobe vom Umfang n mehr als 10 Fehler gefunden, so ist die Zahl der Fehler in Fach 10 einzutragen.

Fehler je Stichprobe (x): 10 9 8 7 6 5 4 3 2 1 0

Gegenprüfung

$$\frac{c \cdot 100}{\Sigma N} = \%$$

Ist:

Soll:

Fehler-Gesamt Σ:

Zeit: ⟶   Datum/Prüfer   Monat Januar 1981

(2. 61)

Parallel dazu kann man die Prüfergebnisse in einer DGQ-Fehlersammelkarte (AWF 179) festhalten (s. Tabelle 42). Damit wird es möglich, die Häufigkeit der einzelnen Fehler festzustellen. Treten bestimmte Fehler, die nicht der Vereinbarung entsprechen, wiederholt auf, dann kann man an Hand solcher Unterlagen eine Reklamation sachlich begründen und den Lieferer zur Abstellung der aufgezeigten Mängel zwingen.

12 Vorbeugende Instandhaltung

Unter vorbeugender oder auch geplanter Instandhaltung versteht man eine planmäßige Wartung oder Reparatur von Produktionsmaschinen und Fertigungsanlagen.

In bestimmten Zeitintervallen werden an den Produktionseinrichtungen die kritischen Stellen, an denen größerer Verschleiß entsteht, oder die störanfällig sind, überprüft und wenn notwendig repariert. Dadurch werden zufällige Reparaturen, die zum Produktionsstillstand führen, auf ein Minimum begrenzt.

Die Begriffe der Instandhaltung sind in DIN 31051 festgelegt.

12.1 Aufgaben der Abteilung Werkerhaltung

Die wichtigsten Aufgaben dieser Abteilung sind:
— Maschinen und Produktionsanlagen einsatzbereit erhalten
— Reparaturen schnell und sachkundig ausführen
— Maschinen- und Produktionsanlagen warten

12.2 Bedeutung dieser Aufgaben für den Produktionsbetrieb

Ein plötzlicher und unerwarteter Ausfall von Produktionsmitteln hat zur Folge:
— Stillstand der Produktion
— Stillstand in den nachfolgenden Abteilungen (z. B. der Montage, wenn auch nur ein bestimmtes Teil fehlt)
— Personal wird nicht beschäftigt
— Terminverzögerung

Die Auswirkung eines solchen Ausfalles an Produktionsmitteln ist abhängig von der Art der Fertigung.

12.2.1 Einzelfertigung

In der Einzelfertigung wirkt sich der Ausfall einer Produktionsmaschine relativ gering aus, weil
— nur wenig Personal betroffen ist
— nachfolgende Abteilungen nur bedingt oder gar keine Ausfälle haben, weil sie in der Zwischenzeit an anderen Einzelstücken arbeiten können

12.2.2 Serienfertigung

Hier können durch den Ausfall von Produktionseinrichtungen ganze Betriebsbereiche zum Stillstand kommen. Wenn in einer Montagestraße ein Arbeitsplatz ausfällt (z. B. eine Schweißeinrichtung), so kommt die ganze Montagestraße zum Stillstand, wenn die ausgefallene Produktionseinrichtung nicht kurzfristig ausgetauscht oder repariert werden kann. Deshalb müssen in einer Montagestraße an kritischen Stellen Puffer eingebaut werden.

12.2.3 Verkettete Massenfertigung und Transferstraßen

Bei einer vollverketteten Fertigung bedeutet der Ausfall auch nur einer Produktionseinrichtung den Stillstand der gesamten Transferstraße und damit den Zusammenbruch der Produktion. Aus diesem Grund ist es in einer solchen Fertigung von besonderer Bedeutung, den nicht berechenbaren Zufall weitestgehend auszuschalten und den Stillstand von Produktionseinrichtungen disponierbar zu machen.

12.3 Voraussetzungen für eine geplante vorbeugende Instandhaltung

12.3.1 Ermittlung von Schwachstellen an den Betriebsmitteln

Bevor man eine vorbeugende Instandhaltung organisieren kann, muß man in den einzelnen Betriebsbereichen Erfahrungswerte über das Verschleißverhalten der Betriebsmittel sammeln. Bild 59 zeigt die Kriterien für die Überprüfung einer Schadensstelle. Dabei ist ein einmalig auftretender Schaden für die vorbeugende Instandhaltung ohne Bedeutung. Bei den wiederholt auftretenden Schäden ist zu prüfen, ob eine Verbesserung an dem Betriebsmittel bzw. dem Maschinenelement des Betriebsmittels, an dem der Schaden aufgetreten ist, technisch möglich ist.

Wenn eine solche Verbesserung durchgeführt werden kann, dann ist zu prüfen, welche Kosten dafür entstehen. Sind auch die Kosten wirtschaftlich vertretbar, dann wird man in der Regel die Verbesserung ausführen.

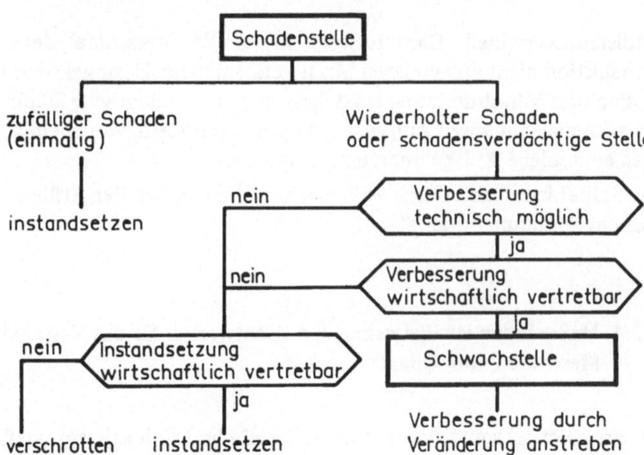

Bild 59 Erläuterung zum Begriff „Schwachstelle" (Auszug aus DIN 31 051, Teil 11)

Sind die Kosten für eine solche Verbesserung jedoch nicht wirtschaftlich vertretbar, dann ist nur noch zu prüfen, ob sich eine nochmalige Reparatur lohnt oder ob man das Betriebsmittel sofort verschrotten sollte.

Bei Schäden, die durch Verschleiß entstehen, unterscheidet man nach der Art des Verschleißes:

Allmählich fortschreitender Verschleiß (Gebrauchsverschleiß). An allen Werkzeugmaschinen entsteht ein solcher Verschleiß. Typische Elemente für den Gebrauchsverschleiß sind die Führungen und Lagerungen an Werkzeugmaschinen. Mit zunehmender Einsatzzeit einer solchen Maschine nimmt der Verschleiß zu.

Um aber im Sinne einer vorbeugenden Instandhaltung disponieren zu können, müssen hier für bestimmte Maschinengruppen, wie z. B. Dreh-, Bohr-, Fräs- und Hobelmaschinen Richtzahlen für den Verschleiß vorliegen.

Das gleiche gilt natürlich auch für Umformmaschinen. Auch dort entsteht, vor allem an Führungen bei Pressen, Hämmern und Scheren Gebrauchsverschleiß.

Plötzlich eintretende Veränderungen, die sofort zum Ausfall der Maschine führen Solche Schäden, wie z. B. der Ausfall eines Wälzlagers, das Ausbrechen von Zähnen an Stirnrädern, der Bruch einer Kurbelwelle an einer Kurbelpresse, das Versagen eines Hydraulikventiles an einer hydraulischen Presse oder einer hydraulisch betätigten Produktionseinrichtung, läßt sich nicht durch Messungen, die man in bestimmten Zeitintervallen durchführen könnte, vorausbestimmen. Sie treten plötzlich auf und machen damit schlagartig das Betriebsmittel unbrauchbar.

Gerade deshalb muß man sich für solche Elemente, in Verbindung mit dem Hersteller der Maschinen und Anlagen, Richtwerte schaffen. Solche Statistiken sollten von den einzelnen Maschinen und Anlagen folgende Merkmale enthalten:

— Welches sind die kritischen Maschinenelemente?

— Welche Schäden können an diesen Elementen auftreten?

— Wie groß ist die mit Sicherheit anzunehmende Lebensdauer in Stunden oder Schichten bzw. nach welcher Einsatzzeit muß mit dem Ausfall eines bestimmten Elementes gerechnet werden?

Aus solchen Statistiken ergibt sich, welche Elemente als Ersatzteile auf Lager gehalten und in welchen Zeitintervallen sie ausgetauscht werden müssen.

Stillstandsverschleiß Darunter versteht man den Verschleiß, der an z. Zt. stillstehenden, in der Produktion nicht eingesetzten Maschinen, entsteht. Dazu gehören Veränderungen, die durch Korrosion und Verschmutzung entstehen, aber auch chemische Veränderungen in einer stillstehenden verfahrenstechnischen Anlage, in der sich noch Reste von chemischen Substanzen befinden, können eine solche Anlage unbrauchbar machen.

Auch hier kann man durch vorbeugende Maßnahmen den Stillstandsverschleiß verhindern bzw. auf ein Minimum herabsetzen.

12.4 Maßnahmen zur Erfassung von Richtwerten für das Verschleißverhalten der einzelnen Maschinen und Anlagen

In einer Betriebsmittelkartei sollten für alle im Produktionsprozeß wichtigen Anlagen Karteikarten geführt werden, die die für eine Planung von Instandhaltungsmaßnahmen wichtigen Daten enthalten. Dazu gehören z. B.:

Tabelle 43 Maschinen-Kostenblatt (AWF 3001)

1	2	3	4	5	6	7	8	9	10	11	12	13	14	15	16	17	18	19	20	21	22	23	24	25	26	27	28	29	30	31	

Standort

(AWF) **Maschinen-Kostenblatt**

DIN-Kurzbezeichnung

Benennung der Maschine — Baujahr — In Betrieb seit — **Inv.-Nr.**

Hersteller — Bestell-Nr. — Tag der Rechnung — **Kostenstelle** — **Maschinen-Gruppe**

Lieferer — Rechnungs-Nr. — Konto-Nr.

Kennzeichen der Maschine

Baumuster (Typ, Modell)   ; Fabrik-Nr.

(Hauptabmessungen, Zubehör, Sondereinrichtungen, normale Ausbringung u. a. m.)

Instandhaltungskosten

Jahr	Art	Auftr.-Nr.	Kosten	Aktiviert

Antriebsart Gruppenantrieb; Motor-Inv.-Nr.

Leistungsanteil   PS;   kW; Drehz.   U/min

Einzelantrieb   Leistung in kW

Mot.-Inv.-Nr.	Spannung	Stromart	Drehzahl	Nenn-	Spitzen-	mittlere
	V					

Gesamtflächenbedarf   – m² **Gewicht netto**   kg

Zeichnungs-Nr.

Anschaffungskosten[1])

ohne Bezugskosten:

Maschine	DM
Zubehör	DM
Sondereinrichtungen	DM
Fundament Aufstellung	DM
Bezugskosten	DM
	DM
Summe	DM

Bewertungen[1])

	Tag	DM	Index
DM-Eröffnungsbilanzwert			
Wiederbeschaffungswert			
2)			
Feuerversicherungswert			

Betriebsübliche Nutzungsdauer[1])

		Jahre
Änderungen 3)	am	Jahre
	am	Jahre
Verkauf: Tag		Erlös	DM
Versicherung	Träger/Police-Nr.	Positions-Nr.
Feuerversich.		
Maschinenvers.		

Abschreibungen[1])

Jahr 19	Buchmäßige; Konto-Nr.				Kalkulatorische					Kosten-stellen	Lauf-zeit im Jahr	Anteilige Gemeinkosten im Jahr[1])		Masch.-Stundensatz[1])		
	Satz	Betrag		Buchwert		Satz	Betrag		Restwert							
	%	DM	Pf.	DM	Pf.	%	DM	Pf.	DM	Pf.	Nr.	Std.	DM	Pf.	DM	Pf.

[1]) s. Anleitung für den Gebrauch der Maschinen-Kostenkarten AWF 300 a   [2]) Raum für Änderungen des Wiederbeschaffungswertes   [3]) Raum für Änderungen der Nutzungsdauer

– Technische Daten der Maschine

– Neuwert und Abschreibung der Maschine

– Angaben über den Standort der Maschine

– Einsatz der Maschine (für welche Aufträge, oder welche speziellen Teile eingesetzt). Daraus ergibt sich die Wichtigkeit dieser Produktionseinrichtung für den Betrieb

– Angaben über angefallene Reparaturen, wenn möglich gestaffelt nach Einsatzzeit, z. B. Reparaturen nach dem ersten, dem zweiten Einsatzjahr uws.

– Welche Maschinenelemente stellten sich als besonders störanfällig heraus

Aus der Häufigkeit wiederkehrender Reparaturen erhält man auf diese Weise schnell ein Bild über

– kritische Maschinenelemente an der Maschine

– Lebensdauer der kritischen Elemente

– die Länge der Stillstandszeit bei durchgeführten Reparaturen

– die benötigte Arbeitszeit für eine bestimmte Reparatur

– Reparaturkosten

Das AWF-Maschinenkostenblatt (AWF 3001) (Tabelle 43) und das besonders auf Instandhaltungsarbeiten ausgerichtete AWF-Blatt 3094 (Tabelle 44) sind zur Erfassung der hier genannten Daten geeignet. Beide AWF-Blätter können unter der angegebenen Kenn-Nummer vom Beuth-Verlag bezogen werden.

Viele Betriebe entwickeln sich für ihre Betriebsanlagen eigene Karteiformulare, die ihren Betriebsverhältnissen angepaßt sind.

Wenn man sich mit Hilfe solcher Karteien und anderer Statistiken Richtwerte über Art, Größe und Zeitinervalle der angefallenen Reparaturen geschaffen hat, kann man mit der Planung der vorbeu-

Tabelle 44 Maschinen-Instandhaltungskarte

1	2	3	4	5	6	7	8	9	10	11	12	13	14	15	16	17	18	19	20	21	22	23	24	25	26	27	28	29	30	31

Grunddaten				
	01 Kurzzeichen nach AWF 310	(AWF)® **Maschinen-Instandhaltungskarte**		18 Inventar-Nr.
	01 Benennung	06 Baujahr		19 Kostenstelle
		07 Liefer-Tag		
	02 **Typ** 03 Fabrik-Nr.	08 Inbetriebnahme		20 Internes Kennzeichen
	04 Hersteller	09 Standort		
00	05 Lieferer	11 Maschinen-Gruppe	17 Anschaffungskosten	DM

Planmäßige Instandhaltung

Ziffer	Art der Instandhaltung	Intervall*	Ziffer	Art der Instandhaltung	Intervall*
1			7		
2			8		
3			9		
4			10		
5			*täglich, wöchentlich, monatlich, jährlich – Angaben gelten für einschichtigen Betrieb		
6			Bedienungsvorschrift befindet sich		

Durchgeführte Instandhaltungsarbeiten

Zeitraum von – bis	Inst. lt. Ziffer/int. Code	Kurzbeschreibung bei Instandsetzungen	Inst.-Stunden	Kosten DM

genden Instandhaltung beginnen. Aber erst dann, wenn solche Richtwerte vorliegen, wird eine Planung sinnvoll.

Aufwand und Erfolg sollten auch hier im richtigen Verhältnis stehen. Deshalb sollte man zu Beginn eine solche vorbeugende Instandhaltung auf die für die Produktion wichtigsten Anlagen begrenzen. Wenn dann weitere Erfahrungswerte vorliegen, kann man diese Maßnahmen auch auf andere Produktionseinrichtungen erweitern.

12.5 Reparatur- und Wartungsplan

Aus den Aussagen der Betriebsmittelkartei bzw. Instandhaltungskartei und den vorliegenden Betriebserfahrungen kann man nun für bestimmte Maschinengruppen (im Sonderfall auch für einzelne Maschinen) Reparatur- und Wartungspläne erstellen.

In einem solchen Plan wird festgelegt, wann, an welcher Stelle, was getan werden soll. Die Tabellen 45 und 46 zeigen Reparatur- und Wartungspläne für Drehmaschinen und hydraulische Pressen.

Von einer Zentralstelle, in der Regel der Abteilung Werkerhaltung, muß nun die Durchführung dieser Wartungsarbeiten organisiert und überwacht werden.

Tabelle 45 Reparatur- und Wartungsplan für Drehmaschinen bis 400 mm Drehdurchmesser

	Art der Wartung oder Reparatur / Wartungsfristen pro	1 Jahr	1/2 Jahr	Monat	Woche
1.	Bett- und Führungsbahnen Auf Schadstellen prüfen Auf Verschleiß prüfen		x		
2.	Spielprüfung in Bettschlitten und Support mit 1/100 Meßuhr		x		
3.	Spindelstock Axial- und Radialspiel der Hauptspindel mit 1/1000 Meßuhr, wenn erforderlich nachstellen, Kugellager alle 2 Jahre auswechseln	x			
	Verzahnung der Getrieberäder, Sichtprüfung	x			
	Verschleiß und Rastsicherheit der Schaltgabeln, Sicht- und Schaltprüfung		x		
4.	Vorschubgetriebe Verzahnung der Getrieberäder, Sichtprüfung	x			
	Verschleiß- und Rastsicherheit der Schaltgabeln, Sicht- und Schaltprüfung		x		
5.	Leit- und Zugspindel Leitspindelgewinde prüfen, Sichtprüfung	x			
	Muttergeschoß, Schalt- und Spielprüfung	x			
	Leitspindellagerung, Schlag- und Spielprüfung	x			
	Zugspindellagerung, Schlag- und Spielprüfung	x			

Tabelle 46 Reparatur- und Wartungsplan für hydraulische Zweiständerpressen bis 10 000 kN Preßkraft

Wartungsfristen pro Art der Wartung oder Reparatur	1 Jahr	1/2 Jahr	Monat	Woche
1. Stößelführungen				
Auf Schlagstellen, Eindrücke oder Beschädigung prüfen, Sichtprüfung mit der Lupe			x	
Spielprüfung in Längs- und Querrichtung mit 1/100 Meßuhr, wenn notwendig Führungsleisten nachstellen		x		
Parallelität von Stößelfläche und Pressentisch mit 1/100 Meßuhr prüfen	x			
2. Preßkolben				
Ausgefahrenen Preßkolben auf Beschädigungen mit der Lupe prüfen		x		
Dichtungen auf Dichtheit prüfen		x		
Prüfung der Leckverluste durch Prüfung der Ablaufgeschwindigkeit des Kolbens bei ausgeschalteter Pumpe	x			
3. Sicherheitseinrichtungen der Presse				
Nothalt auf Funktionssicherheit prüfen				x
Sicherheitsendschalter auf Funktionssicherheit prüfen				x
4. Hydrauliköl				
auf Verschmutzung prüfen		x		
auf chemische Zersetzung und Geruch prüfen		x		

Welche Organisationsform man wählt, ist von der Struktur des Betriebes abhängig und muß deshalb von jedem Betrieb individuell gelöst werden.

Ist der Umfang an zu wartenden Maschinen groß, kann man die Maschinen und die Wartungstermine im Computer speichern und die für die kommende Woche zu überprüfenden Maschinen in einem Routenplan, wie er in Abschn. 12.6 gezeigt wird, zusammenfassen. Diesen Plan erhalten dann, für einen bestimmten Betriebsbereich, die Inspektoren (Monteure), die die Wartung durchzuführen haben. Die Wartungsmonteure bestätigen die durchgeführte Wartung mit einem Rückmeldeschein, der an die zentrale Planungsstelle zurückgeht.

Wurden bei der Wartung größere Mängel festgestellt, die nicht behoben werden konnten, wird dies auf dem Rückmeldeschein vermerkt. In einem solchen Fall wird von der Zentrale in Abstimmung mit der Produktion eine sogenannte Großreparatur geplant.

12.6 Schmierplan

Die einfachste Art der Wartung ist das regelmäßige Schmieren der Maschinen. Es ist eine verschleißmindernde Maßnahme, die laufend durchzuführen ist. Zusätzlich ist in bestimmten Zeitintervallen in den Hauptgetrieben der Werkzeugmaschinen das Öl auszuwechseln.

Tabelle 47 Schmiermittelempfehlung des Werkzeugmaschinenherstellers

Als Anhalt für die Auswahl der Schmiermittel haben wir Ihnen folgende Aufstellung angefertigt. Falls Sie Ihre Schmiermittel von einer hier nicht aufgeführten Firma beziehen wollen, verlangen Sie bitte entsprechende Markenschmiermittel mit gleichen Eigenschaften.

Hersteller	Schmieröl 3,5E 50°C	Wälzlagerfett	Hersteller	Schmieröl 3,5E 50°C	Wälzlagerfett
ARAL	ARAL Oel CMU	ARAL Fett HL 2	Esso	ESSTIC 45	BEACON 2
BP	BP ENERGOL HP 15	BP ENER-GREASE LS 2	FUCHS	RENOLIN MR 10	FUCHS FETT FWA 160
CALTEX	CALTEX Regal Oil B R&O	CALTEX Regal Starfak 2	GASOLIN	GASOLIN Spezialöl K	DEGANOL LW 2
Castrol	HYSPIN 80	SPHEEROL AP 2	Mobil	MOBIL D.T.E. Oil Medium	MOBILUX Grease No. 2
DEA	DEA VISCOBIL WM 25	DEA VISCOBIL Fett FT 42	SHELL	SHELL Tellus Oel 27	SHELL Alvania Fett 3

Die Reihenfolge der aufgeführten Firmen bedeutet keine Rangordnung nach der besonderen Eignung der Schmiermittel.

Für Maschinenschäden, die durch die Verwendung ungeeigneter Schmiermittel oder Nichtbeachtung unserer Schmieranweisungen entstehen, können wir keine Garantie übernehmen.

Wann nun im einzelnen was und wo zu tun ist, wird im Schmierplan festgelegt. Die Basis für einen solchen Schmierplan ist zunächst einmal die Entscheidung, welche Schmiermittel (Öle und Fette) im Betrieb verwendet und auf Lager gehalten werden sollen. Jeder Hersteller von Maschinen gibt für die Maschinen, die er baut, eine Schmiermittelempfehlung heraus (Tabelle 47), die eine Anzahl Öle und Fette, die zur Schmierung seiner Maschinen geeignet sind, aufzeigt.

Da in einem Industriebetrieb aber viele Maschinen von vielen verschiedenen Herstellern vorhanden sind, gäbe das eine Vielzahl von Schmiermitteln, die man auf Lager halten müßte. Deshalb vergleicht man zunächst die technischen Werte der von den Herstellern empfohlenen Schmiermittel und trifft dann eine optimale Auswahl, die außer den technischen Werten auch die Kosten berücksichtigt. Tabelle 48 zeigt eine solche Auswahlliste, die folgende Daten enthält:

1. Die im Betrieb verwendeten Schmiermittel

2. Die Kennzeichnung (Symbole) der Schmiermittel:

Form □ ○ △ kennzeichnet die Art des Schmiermittels

Zahl ⌐12⌐ kennzeichnet die Schmierstelle an der Maschine

3. Die technischen Daten der Schmiermittel:

Bei Ölen: Viskosität (Zähigkeit), Stockpunkt in °C, Flammpunkt in °C.

Bei Fetten: Art der Verseifung (Natrium- oder Lithium-verseift), Walkpenetration, Tropfpunkt in °C.

Für jede Maschine wird dann eine Schmieranweisung (Tabelle 49) nach DIN 8659 erstellt, in der

— die Schmierstellen mit den Symbolen der Schmieröle gekennzeichnet sind, mit denen geschmiert werden muß

Tabelle 48 Schmierstoff-Auswahlliste

1. Öle

Verwendungs-zweck	Bezeichnung	Mittelpunkts-viskosität in mm^2/s bei 40 °C	Pour Point (Stockpunkt) °C	Flammpunkt °C	Kenn-zeichen und Form
Normal-Schmieröl für Getriebe DIN 51 517 Bl. 1 „Schmieröle C" (s. auch DIN 51 502)	Aral Motanol GM 46	46	− 15	215	C 46
	Aral Motanol GM 100	100	− 15	250	C 100
	Aral Motanol GM 220	220	− 15	260	C 220
Leichtes Getriebeöl DIN 51 517 Bl. 3 „Schmieröle CLP"	Aral Degol TU 68	68	− 24	220	CLP 68
	Aral Degol TU 220	220	− 18	255	CLP 220
Hydrauliköl DIN 21 524 Bl. 2 Hydrauliköle H-LP	Aral Vitam GF 46	46	− 30	215	HLP 46
	Aral Vitam DE 46	46	− 27	210	HLP 46 *)

2. Fette

Verwendungs-zweck	Bezeichnung	Walkpene-tration	Tropfpunkt °C	Art der Versei-fung (Natrium, Calcium, Lithium)	Kenn-zeichen und Form
Getriebefett	Aralub FDP 00	400−430	150	Na	KP 00H
Wälzlagerfett	Aralub FW 2	265−295	170	Na	K 2H

*) detergierend-emulgierend (HLP-D) − Begriff ist nicht genormt

— die Schmierstellen numeriert sind (die Nummer zeigt die Schmierstelle an der Maschine an)
— die Schmierfristen für die einzelnen Schmierstellen angegeben sind
— die Schmierstoffmengen für jede Schmierstelle angegeben sind
Der Schmierplan Tabelle 50 faßt die Schmieranweisungen der einzelnen Maschinen zusammen.

Tabelle 49 Schmieranweisung nach DIN 8659

Maschinenbezeichnung: Vertikal-Stoßmaschine   Maschine No: 12 623

Schmierplan

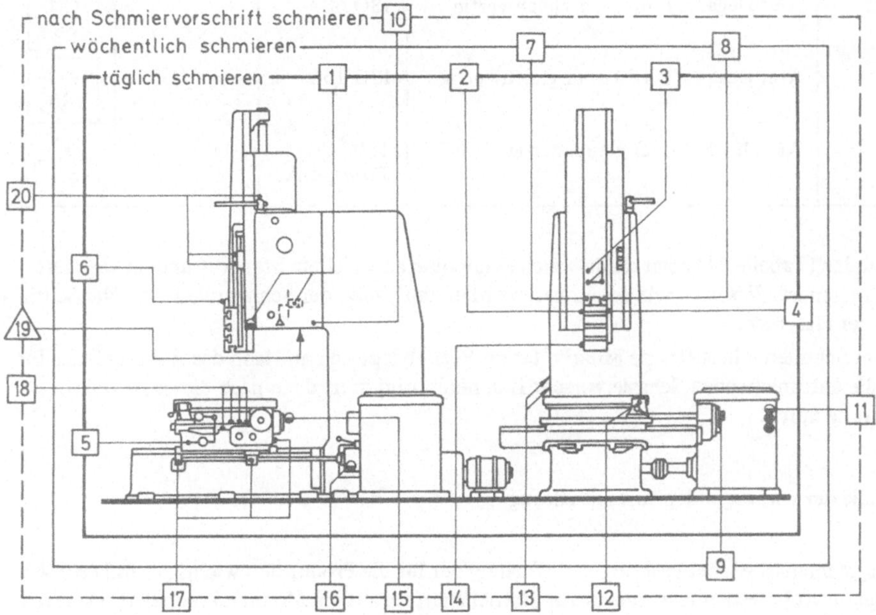

Schmiervorschrift

Schmier-häufigkeit[1])	Schmier-stelle Nr.	Schmierstoffmenge	Bemerkung
täglich	1	Funktion der Schmierpumpe und Ölstand prüfen	Stößel vor dem Verfahren von Bed.-zentrale aus vorschmieren
täglich	2, 3, 4, 6	2 Hübe mit der Ölschmierpresse	
täglich	5	2 Hübe mit der Handschmierpumpe	Hauptsächlich vor dem Verfahren
wöchentlich	7, 8, 9	2 Hübe mit der Ölschmierpresse	
monatlich	11, 15, 16	bis auf Ölstandsmarke nachfüllen	
monatlich	12, 13	2–3 Hübe mit der Ölschmierpresse	Schutzhaube entfernen
1/4jährlich	10, 14, 17, 18, 20	3 Hübe mit der Ölschmierpresse	
1/2jährlich	19	Spindel für Stößelschwenkung säubern und von Hand einfetten	

[1]) bei einschichtigem Betrieb

Tabelle 49 Fortsetzung

Schmierstoffübersicht

DIN-Bezeichnung	Werksbezeichnung	Zähigkeit	Öl u. Fett-bedarf bei Inbetrieb-nahme	Kenn-zeichen DIN 51502
Hydrauliköl	Aral-Vitam GF 46 oder gleichwertig	ISO 46		HLP 46
Schmieröl	Aral Deganit B 68 oder gleichwertig	ISO 68		CG 68
Schmieröl	Aral Deganit B 150 oder gleichwertig	ISO 150		CG 150
Fett	Aralub LF 3 oder gleichwertig	180 °C Tropfpunkt		K 3N

Der Routenplan (Tabelle 51) zeigt dann, welche Maschine an welchem Standort und an welchem Tag zu schmieren ist. Was bzw. wie geschmiert werden muß, zeigt der Schmierplan bzw. die Schmieranweisung der Maschine.

Der mit dem Schmieren beauftragte Mitarbeiter im Betrieb legt sich an Hand des Routenplanes für jeden Tag die entsprechenden Schmiervorschriften bereit und führt dann nach dieser Anweisung die Schmierung durch.

12.7 Vorteile der vorbeugenden Instandhaltung

Durch die systematische Überwachung und Wartung der für die Produktion wichtigen Anlagen wird der zufällige, nicht berechenbare Ausfall von Betriebsmitteln auf ein Minimum reduziert. Dadurch ist im Betrieb eine kontinuierliche Fertigung gewährleistet. Vereinbarte Termine können gehalten und die erforderliche Stückleistung kann erbracht werden.

Organisatorisch kann die Produktionsleitung mit einem höheren Werkstattausnutzungsfaktor planen und mit einer größeren Sicherheit disponieren.

Die Anzahl der Unfälle, deren Ursache die Zerstörung bzw. der plötzliche Bruch eines Maschinenelementes waren, gehen zurück. Durch die systematische Überwachung der Produktionsanlagen und den rechtzeitigen Austausch von kritischen Maschinenelementen werden auch solche plötzlich auftretenden Zerstörungen reduziert.

Die Qualität der Erzeugnisse wird von einer vorbeugenden Instandhaltung positiv beeinflußt. Durch die rechtzeitige Nachstellung von Lagerungen und Führungen bleibt die Arbeitsgenauigkeit der Werkzeugmaschinen erhalten.

Diese Vorteile verbessern auch das Kostenbild im Betrieb. Vorausgesetzt ist jedoch auch hier, daß man für die Wartungsmaßnahmen einen optimalen Aufwand betreibt. Wenn man eine vorbeugende Instandhaltung aufbaut, sollte man zunächst nur die für die Produktion wichtigsten Betriebsmittel in den Reparatur- und Wartungsplan aufnehmen. Mit zunehmender Erfahrung kann man dann auch Anlagen der 2. und 3. Rangordnung mit einbeziehen.

Tabelle 50 Schmierplan für Werkzeugmaschinen Labor

Die Maschinen sind an den Schmierstellen mit Zeichen der verschiedenen Schmierstoffe versehen (Symbole nach DIN 51 502)

Schmierhäufigkeit umfasst die Spalten *täglich*, *wöchentlich* und *monatlich*.

Maschinen	Schmierstelle und Ölfüllung (Aufschlüsselung lt. Einzelschmieranweisung nach Maschinenskizze)	Schmierstellen Nummer	Menge (l) Ölwechsel	täglich	wöchentlich	monatlich	Tellus 33	Tellus 29	Tellus 11	Tonna 33	Alvania Fett 2
Flachschleifmaschine	Höhenverstellspindel	1		Automatische Umlaufschmierung							
	Spindelkastenführung	2	120	Automatische Umlaufschmierung							
	Hydraulik-Tischführungsbahn	3		Automatische Umlaufschmierung						1/2jährl.	
	Querführungsbahn	4		Automatische Umlaufschmierung							
	Schleifspindellagerung	5	0,25	Automatische Umlaufschmierung			1/4jährl. reines Leuchtpetroleum erneuern, Schauglas überwachen				
	Geradenabrichtapparat-Führungsbahn	6		4 H						Öp	
Hydraulik-Presse	Hydraulikölbehälter	1	400				2–3 Jahr. abpins.				
	Führungssäule links und rechts	2		wird automatisch geschmiert							
Auswuchtmaschine	Tragrollen links und rechts	1		paar Tropf.	3 Tropfen		Ök				
	Arretierhebelwelle am Lagerständer	2					Ök				
	Höheneinstellspindel der Tragrollenlager	3				Ölpinsel					
Gewinde-Rollmaschine	Führungsholme links und rechts	1		m. Pinsel							
	Zahnradwellenlagerung, Schaltgabel	2			3 Tropfen		Ök				
	Spindellagerstaufferbuchsen links und recht	3			1 Umdr.	nachfüllen					
	Kühlmittelbehälter		70			1/4jährl. rein.	Bohremulsion: Mischungsverh. 1 : 10–1 : 20 mit Hochdruckzusätzen				2–3 ccm
Einschneiderfräserschleifmaschine	Lagerung für Teilkopfträgerverstellung	1,2		nach 3000 Betriebsstd. reinigen	5 ccm			Klüber Spez. Fett Isoflex Super. TEL			
	Schleifspindel	3									
Universal-Rundschleifmaschine	Schleifspindelstock	1			n. Bedarf					3/4jährl. wechseln	
	Schauglaskontrolle	2		laufend überwach. 2 H							
	Schleifspindelstockschlitten	3	0,25		nachfüllen	2 H		Zentralschmierung			
	Tischführungen, links-mitte-rechts	4			n. Bedarf					Öp	
	Tischhandverstellkurbel	5			3 H		Öp				
	4 Stk. Schaugläser überwachen	6									
	Hydraulikölbehälter	9	65			Kontrolle 2 H	2 · jährl.				
	Innenschleifspindel	10									
	Kühlmittelbehälter	11	100		reinigen						

Öp = Ölpresse, Ök = Ölkanne, Fp = Fettpresse

Tabelle 51 Routenplan

Monat: Oktober 1981			Woche 41					Woche 42				
Maschine	Inv. Nr.	Halle	Mo	Di	Mi	Do	Fr	Mo	Di	Mi	Do	Fr
Drehmaschine	23	I	x						x			
Drehmaschine	24		x						x			
Drehmaschine	25						x		x			
Drehmaschine	26						x		x			
Fräsmaschine	31	I					x			x		
Fräsmaschine	32		x							x		
Fräsmaschine	33		x							x		
Bohrmaschine	11	II		x				x				
Bohrmaschine	12			x				x				
Bohrmaschine	14			x				x				
Langhobelmaschine	41	III		x				x				
Langhobelmaschine	42			x				x				
Bohrwerk	51	III				x					x	
Bohrwerk	52					x					x	
NC-Drehmaschine	61	IV				x					x	
NC-Drehmaschine	62					x					x	
NC-Drehmaschine	63					x					x	
Kurbelpresse	71	V					x					x
Kurbelpresse	72						x					x
Kurbelpresse	73						x					x
Kurbelpresse	74						x					x
Kurbelpresse	75						x					x
Kurbelpresse	76						x					x

13 Bewertung von gebrauchten Werkzeugmaschinen nach VDI-Richtlinie 2527

Eine sachliche Bewertung von gebrauchten Maschinen ist die Voraussetzung für den An- und Verkauf solcher Maschinen.

Wenn in einem Unternehmen ein bestimmtes Produktionsprogramm ausgelaufen ist, werden oft Maschinen frei. In einem solchen Fall wird man versuchen, diese Maschinen zu verkaufen, bevor man sie verrotten läßt. Umgekehrt wird manchmal für eine begrenzte Einsatzzeit eine Maschine benötigt, für deren Erwerb man nur eine bestimmte Summe an Geld ausgeben kann bzw. ausgeben möchte.

Auch bei der Planung von Neuinvestitionen spielt die Bewertung gebrauchter Maschinen eine Rolle. In vielen Fällen soll eine ältere, im Betrieb vorhandene Maschine durch eine neue, dem gegenwärtigen Stand der Technik angepaßte Maschine, ersetzt werden. Die ältere vorhandene Maschine wird dann zum Verkauf freigegeben. Damit man nun die für den Erwerb der neuen Maschine erforderlichen Investmittel disponieren kann, muß man die zum Verkauf anstehende ältere Maschine bewerten. Nicht selten ist eine Investitionsentscheidung von dem Wiederverkaufswert der zum Verkauf anstehenden alten Maschine abhängig.

Bei der Bewertung der gebrauchten Maschinen nach VDI-Richtlinie VDI 2527 geht man von der mit dem Auge wahrnehmbaren Beschaffenheit der Maschine aus. Es wird vor allem, ohne besondere Meßmittel, die Einsatzbereitschaft der Maschine überprüft. Aus dem Einsatzgrad, im Vergleich zu einer neuen Maschine, erhält man ein Maß zur Bestimmung des Geldwertes der gebrauchten Maschine.

13.1 Umfang der Prüfung

Die Prüfung wird an der betriebsbereiten Werkzeugmaschine vorgenommen. Die Maschine wird zum Zwecke der Prüfung nicht in Einzelteile oder einzelne Baugruppen zerlegt.
Das Prüfverfahren berücksichtigt die Vollständigkeit und den Zustand der Maschine.

13.2 Einsatzbewertung

13.2.1 Aufteilung der Werkzeugmaschine in Prüfgruppen und Zuordnung von Wertanteilen

Um die Vollständigkeit und den Zustand überprüfen zu können, wird die Werkzeugmaschine in Prüfgruppen aufgeteilt. Jeder Prüfgruppe wird dann ein bestimmter Wertanteil in Prozent vom Gesamtwert der Maschine zugeordnet. Bei einer Ständerbohrmaschine kann man z. B. den einzelnen Prüfgruppen (nach VDI 2527a) folgende Wertanteile zuordnen:

Prüfgruppe	Wertanteil in %
Bohrspindel	30
Getriebe mit Motor	28
Bohrtisch	10
Ständer	20
Schutzeinrichtungen	2
Zubehör	4
Sonstiges	6
	100%

13.2.2 Bewertung des Zustandes der einzelnen Baugruppen

Die Zustandsprüfung untersucht und kennzeichnet die Verfassung, in der sich die einzelnen Prüfgruppen befinden. Die Bewertung erfolgt nach Punkten.

Beurteilung	Punktzahl
neuwertig	3
gut brauchbar	2
noch brauchbar	1
unbrauchbar für jeden Einsatz	0

13.2.3 Anzahl der Prüfvorgänge innerhalb einer Prüfgruppe

Werden innerhalb einer Prüfgruppe mehrere Details geprüft, dann wird jeder einzelne Prüfvorgang bewertet. Die Prüfpunktzahlen für jeden einzelnen Prüfvorgang, der zu einer bestimmten Prüfgruppe gehört, werden dann addiert.

Beispiel 36
In der Prüfgruppe „Vorschubgetriebe" einer Werkzeugmaschine werden z. B. 3 Einzelprüfungen vorgenommen.

Geprüft wird	Punktzahl d	Mögliche Höchstpunktzahl c
Zustand des Getriebegehäuses	2	3
Getrieberäder und Kupplungen	2	3
Schaltelemente	1	3
	5	9

13.2.4 Zustandsgrad

Aus der Prüfpunktzahl und der möglichen Höchstpunktzahl wird der Zustandsgrad bestimmt.

$$e = \frac{d}{c}$$

e   Zustandsgrad
d   Prüfpunktzahl   c   Höchstpunktzahl

Beispiel 37

Das in Beispiel 36 geprüfte Vorschubgetriebe erhielt eine Prüfpunktzahl von 5 Punkten. Wenn an dem Getriebe alle Teile neuwertig gewesen wären, dann hätten die 3 Prüfungen die Höchstpunktzahl von $3 \cdot 3$ Punkten = 9 Punkte ergeben. Der Zustandsgrad des Getriebes ist:

$$e = \frac{d}{c} = \frac{5}{9} = 0{,}55$$

13.2.5 Einsatzgradanteil

Der Einsatzgrad gibt an, wie das Element der Prüfgruppe, im Vergleich zum Neuwert, bewertet wird. Er wird aus dem angenommenen Wertanteil des Elementes und dem Zustandsgrad berechnet.

$$\boxed{g = f \cdot e}$$

g in %   Einsatzgradanteil
f in %   Wertanteil der Prüfgruppe

Beispiel 38

Bei einer Drehmaschine wird der Wertanteil f des Spindelstockes mit 30% angenommen. Der ermittelte Zustandsgrad ist e = 0,78. Wie groß ist der Einsatzgradanteil?

L ö s u n g :

$$g = f \cdot e = 30\% \cdot 0{,}78 = 23{,}4\%$$

d. h. im Vergleich zu einem neuwertigen Spindelstock, dessen Einsatzgrad mit 30% angenommen wurde, hat der untersuchte Spindelstock der gebrauchten Maschine nur noch einen Einsatzgrad von 23,4%.

13.2.6 Einsatzgrad der Maschine

Der Einsatzgrad der gesamten Maschine ergibt sich aus der Summierung der einzelnen Einsatzgradanteile der Prüfgruppen.

$$E = \Sigma\, g = g_1 + g_2 + \ldots + g_n$$

E in %   Einsatzgrad der gebrauchten Maschine
g_i in %   Einsatzgradanteil des einzelnen Maschinenteiles (z. B. Prüfgruppe Spindelstock)

13.2.7 Geldwert der gebrauchten Maschine

Den Geldwert der gebrauchten Werkzeugmaschine kann man aus dem Neuwert und dem Einsatzgrad berechnen.

$$\boxed{G = \frac{N \cdot E}{100\%}}$$

G in DM   Geldwert der gebrauchten Maschine
N in DM   Neuwert der untersuchten Maschine
E in %   Einsatzgrad der untersuchten Maschine

Beim Neuwert ist zu beachten, daß er sich auf den Gegenwartspreis bezieht. Der Neuwert läßt sich aus dem früheren Kaufpreis (aus alter Rechnung zu ersehen) und dem Preisindex berechnen.

$$N = K \cdot x$$

N	in DM	Neuwert der Maschine (Gegenwartspreis)
K	in DM	Kaufpreis der alten Maschine
x		Preisindex

Sind keine Preisunterlagen der alten Maschine mehr vorhanden, kann man natürlich auch Angebote von neuen Maschinen einholen.

13.2.8 Technische Daten der zu bewertenden gebrauchten Maschine

Die technischen Daten der zu bewertenden Maschine kann man aus der Maschinenkarte (Tabelle 52) entnehmen. Sie enthält außer den technischen Daten auch das Zubehör der Maschine. An Hand dieser Unterlage kann man leicht die Vollständigkeit der Maschine überprüfen.

Tabelle 52 Maschinenkarte für Normal-Drehmaschinen (Bestell-Nr. AWF 3003 beim Beuth-Verlag)

1	2	3	4	5	6	7	8	9	10	11	12	13	14	15	16	17	18	19	20	21	22	23	24	25	26	27	28	29	30	31

Grunddaten

01 Kurzzeichen nach AWF 310 A01.001	(AWF)® **Maschinenkarte für Normal-Drehmaschine**		18 Inventar-Nr.
06 Benennung	06 Baujahr	11 Maschinen-Gruppe	19 Kostenstelle
	07 Liefer-Tag	13 Bestell-Nr.	
02 **Typ** — 03 Fabrik-Nr.	08 Liefer-Nr.		20 Internes Kennzeichen
04 Hersteller	09 Inbetriebnahme		
05 Lieferer	10 Standort	17 Anschaffungskosten	DM

Technische Daten		**Zubehör / Sondereinrichtungen**	**Besonders geeignet für**
01 **Arbeitsbereich**			
02 Spitzenhöhe mm	10 Spitzenweite mm		
03 max. Drehlänge mm			
03 max. Umlauf⌀ üb. Bett mm			
04 max. Umlauf-⌀ üb. Planschlitten mm			
05 max. Umlauf-⌀ in der Kröpfung mm			
06 Länge der Kröpfung vor Planscheibe mm		Lichtbild und Grundflächenmaße	
09 max. Werkstückgewicht N			
03 **Arbeitsspindel**			
02 Spindelkopf nach DIN	01 Größe 02 Innenkegel		
03 Spindel-⌀ i. vord. Lager mm	04 Spindelbohrung mm		
05 Planscheiben-⌀ mm	06 max. Futter-⌀ mm		
15 max. Drehmoment Nm			
05 **Support** 10 Werkzeugsystem	11 max. Meißelquerschnitt		
03 Anzahl der Bettschlitten	01 Anzahl der Planschlitten		
03 Längshub	04 Planhub		
06 **Reitstock**			
03 Pinolenkegel	01 Pinolen-⌀ mm		
max. Pinolenhub von Hand / selbsttätig 02 / 03 mm			
max. Reitstockverschiebung von Hand / selbsttätig 04 / 05 mm			
Zeichnungs-Nr.		Fundamentplan-Nr. Stromlaufplan-Nr.	

13.3 Kurzanleitung zum Ausfüllen des VDI-Bewertungsblattes (2527) am Beispiel Drehmaschine

1. Vollständigkeit der Prüfgruppen prüfen und das Ergebnis auf Blatt A eintragen: x = vollständig; 0 = nicht vollständig (Vollständigkeit an Hand der Maschinenkarte (AWF) prüfen).

2. Fragen auf Blatt B beantworten (Ergebnis von Blatt B bei der Zustandsbewertung Blatt C mit berücksichtigen)!

3. Zustand der einzelnen Prüfgruppen und deren Untergruppen bewerten.

4. Anzahl der berücksichtigten Prüfvorgänge (Anzahl der Untergruppen) und die aufsummierten Prüfpunktzahlen in Blatt C zu jeder Prüfgruppe eintragen.

5. Alle Prüfergebnisse in Blatt A eintragen und die Werte c, e und g berechnen.

6. Einsatzgrad E der Maschine durch Aufsummieren der Spalte g auf Blatt A berechnen.

7. Geldwert der gebrauchten Maschine bestimmen.

Beispiel 39

Es soll eine gebrauchte Drehmaschine bewertet werden. Der vergleichbare Wert einer neuen gleichartigen Maschine (Gegenwartspreis) sei DM 20 000,–.

Der Zustand der gebrauchten Maschine ergibt sich aus den in die VDI-Richtlinie 2527d eingetragenen Werten. Aus dem ermittelten Zustandsgrad von E = 72,5% ergibt sich ein Geldwert für die gebrauchte Maschine von

$$G = \frac{N \cdot E}{100\%} = \frac{DM\ 20\ 000,-\ \cdot\ 72,5\%}{100\%} = DM\ 14\ 500,-$$

Im Blatt C werden dann für alle Prüfgruppen (in Tabelle 53 nur Prüfgruppe I eingetragen) die Summen der Prüfpunktzahlen ermittelt und in die Spalte „d" des Blattes A eingetragen.

Tabelle 53 Auszug aus dem VDI-Bewertungsblatt 2527d

Blatt A	Ergebnis der Prüfung							
Prüfgruppe		Vollständigkeit[2])	Anzahl der berücksichtigten Prüfvorgänge	Höchstpunktzahl (b · 3)	Prüfpunktzahl	Zustandsgrad (d : c)	Wertanteil-Höchster Anteil am Einsatzgrad 100%	Einsatzgradanteil in % (f · e)
Bezeichnung		a	b	c	d	e	f	g
I	Bett und Führungsbahnen	X	2	6	5	0,834	14	11,7%
II	Spindelkasten	X	6	18	14	0,778	30	23.3%
X	Schutzeinrichtungen	–	1	3	0	0	2	0 %
XI	Normal-Zubehör	X	1	3	3	1,0	2	2,0%
	Einsatzgrad (Summe der Einsatzgradanteile in Spalte g)							E = 72,57%

Blatt B	Allgemeine Beurteilung
Frage	Antwort
Wann wurde die Maschine in Betrieb genommen?	1966
Wieviel Stunden war die Maschine täglich in Betrieb?	4
Wurde vorwiegend mit Leitspindel gearbeitet?	nein
Macht die Maschine einen gepflegten Eindruck?	ja
usw.	

Blatt C	Zustand der einzelnen Prüfgruppe					
Prüfgruppe	Prüfvorgang	3 Neuwertig	2 Voll einsatzfähig	1 Reparaturbedürftig	0 Unbrauchbar	Prüfpunktzahl
I	Bett und Führungsbahnen 1. Gußkörper	unbeschädigt	belanglose Beschädigungen	leicht beschädigt, Kühlmittelwanne ausgebrochen, Befestigungslöcher ausgerissen, Türen fehlen oder sind gebrochen	schwer beschädigt, gerissen, gebrochen	3
	2. Führungsbahnen und Einsatzbrücke	ohne Gebrauchsspuren	kaum erkennbare Abnutzung, leicht verkratzt	augenfällige Abnutzung, ausgefahren, sichtbare Freßstellen, Kratzer oder Beschädigungen	sehr stark abgenutzt, stark ausgefahren, angefressen oder beschädigt	2
	Anzahl der berücksichtigten Prüfvorgänge: 2				Summe der Prüfpunktzahlen	5

Das Prinzip der Auswertung mit VDI-Richtlinie VDI 5-2527d für Leit- und Zugspindeldrehmaschinen ersieht man aus Tabelle 53.

Die Bewertungsblätter (VDI-Richtlinie 2527), die vom Beuth-Verlag bezogen werden können, gibt es für Dreh-, Bohr-, Fräs-, Zahnradabwälzfräsmaschinen sowie mechanische und hydraulische Pressen. Nach dem gleichen Schema kann man sich für weitere im Betrieb befindliche Werkzeugmaschinen eigene Bewertungstabellen erstellen.

Auch die in den VDI-Richtlinien eingedruckten Wertanteile (Spalte f auf Blatt A) müssen von Fall zu Fall überprüft und wenn notwendig auf die zu prüfenden Maschinen abgestimmt werden.

14 Abschreibung

Unter der sogenannten Abschreibung versteht man die Wertminderung einer Maschine oder einer Anlage, bezogen auf 1 Jahr. Eine Wertminderung tritt ein durch
– Verschleiß bei betrieblicher Nutzung
– eine mögliche technische Überholung
Bei den Abschreibungen unterscheidet man zwischen linearer und degressiver Abschreibung.

14.1 Lineare Abschreibung

Bei der linearen Abschreibung wird vom Wiederbeschaffungswert der Anlage (s. Abschn. 7.3) jährlich ein gleichbleibender Betrag für die Wertminderung abgeschrieben. Die lineare Abschreibung läßt sich aus dem Wiederbeschaffungswert und der Abschreibungszeit rechnerisch bestimmen.

$$A = \frac{K}{t}$$

A in DM/Jahr   Abschreibung
K in DM   Wiederbeschaffungswert der Maschine
             (Kaufpreis + Transport- + Aufstellungskosten)
t in Jahren   Abschreibungszeit

Beispiel 40
Eine Drehmaschine hat einen Wiederbeschaffungswert von DM 20 000,–. Die Nutzungsdauer wird mit 10 Jahren festgelegt.
G e s u c h t : Abschreibung pro Jahr
L ö s u n g :

$$A = \frac{K}{t} = \frac{20\,000,- \text{ DM}}{10 \text{ Jahre}} = 2000,- \text{ DM/Jahr}$$

Weil der Wert der meisten Produktionsanlagen in den ersten Jahren stärker sinkt als in den folgenden Jahren und die Nutzungsdauer nur geschätzt werden kann, kann die lineare Abschreibung zu Fehlkalkulationen führen. Deshalb wendet man in vielen Fällen bevorzugt die degressive Abschreibung an.

14.2 Degressive Abschreibung

Bei der degressiven Abschreibung wird die Wertminderung in den ersten Jahren höher angesetzt. Dies wird rechnerisch durch die Abschreibung eines gleichbleibenden Abschreibungsprozentsatzes erreicht.

Aus der gewünschten Abschreibungszeit in Jahren, dem Wiederbeschaffungswert der Maschine (Kaufpreis plus Kosten für Zubehör und Austellung), und dem Restwert der Anlage, läßt sich dann der Abschreibungsprozentsatz berechnen.

$$p_A = \left(1 - \sqrt[t]{\frac{K_R}{K_W}}\right) \cdot 100$$

p_A in %   Abschreibungsprozentsatz
t   in Jahren   Abschreibungszeit
K_R in DM   Restwert der Anlage
K_W in DM   Wiederbeschaffungswert der Anlage

Die höhere Abschreibung in den ersten Jahren berücksichtigt stärker die Beanspruchung der Maschine (z. B. im Zwei- oder Dreischichtbetrieb) sowie die technische Überholung und den sich daraus ergebenden Wertverlust der Maschine.

Beispiel 41

G e g e b e n : Wiederbeschaffungswert K_W = 20 000,– DM, Restwert K_R = 1,– DM und Abschreibungszeit t = 10 Jahre

G e s u c h t : Gleichbleibender Abschreibungsprozentsatz

L ö s u n g :

$$p_A = \left(1 - \sqrt[t]{\frac{K_R}{K_W}}\right) \cdot 100 = \left(1 - \sqrt[10]{\frac{DM\ 1,-}{DM\ 20\ 000,-}}\right) \cdot 100 = 62{,}9\%$$

Da die Finanzämter aber nur maximale Abschreibungen von 25% zulassen, ergeben sich bei der degressiven Abschreibung theoretisch wesentlich höhere Abschreibungszeiten, wenn man einen Restwert von DM 1,– zu Grunde legt.

Tabelle 54 Abschreibung und Restwert der Maschine nach 12 Jahren
bei degressiver Abschreibung mit p_A = 25%

Jahr	Buchwert in DM	Abschreibung in DM	Restwert in DM
1	20 000,–	5 000,–	15 000,–
2	15 000,–	3 750,–	11 250,–
3	11 250,–	2 812,–	8 437,–
4	8 437,–	2 109,–	6 328,–
5	6 328,–	1 582,–	4 746,–
6	4 746,–	1 187,–	3 559,–
7	3 559,–	890,–	2 669,–
8	2 669,–	667,–	2 002,–
9	2 002,–	500,–	1 502,–
10	1 502,–	376,–	1 126,–
11	1 126,–	282,–	844,–
12	844,–	211,–	633,–

Arbeitet man jedoch mit einem Restwert von 3% des Neuwertes, dann ergibt sich bei einem festen Abschreibungsprozentsatz von p_A = 25% eine Abschreibungszeit von 12 Jahren (Tabelle 54).

Beispiel 42

G e g e b e n : Wiederbeschaffungswert K_W = DM 20 000,–, Abschreibungsprozentsatz p_A = 25%
= konstant

G e s u c h t : Abschreibungsverlauf für 12 Jahre und Restwert nach 12 Jahre in %

L ö s u n g : Der Restwert nach 12 Jahren ist laut Tabelle 54 DM 633,–. Das sind in % vom Wiederbeschaffungswert (1% = 200,– DM)

$$\frac{633,- \text{ DM}}{200,- \text{ DM}} = 3,1\% \text{ vom Neuwert der Maschine.}$$

Im 13. Jahr wird dann der Rest auf DM 1,– abgeschrieben.

Bei degressiver Abschreibung mit festem Abschreibungsprozentsätzen kann man die Abschreibungszeit mit folgender Gleichung bestimmen:

$$t = \frac{1}{\ln(1 - p_A)} \cdot \ln \frac{K_R}{K_W}$$

t in Jahren   Abschreibungszeit

p_A in $\dfrac{1}{100}$ fester Abschreibungsprozentsatz 25% = 25/100

K_R in DM   Restwert der Anlage (ca. 3% vom Neuwert)
K_W in DM   Wiederbeschaffungswert

Beispiel 43

G e g e b e n : K_W = 20 000,– DM, K_R = 600,– DM = 3% von K_W
G e s u c h t : Abschreibungszeit in Jahren für p_{A1} = 25% und p_{A2} = 20% = 20/100 = 0,2
L ö s u n g :

$$t = \frac{1}{\ln(1 - p_A)} \cdot \ln \frac{K_R}{K_W}$$

$$t_1 = \frac{1}{\ln(1 - 0,25)} \cdot \ln \frac{\text{DM } 600,-}{\text{DM } 20\,000,-} = \frac{1}{-0,2876} \cdot (-3,506)$$

$$= 12,2 \text{ Jahre} \rightarrow 12 \text{ Jahre}$$

$$t_2 = \frac{1}{\ln(1 - 0,2)} \cdot (-3,506) = \frac{1}{-0,223} \cdot (-3,506) = 15,7 \text{ Jahre} \Rightarrow 16 \text{ Jahre}$$

Für die häufig vorkommenden Abschreibungsprozentsätze kann man die Rechnung vereinfachen.
Dann ist:

$$t = a \cdot \ln \frac{K_R}{K_W}$$

$a = -3,48$ für p_A = 25%
$a = -4,48$ für p_A = 20%

$$a = \frac{1}{\ln(1 - p_A)} = \frac{1}{\ln(1 - 0,25)} = \frac{1}{-0,2876} = -3,48$$

In Beispiel 43 für p_A = 25% ergibt sich dann

$$t = (-3,48) \cdot \ln \frac{600,- \text{ DM}}{20\,000,- \text{ DM}} = (-3,48) \cdot \ln 0,03 = (-3,48) \cdot (-3,506) = 12,2 \text{ Jahre}$$

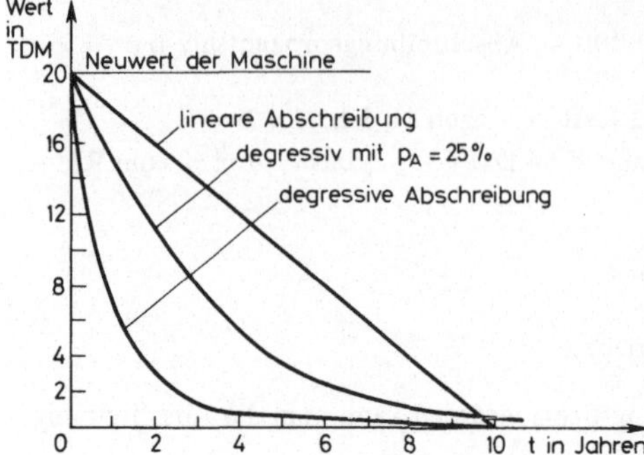

Bild 60
Restwert einer Drehmaschine nach t Jahren bei linearer und degressiver Abschreibung

Das Diagramm Bild 60 zeigt den Kurvenverlauf bei linearer und degressiver Abschreibung. Bei letzterer mit $p_A = 25\%$ und einem Restwert von 3% vom Neuwert ergibt sich eine Abschreibungszeit von ca. 12 Jahren.

Die Abschreibungszeiten bei linearer Abschreibung bzw. die maximalen Abschreibungsprozentsätze bei degressiver Abschreibung kann man aus amtlichen Abschreibungstabellen entnehmen.

15 Investitionen und Investitionsrechnung

Unter dem Begriff I n v e s t i t i o n versteht man die Umwandlung von Barvermögen in Sachvermögen. Investitionen binden Kapital (Eigenkapital und Fremdkapital) und beeinflussen dadurch die Kostenstruktur.

Von den Investitionsentscheidungen ist nicht zuletzt der Erfolg oder Mißerfolg eines Unternehmens abhängig. Deshalb setzen Investitionen immer langfristige Betriebsplanungen und Wirtschaftlichkeitsberechnungen voraus.

Die Wirtschaftlichkeitsberechnung hat die Aufgabe, Kennzahlen zu ermitteln, die die Rentabilität der Investition aufzeigen. Als Rentabilität bezeichnet man das Verhältnis von Gewinn aus der Investition zum eingesetzten Kapital für die Investition.

$$\text{Rentabilität} = \frac{\text{Gewinn aus der Investition}}{\text{eingesetztes Kapital für die Investition}}$$

Die Rentabilität zeigt, ob das für die Investition eingesetzte Kapital wieder in das Unternehmen zurückfließen wird.

15.1 Arten der Investition

Bei den Investitionen für den Produktionsbereich unterscheidet man zwischen Ersatz-, Rationalisierungs- und Erweiterungsinvestitionen.

Wird jedoch Kapital in Projekten festgelegt, die keine unmittelbare Beziehung zur Produktion haben, dann spricht man von Finanzinvestitionen. Diese führt man aus, um z. B. steuerliche Vorteile auszunutzen oder die Kapitalverzinsung zu verbessern.

Hier sollen jedoch nur die im Produktionsbereich anfallenden Investitionen näher betrachtet werden.

15.1.1 Ersatzinvestition

Eine Ersatzinvestition liegt vor, wenn eine alte im Betrieb vorhandene Anlage, die durch Verschleiß oder Zerstörung unbrauchbar wurde, durch eine neue gleichwertige Anlage ersetzt wird. Das Kapital wird hierbei eingesetzt, um den Istzustand in bezug auf Kapazität und Qualität zu erhalten. Eine Rationalisierung der Produktion steht bei dieser Investitionsart nicht im Vordergrund. Sie ergibt sich aber in vielen Fällen durch den technischen Fortschritt der neuen Anlage. Aus diesem Grund kann man Ersatzinvestitionen nicht eindeutig von Rationalisierungsinvestitionen trennen.

15.1.2 Rationalisierungsinvestition

Bei der Rationalisierungsinvestition steht die Leistungsverbesserung im Vordergrund. Die neue Anlage soll eine ältere noch brauchbare Anlage ersetzen, um durch Kostensenkung eine wirtschaftlichere Fertigung zu erzielen.

15.1.3 Erweiterungsinvestition

Eine Erweiterungsinvestition wird durchgeführt, um die vorhandene Kapazität zu vergrößern. Sie soll Engpässe in der Produktion beseitigen.

Die Entscheidung für eine Erweiterungsinvestition ergibt sich aus der Auftragslage. Liegen dem Unternehmen Aufträge für mehrere Jahre mit Sicherheit vor, ist die Entscheidung nicht schwierig. Kritisch wird es dann, wenn man bezüglich der Aufträge nur für eine begrenzte Zeit disponieren kann. In solchen Fällen muß man, um auch steuerlich alle Vorteile auszunutzen, mit der kleinstmöglichen Abschreibungszeit und einer kurzen Kapitalrückflußzeit rechnen.

15.2 Investitionsrechnung

Die Investitionsrechnung soll die Vor- und Nachteile einzelner Investitionsobjekte im Vergleich zu anderen untersuchen. Bei diesen Berechnungen unterscheidet man zwischen statischen Verfahren und dynamischen Verfahren.

Während bei den statischen Verfahren die zeitlichen Unterschiede der Kosten nicht berücksichtigt werden — man arbeitet hier mit jährlichen Durchschnittswerten —, werden bei den dynamischen Verfahren die zeitlichen Unterschiede der Kosten und Erträge wertmäßig berücksichtigt.

Hier sollen nur die wichtigsten statischen Verfahren behandelt werden. Dazu gehören: Kostenvergleich, Gewinnvergleich, Rentabilitätsvergleich, Amortisation

15.2.1 Kostenvergleich

Beim Kostenvergleich stellt man mehrere Alternativen gegenüber. Aus der Gegenüberstellung ergibt sich die Einsparung, die man evtl. mit einer neuen gleichartigen Maschine erzielen kann. Ein solcher Vergleich zeigt aber auch, unter welchen Bedingungen z. B. eine voll- oder halbautomatische Maschine wirtschaftlich eingesetzt werden kann. Der Kostenvergleich ist typisch für Rationalisierungsinvestitionen.

Kostenvergleich aus Fixkosten und variablen Kosten Da sich die Kosten bei einer Maschine aus den festen Kosten wie Raumkosten, Wartungskosten usw. (Fixkosten) und den variablen Kosten (Kosten pro Einheit) zusammensetzen, ergeben sich die Gesamtkosten aus der Summe der beiden Kostenanteile. Da die Fixkosten immer für einen bestimmten Zeitraum z. B. pro Monat oder pro Jahr oder einen anderen Planungszeitraum angegeben werden, gilt dieser Kostenvergleich für den jeweils angegebenen Zeitabschnitt.

$$K_G = K_x + K_v \cdot m$$

K_G	in DM	Gesamtkosten pro Zeiteinheit (z. B. Monat)
K_x	in DM	Fixkosten pro Zeiteinheit
K_v	in DM/Stück	variable Kosten pro Stück
m	in Stück/Zeiteinheit	gefertigte Stückzahl

Vergleicht man zwei oder mehrere Herstellverfahren oder Maschinen, dann gibt es jeweils Grenzstückzahlen, die aufzeigen, ab wann ein anderes Verfahren oder eine andere Maschine günstiger ist als das angenommene Grundverfahren. Die Grenzstückzahlen kann man mit der obigen Gleichung und der graphischen Darstellung der Kostenverläufe ermitteln. Im Kostendiagramm (Bild 61) wird der Kostenverlauf von drei Maschinen in Abhängigkeit von der gefertigten Stückzahl dargestellt.

Als Planungszeitraum kann man einen Monat, ein Jahr oder eine andere für die Disposition optimale Zeitspanne annehmen.

Wie man aus dem Diagramm (Bild 61) ersieht, hat die Maschine 1 (z. B. Universaldrehmaschine) die geringsten Fixkosten, aber sehr hohe Stückkosten K_{st1}. Maschine 2 (z. B. eine halbautomatisierte Maschine) hat nur wenig mehr Fixkosten als Maschine 1, aber kleinere Stückkosten. Ab der Grenzstückzahl m_1 würde Maschine 2 bereits wirtschaftlicher sein als Maschine 1. Der Einsatz von Maschine 3 ist ab der Grenzstückzahl m_2 wirtschaftlicher als Maschine 1, und ab der Grenzstückzahl m_3 ist die Maschine 3 die wirtschaftlichste Maschine. Zwischen den Stückzahlen m_1 und m_3 ($> m_1$ aber $< m_3$) ist die Maschine 2 die kostengünstigste Maschine.

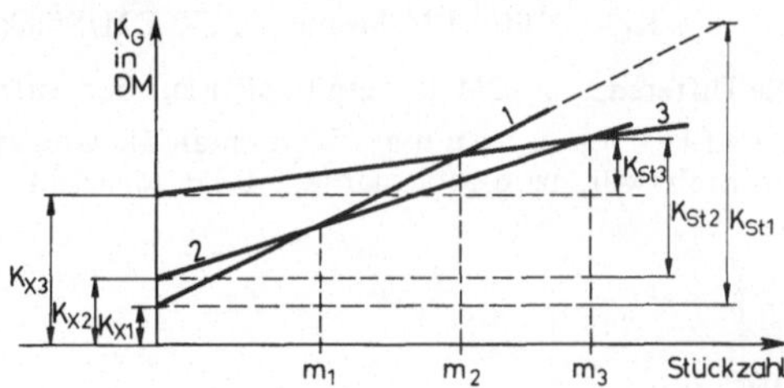

Bild 61
Kostendiagramm $K_G = f\,(m)$

Will man die Grenzstückzahl m_{Gr} nur rechnerisch bestimmen, dann kann man durch Gleichsetzung der Kostengleichung für die zu vergleichenden Varianten 1 und 2 eine neue Gleichung zur Bestimmung der Grenzstückzahl m_{Gr} ableiten.

Da bei der Grenzstückzahl Kostengleichheit vorliegt, ergibt sich der Ansatz zu:

$$K_G = K_{x1} + K_{v1} \cdot m_{Gr} = K_{x2} + K_{v2} \cdot m_{Gr}$$

Daraus folgt:

$$m_{Gr} = \frac{K_{x2} - K_{x1}}{K_{v1} - K_{v2}}$$

m_{Gr}	in Stück	Grenzstückzahl bei der Kostengleichheit zwischen den verglichenen Varianten vorliegt.
K_{x1}, K_{x2}	in DM/Zeiteinheit	fixe Kosten der Varianten 1 und 2
K_{v1}, K_{v2}	in DM/Stück	variable Kosten der Varianten 1 und 2
K_G	in DM/Zeiteinheit	Gesamtkosten

Beispiel 44

In einem Betrieb werden Drehteile hergestellt. Durch einen Wirtschaftlichkeitsvergleich soll ermittelt werden, ab welcher Stückzahl der Einsatz einer Revolverdrehmaschine wirtschaftlicher ist als die zur Zeit eingesetzte Universaldrehmaschine.

G e g e b e n :

Maschine	Fixkosten in DM/Monat	variable Kosten in DM/Stück
Universaldrehmaschine	650,–	8,30
Revolverdrehmaschine	1000,–	5,70

G e s u c h t : Grenzstückzahl m_{Gr}, rechnerisch und grafisch.

L ö s u n g : Rechnerisch

$$m_{Gr} = \frac{K_{x2} - K_{x1}}{K_{v1} - K_{v2}} = \frac{1000 - 650 \; (DM/Monat)}{8,30 - 5,70 \; (DM/Stück)}$$

$$= \frac{350 \; DM \cdot 1 \; Stück}{Monat \; 2,60 \; DM} = 134,6 \; Stück/Monat$$

Ab 135 Stück pro Monat ist also die Fertigung der Wellen mit einer Revolverdrehmaschine günstiger. Bei 135 Stück pro Monat liegt Kostengleichheit vor.

Probe:

$$K_{G1} = K_{x1} + K_{v1} \cdot m_{Gr} = 6,50 \; DM/Monat + 8,30 \; DM/Stück \cdot 135 \; Stück$$

$$= 1770,50 \; DM/Monat$$

$$K_{G2} = 1000 \; DM/Monat + 5,70 \; DM/Stück \cdot 135 \; Stück = 1769,50 \; DM/Monat$$

Die Differenz von DM 1,– ergibt sich aus der Aufrundung von 134,6 auf 135 Stück.

G r a f i s c h e   L ö s u n g : Wenn man die Grenzstückzahl mit Hilfe des Kostendiagrammes grafisch ermitteln will, dann geht man wie folgt vor (Bild 62):

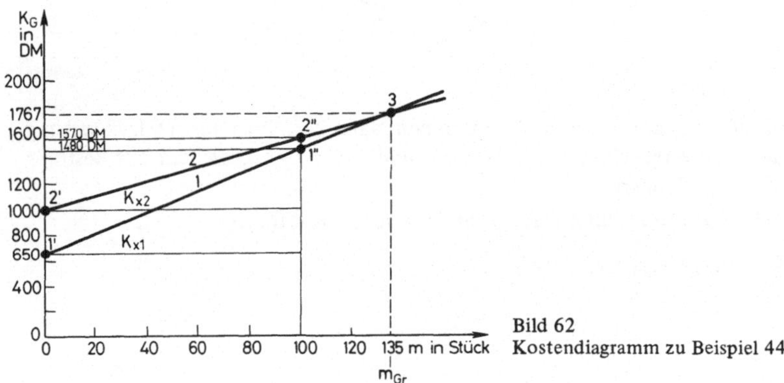

Bild 62
Kostendiagramm zu Beispiel 44

1. Zeichne ein Diagramm mit der Ordinate K_G und der Abszisse m.

2. Ziehe in Höhe der Fixkosten (K_{x1} und K_{x2}) Parallelen zur Abszisse. Die Schnittpunkte der Parallelen mit der Ordinate sind die Anfangspunkte 1' und 2' der gesuchten Kostengeraden.

3. Den 2. Punkt, den man zur Konstruktion einer Geraden benötigt, erhält man durch Rechnung, indem man für eine beliebige Stückzahl (z. B. 100 Stück) die Kosten K_{G1} und K_{G2} bestimmt. Im Beispiel ergeben sich:

$$K_{G1} = K_{x1} + K_{v1} \cdot m = 650 \; DM/Monat + 8,30 \; DM/Stück \cdot 100 \; Stück$$

$$= 1480,- \; DM/Monat$$

$$K_{G2} = 1000,- \; DM/Monat + 5,70 \; DM/Stück \cdot 100 \; Stück = 1570,- \; DM/Monat$$

4. Errichte über m = 100 Stück die Senkrechte.

5. Ziehe in Höhe der errechneten Werte K_{G1} und K_{G2} Parallelen zur Abszisse.

6. Die Schnittpunkte dieser Parallelen mit der Senkrechten über m = 100 Stück ergeben die gesuchten Punkte 1" und 2".

7. Verbinde nun die Punkte 1' und 1" über 1" hinaus durch eine Gerade, ebenso die Punkte 2' und 2" über 2" hinaus.

8. Fälle vom Schnittpunkt 3 der beider Geraden 1 und 2 das Lot auf die Abszisse.

9. Lese auf der Abszisse die gefundene Grenzstückzahl m_{Gr} = 135 ab.

Kostenvergleich mit Maschinenstundensätzen und Zeiten Auch mit Maschinenstundensätzen
(s. Abschn. 7.3.3) kann man Kostenvergleiche anstellen und Grenzstückzahlen ermitteln.

Bei einem solchen Vergleich setzt man aber voraus, daß die Lohnkosten für den Mann, der die
Maschine bedient, bei den zu vergleichenden Maschinen etwa gleich groß sind. Unter dieser Voraussetzung ergeben sich die Kosten wie folgt:

$$K_G = K_r + K_{st}$$

K_G in DM/Stück   Gesamtkosten
K_r in DM   Rüstkosten
K_{st} in DM   Stückkosten für m Stück

Die Rüst- bzw. Stückkosten kann man aus den Zeiten (Rüstzeit und Zeit pro Einheit) und den
Maschinenstundensätzen errechnen.

$$K_r = \frac{t_r \cdot M}{60 \text{ min/h}} \qquad K_{st} = \frac{t_e \cdot m \cdot M}{60 \text{ min/h}} \qquad K_G = \frac{M}{60 \text{ min/h}} (t_r + m \cdot t_e)$$

K_r in DM   Rüstkosten
K_{st} in DM   Stückkosten für m Stück
M in DM/h   Maschinenstundensatz
t_r in min   Rüstzeit (s. Kapitel 4)
t_e in min   Zeit pro Einheit (s. Kapitel 4)
m in Stück   gefertigte Stückzahl
m_{Gr} in Stück   Grenzstückzahl bei der die Kosten für die beiden verglichenen Varianten
                   gleich groß sind

Die Grenzstückzahl läßt sich ähnlich wie in Abschn. 14.4.1 berechnen.

$$m_{Gr} = \frac{M_2 \cdot t_{r2} - M_1 \cdot t_{r1}}{M_1 \cdot t_{e1} - M_2 \cdot t_{e2}}$$

Index 1   für Variante 1
Index 2   für Variante 2 (Maschine mit höherem Maschinenstundensatz)

Variante 2 kann nur dann günstiger werden als Variante 1, wenn

$$t_{e1} \cdot M_1 > t_{e2} \cdot M_2$$

wird. Ist diese Bedingung nicht erfüllt, wird der Nenner der obigen Gleichung negativ. Daraus folgt,
daß der Automat (Variante 2) in jedem Fall ungünstiger ist, als die als Variante 1 angenommene
Maschine. In diesem Fall gibt es keine Grenzstückzahl, weil sich die beiden Kostengeraden nicht
schneiden.

Beispiel 45
Es soll überprüft werden, ab welcher Fertigungsmenge der Einsatz eines Drehautomaten, im Vergleich
zu der jetzt eingesetzten Revolverdrehmaschine, wirtschaftlicher ist.

G e g e b e n :

Maschine	M in DM/h	t_r in min	t_e in min/Stück
Revolverdrehmaschine	18,–	140	16
Automat	40,–	300	7

G e s u c h t : Gesamtkosten K_G für eine Fertigung von 900 Werkstücken/Monat und Grenzstückzahl m_{Gr}.

L ö s u n g :

1. Gesamtkosten:

$$K_G = \frac{M}{60 \text{ min/h}} (t_r + m \cdot t_e)$$

$$K_{G1} = \frac{18 \text{ DM/h}}{60 \text{ min/h}} \cdot (140 \text{ min} + 900 \cdot 16 \text{ min}) = 4362,- \text{ DM}$$

$$K_{G2} = \frac{40 \text{ DM/h}}{60 \text{ min/h}} \cdot (300 \text{ min} + 900 \cdot 7 \text{ min}) = 4400,- \text{ DM}$$

Dimensionsgleichung:

$$\frac{\text{DM} \cdot \text{h} \cdot \text{min}}{\text{h} \cdot \text{min}} = \text{DM},$$

Die Fertigung auf dem Automaten wird bei 900 Stück pro Monat teurer als auf der Revolverdrehmaschine.

Probe, ob Variante 2 günstiger werden kann als Variante 1:

$$t_{e1} \cdot M_1 > t_{e2} \cdot M_2$$

$$16 \cdot 18 > \quad 7 \cdot 40$$

$$288 > 280$$

Diese Bedingung ist erfüllt. Dann gibt es auch eine Grenzstückzahl.

2. Grenzstückzahl:

$$m_{Gr} = \frac{M_2 \cdot t_{r2} - M_1 \cdot t_{r1}}{M_1 \cdot t_{e1} - M_2 \cdot t_{e2}}$$

$$= \frac{40 \text{ DM/h} \cdot 300 \text{ min} - 18 \text{ DM/h} \cdot 140 \text{ min}}{18 \text{ DM/h} \cdot 16 \text{ min} - 40 \text{ DM/h} \cdot 7 \text{ min}} = \frac{9480}{8} = 1185 \text{ Stück}$$

Ab 1185 Stück pro Monat wird also der Automat kostengünstiger.

Probe:

$$K_G = \frac{M}{60} (t_r + m \cdot t_e)$$

$$K_{G1} = \frac{18}{60} (140 + 1185 \cdot 16) = 5730,- \text{ DM}$$

$$K_{G2} = \frac{40}{60} (300 + 1185 \cdot 7) = 5730,- \text{ DM}$$

Kostenvergleich mit Herstellkosten Der Kostenvergleich mit den Herstellkosten ist vor allem dann angezeigt, wenn nicht nur 2 Maschinen der gleichen Art zur Auswahl stehen, sondern zur Herstellung eines bestimmten Werkstückes ganz verschiedene Arbeitsverfahren gewählt werden können. Der in Bild 63 dargestellte Kopfbolzen könnte sowohl spanlos als auch spangebend hergestellt werden. Bei der spanlosen Herstellung (Vorwärtsfließpressen) hätte der Ausgangsrohling die Abmessung ϕ 50 · 70 lang. Wenn er spanend hergestellt werden soll, dann wäre die Ausgangsabmessung des Rohlings (bei gezogenem Material) ϕ 50 · 123 lang.

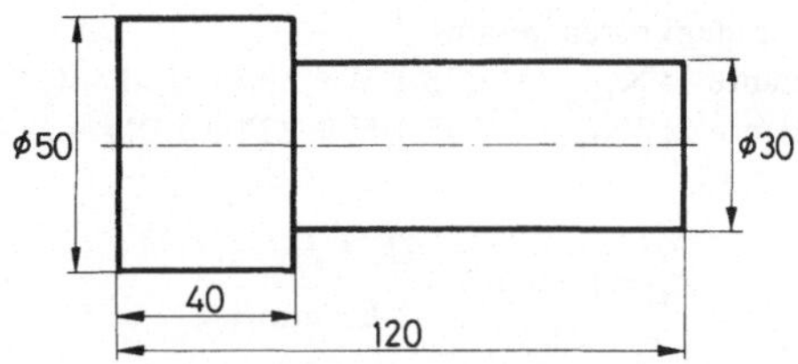

Bild 63 Kopfbolzen

Daraus ergeben sich schon sehr unterschiedliche Materialkosten, die beim Kostenvergleich mit Herstellkosten mit erfaßt werden. Auch bezüglich der Maschinenstundensätze und der Fertigungszeiten gäbe es erhebliche Unterschiede.

Aber auch bei Werkstücken, die man nur spanend auf verschiedenen Maschinen herstellen könnte, ergeben die Herstellkosten einen präzisen Vergleich, weil sie außer den Maschinenkosten auch die Lohnkosten und die Ausschußanteile mit berücksichtigen. An Beispiel 46 wird ein solcher Rechengang gezeigt.

Beispiel 46
Es sind pro Monat 10 Stück Wellen aus C 45 für große Elektromotoren mit vielen Absätzen und Übergangsradien herzustellen.
G e g e b e n : Rohlingsabmessung: ϕ 120 · 700 lang. Für das Sägen steht eine Kreissäge Sgk 315 zur Verfügung. Die Dreharbeit könnte auf zwei verschiedenen Maschinen ausgeführt werden: Universaldrehmaschine DLZ 500 x 2500 oder NC-Drehmaschine mit Bahnsteuerung (max. Drehdurchmesser 500, max. Drehlänge 1500).

Maschinen	M in DM/h	t_r in min	t_e in min	Arbeitslohn in DM/h
Universaldrehmaschine	18,–	20	42	11,–
NC-Drehmaschine	50,–	25	26	15,–
Kreissäge	9,–	15	3	8,–

G e s u c h t :
1. Maschinenkosten für 10 Stück: Sägen; Drehen mit Universalmaschine und mit NC-Maschine
2. Lohnkosten für 10 Stück: Sägen; Drehen mit Universalmaschine und mit NC-Maschine
3. Herstellkosten für 10 Stück: Universalmaschine (Variante 1); NC-Maschine (Variante 2)

L ö s u n g : (alle Kosten für 10 Stück)
1. Maschinenkosten

$$K_M = M \cdot \frac{(t_r + m \cdot t_e)}{60 \text{ min/h}}$$

Sägen

$$K_{MS} = 9{,}0 \text{ DM/h} \cdot \frac{(15 \text{ min} + 10 \cdot 3 \text{ min})}{60 \text{ min/h}} = 6{,}75 \text{ DM}$$

Drehen mit DLZ

$$K_{MDLZ} = 18 \text{ DM/h} \cdot \frac{(20 \text{ min} + 10 \cdot 42 \text{ min})}{60 \text{ min/h}} = 132{,}- \text{ DM}$$

mit NC-Maschine

$$K_{MNC} = 50 \text{ DM/h} \cdot \frac{(25 \text{ min} + 10 \cdot 26 \text{ min})}{60 \text{ min/h}} = 237{,}50 \text{ DM}$$

Maschinenkosten gesamt
Variante 1: K_{Mges} = 6,75 DM + 132,– DM = 138,75 DM/10 Stück
Variante 2: K_{Mges} = 6,75 DM + 237,50 DM = 244,25 DM/10 Stück

2. Lohnkosten

$$K_L = L \cdot T = L \cdot \frac{(t_r + m \cdot t_e)}{60 \ min/h}$$

L   in DM/h   Arbeitslohn
T   in min   Auftragszeit $(T = t_r + m \cdot t_e)$

Sägen

$$K_L = 8 \ DM/h \cdot \frac{(15 \ min + 10 \cdot 3 \ min)}{60 \ min/h} = 6,- \ DM$$

Drehen mit DLZ

$$K_L = 11 \ DM/h \cdot \frac{(20 \ min + 10 \cdot 42 \ min)}{60 \ min/h} = 80,67 \ DM$$

mit NC-Maschine

$$K_L = 15 \ DM/h \cdot \frac{(25 \ min + 10 \cdot 26 \ min)}{60 \ min/h} = 71,25 \ DM$$

Lohnkosten gesamt
Variante 1: K_{Lges} = 6,– DM + 80,67 DM = 86,67 DM/10 Stück
Variante 2: K_{Lges} = 6,– DM + 71,25 DM = 77,25 DM/10 Stück

Die gefundenen Werte werden in das Kostenberechnungsblatt (Tabelle 55) eingetragen. Das Ergebnis zeigt, daß bei einer Fertigung von 10 Stück pro Monat Variante 1 mit der Universaldrehmaschine günstiger ist.

15.2.2 Gewinnvergleich

Bei dieser Rechnung vergleicht man die Gewinne pro Abrechnungszeitraum (z. B. pro Jahr) vor und nach der Durchführung der Investition. Die Gewinne ergeben sich aus der Differenz von Ertrag und Kosten:

$$\boxed{G = K_E - K_I}$$

G   in DM   Gewinn
K_E in DM   Ertrag
K_I in DM   Kosten

Ist der Gewinn mit der neuen Anlage größer als der Gewinn mit der alten Anlage, dann war die Investitionsentscheidung richtig.

Die Gewinnvergleichsrechnung wird bevorzugt bei Erweiterungsinvestitionen eingesetzt, weil sich durch die Erweiterung des Produktionsvolumens auch die Erträge ändern.

Beispiel 47
In einem Betrieb soll die Kapazität erweitert werden. Eine Gewinnvergleichsrechnung soll zeigen, ob die Investition Vorteile bringt.

Tabelle 55 Berechnung der Selbstkosten

Werkstück: Motorwelle		Zeichnungs-No.: 47 112	Material: C 45		
Rohlingsabmessung: ϕ 120 x 700 lang			Rohlingsgewicht: 75 kg/Stück		
Materialpreis in DM/kg: 1,10			Kalkulation gilt für: 10 Stück		
			Variante 1	Variante 2	Variante 3
Materialkosten	1	Materialkosten (Einkaufspreis)	825,00	825,00	
	2	Materialgemeinkosten (5% von 1)	41,25	41,25	
	3	(Σ 1 + 2)	866,25	866,25	
	4	Ausschuß (2% von 3)	8,66	8,66	
	5	Materialkosten gesamt (Σ 3 + 4)	874,91	874,91	
Fertigungskosten	6	Maschinenkosten (Masch.-Stundensatz · Masch.-Zeit/Stück)	138,75	244,25	
	7	Lohnkosten	86,67	77,25	
	8	Restfertig.-Gemeink. 120% von 7	104,00	92,70	
	9	Fertigungskosten (Σ 6 + 7 + 8)	329,42	414,20	
Herstellkosten	10	Herstellkosten I (Σ 5 + 9)	1 204,33	1 289,11	
	11	Ausschuß $\approx$ 0,5% von 10	6,02	6,44	
	12	Herstellkosten II (Σ 10 + 11)	1 210,35	1 295,55	
Selbstkosten	13	Konstr. + Entwicklungskosten (2% von 12)			
	14	Verwaltungskosten (20% von 12)			
	15	Vertriebsgemeinkosten (4% von 12)			
	16	Selbstkosten (Σ 12 + 13 + 14 + 15)			

Bemerkung:

G e g e b e n :	vor der Investition	nach der Investition
Betriebsertrag in TDM	10 000	15 000
Kosten (variable) in TDM	− 7 500	− 11 320
Kosten (fixe) in TDM	− 1 970	− 2 830
Gewinn in TDM	+ 530	+ 850

Aus der Gegenüberstellung ergibt sich eine Gewinnzunahme von

850 TDM − 530 TDM = 320 TDM

Die Investition hat also das Kostenbild positiv beeinflußt. Die geplante Kapazitätserweiterung kann in diesem Fall befürwortet werden, weil sie einen zusätzlichen Gewinn ergibt.

Man geht bei einer solchen Rechnung, von der ja die Investitionsentscheidung abhängig ist, von Stückzahlen aus, mit denen man in der Dispositionszeit mit Sicherheit rechnen kann.

15.2.3 Rentabilitätsvergleich

Die Rentabilitätsrechnung setzt eine Kosten- oder Gewinnvergleichsrechnung voraus. Sie zeigt die Rentabilität einer Investition, die man rechnerisch wie folgt bestimmen kann:

Rentabilität bei Erweiterungsinvestitionen

$$R = \frac{G}{K_A} \cdot 100$$

G	in DM/Jahr	Gewinn
K_A	in DM/Jahr	durchschnittlich eingesetztes Kapital
R	in %	Rentabilität

Rentabilität bei Rationalisierungsinvestitionen

$$R = \frac{K_E}{K_A} \cdot 100$$

K_E in DM/Jahr   Kosteneinsparung pro Jahr

15.2.4 Amortisation

Hier ermittelt man die Zeit, die benötigt wird, bis das für die Investition eingesetzte Kapital zurückgeflossen ist (Kapitalrückflußzeit). Sie läßt sich aus der Kostenersparnis pro Jahr und dem eingesetzten Kapital errechnen.

$$T_K = \frac{K_A}{K_E}$$

T_K	in Jahren	Kapitalrückflußzeit
K_A	in DM	für die Investition eingesetztes Kapital

Beispiel 48

Für den Wiederbeschaffungswert einer Maschine benötigt man ein Kapital von DM 90 000,–. Die voraussichtliche Einsparung, die gegenüber der z. Zt. eingesetzten Maschine erreicht werden kann, beträgt pro 1000 Stück gefertigter Teile DM 2000,–.

In welcher Zeit fließt das eingesetzte Kapital zurück, wenn auf dieser Maschine 5000 Teile pro Jahr gefertigt werden und wie groß ist die Rentabilität?

L ö s u n g

1. Einsparung pro Jahr

$$K_E = 2000 \text{ DM/Jahr} \cdot 5 = 10\,000 \text{ DM/Jahr}$$

2. Rückflußzeit

$$T_K = \frac{K_A}{K_E} = \frac{90\,000 \text{ DM}}{10\,000 \text{ DM/Jahr}} = 9 \text{ Jahre}$$

d. h. in 9 Jahren ist das eingesetzte Kapital durch die Einsparung zurückgeflossen.

3. Rentabilität

$$R = \frac{G}{K_A} \cdot 100 = \frac{10\,000 \text{ DM}}{90\,000 \text{ DM}} \cdot 100 = 11,1\%$$

16 Arbeitsschutz

Die Aufgabe des Arbeitsschutzes besteht darin, den arbeitenden Menschen am Arbeitsplatz vor körperlichen Schäden und sozialen Nachteilen zu bewahren. Die Maßnahmen zum Schutze der arbeitenden Menschen teilen sich in 3 Bereiche:

— Schutz der Menschen durch Gesetze

— Schutz der Menschen durch überwachende Organisationen

— Schutz der Menschen durch Unfall-Schutzmaßnahmen im Betrieb.

16.1 Gesetzliche Bestimmungen und Verordnungen zum Arbeitsschutz

Die Grundlagen für die Schutzvorschriften in der Bundesrepublik bilden auch heute die Gewerbeordnung vom 21. 6. 1969 (geändert 16. 8. 72) und die Reichsversicherungsordnung vom 19. 7. 1911. Wichtige Ergänzungen enthalten die folgenden Gesetze:

— Arbeitssicherheitsgesetz vom 1. 12. 1974

— Gesetz über technische Arbeitsmittel (Maschinenschutzgesetz vom 1. 12. 1968)

— Arbeitsstättenverordnung vom 20. 3. 1975

— Betriebsverfassungsgesetz von 1972

— Bundesimmissionsschutzgesetz vom 15. 3. 1974

— Neufassung der Unfallverhütungsvorschrift VBGl, die seit dem 1. 4. 1977 in Kraft gesetzt ist.

Dazu kommen zahlreiche Schutzbestimmungen aus dem Arbeitsrecht. Die drei herausragenden Schutzbestimmungen sind:

— Arbeitszeitordnung

— Mutterschutzgesetz

— Jugendarbeitsschutzgesetz

Die übergeordneten Inhalte der Gesetze und Verordnungen sind:

16.1.1 Gewerbeordnung § 120a (GewO)

Das Gesetz verpflichtet den Unternehmer, seinen Betrieb so einzurichten, daß die Arbeitnehmer gegen Gefahren für Leben und Gesundheit so weit geschützt sind, wie es der Natur des Betriebes entspricht.

Im § 139b (GewO) werden als Aufsichtsbehörde die Gewerbeaufsichtsämter mit der Aufsicht beauftragt.

16.1.2 Reichsversicherungsordnung (RVO)

Die RVO ermächtigt und verpflichtet die Berufsgenossenschaften, Arbeitsunfälle zu verhüten. Sie erklärt die Unfallverhütung zur vorrangigen Aufgabe der gesetzlichen Unfallversicherung.

16.1.3 Arbeitssicherungsgesetz

In diesem Gesetz (§ 1) werden die Unternehmer verpflichtet, Betriebsärzte und Fachkräfte (Sicherheitsingenieure und andere Fachkräfte) zu bestellen, die die Arbeitssicherheit im Betrieb gewährleisten. Die Ärzte sollen den Arbeitsschutz aus medizinischer Sicht sichern, und die Sicherheitsingenieure sind für die Unfallschutzmaßnahmen verantwortlich. Beide, Ärzte und Sicherheitsingenieure, sind weisungsfrei, d. h. sie können unabhängig von der Meinung eines Vorgesetzten das fordern, was im Interesse der Gesundheit und Sicherheit der Menschen erforderlich ist.

Aber auch Aufsichtspersonen wie Meister, Betriebsingenieure usw. sind in ihrem Verantwortungsbereich für die Unfallverhütung verantwortlich.

16.1.4 Gesetz über technische Arbeitsmittel

Dieses Gesetz verpflichtet den Hersteller von Arbeitsmitteln (Maschinen- und Produktionsanlagen), diese nur dann an Dritte weiterzugeben (zu verkaufen), wenn bei bestimmungsgemäßer Verwendung keine Gefahr für Leben und Gesundheit besteht.

16.1.5 Mutterschutzgesetz

Nach dem Mutterschutzgesetz gelten für Frauen vor und nach der Entbindung bestimmte Beschäftigungsverbote, die dazu dienen, das Leben oder die Gesundheit von Mutter und Kind zu schützen.

V o r d e r E n t b i n d u n g dürfen werdende Mütter
- keine Lasten von mehr als 5 kg heben,
- keine Arbeiten ausführen, bei denen sie ständig stehen müssen,
- keine Arbeiten ausführen, bei denen die Gefahr des Ausgleitens oder Fallens besonders groß ist,
- 6 Wochen vor der Entbindung nicht mehr beschäftigt werden.

N a c h d e r E n t b i n d u n g :
- Beschäftigungsverbot bis 8 Wochen nach der Entbindung,
- stillende Mütter dürfen nur mit leichten Arbeiten beschäftigt werden. Sie erhalten täglich die zum Stillen erforderliche Zeit usw.

16.1.6 Jugendarbeitsschutzgesetz

Es hat die Aufgabe, Jugendliche von 14 bis 18 Jahren vor Überforderung und vor Gefahren am Arbeitsplatz zu schützen.
- Bei einer Arbeitszeit von 4 1/2 bis 6 Stunden sind 30 Minuten und bei mehr als 6 Stunden 60 Minuten Ruhepause zu gewähren.
- Nach der Arbeitszeit muß eine ununterbrochene Freizeit von mindestens 12 Stunden gewährt werden.
- Jugendliche dürfen nicht eingesetzt werden für: Nacht-, Samstags-, Sonntags-, Feiertags-, Akkord- oder Fließbandarbeit.
- Körperliche Züchtigung Jugendlicher ist verboten.
- Jugendliche sind in Arbeitsschutzfragen besonders zu unterweisen.
- Jugendliche dürfen nur zwischen 7 und 20.00 Uhr beschäftigt werden.

16.1.7 Bundesimmissionsschutzgesetz

Dieses Gesetz dient zum Schutz der Öffentlichkeit, insbesondere der Nachbarn von Industriebetrieben. Es soll die Umwelt vor Gefahren und Belästigungen durch industrielle Anlagen schützen. Solche Anlagen können z. B. sein:

— Anlagen zur Gewinnung von Roheisen,

— Hämmer (Lärm),

— Chemische Anlagen,

— Gasanlagen,

— Anlagen zur Herstellung von Explosivstoffen usw.

16.1.8 Betriebsverfassungsgesetz

In diesem Gesetz werden für den Bereich Arbeitsschutz die Rechte und Pflichten von Arbeitgeber und Betriebsrat geregelt.

Nach § 80 (1) Ziff. 1 hat der Betriebsrat darüber zu wachen, daß die zu Gunsten der Arbeitnehmer geltenden Gesetze und Unfallverhütungsvorschriften eingehalten werden. Im § 87 (1) Ziff. 7 wird das Mitbestimmungsrecht des Betriebsrates in Arbeitsschutzfragen geregelt. Die Arbeitgeber sind verpflichtet, den Betriebsrat von Arbeitsschutzmaßnahmen im Betrieb zu unterrichten. Aber auch der Betriebsrat ist verpflichtet, an der Bekämpfung von Unfallgefahren aktiv mitzuwirken.

16.2 Überwachende Organisationen für den Arbeitsschutz

16.2.1 Gewerbeaufsicht

Die staatliche Gewerbeaufsicht ist die Überwachungsbehörde für die bestehenden Arbeitsschutzbestimmungen in gewerblichen und Handwerksbetrieben. Die Beamten der Gewerbeaufsicht können einen Industriebetrieb zu jeder Zeit betreten und kontrollieren. Die Rechtsgrundlage ist § 139b der Gewerbeordnung.

Die staatlichen Gewerbeaufsichtsämter sind regional in Bezirke gegliedert. Sie unterstehen der Dienstaufsicht der Bezirksregierungen. Die oberste Aufsichtsbehörde in den Ländern ist das Arbeits- und Sozialministerium.

Aufgaben

— Überwachung der Unfall- und Gesundheitsschutzmaßnahmen in den Betrieben, die durch die gesetzlichen Bestimmungen festgelegt sind

— Erteilung von Genehmigungen für genehmigungspflichtige Anlagen (Abschn. 16.1.4 und 16.1.7)

— Erteilung von Genehmigungen für Arbeitszeitfragen

— Entscheidung über Fragen der Zulassung und Ausübung des Gewerbes und des gewerblichen Arbeitsrechtes

16.2.2 Berufsgenossenschaften

In der Bundesrepublik sind die Berufsgenossenschaften die Träger der gesetzlichen Unfallversicherung für die gewerbliche Wirtschaft. Ihnen sind gesetzlich vorgeschrieben folgende

Aufgaben
- mit allen Mitteln Unfälle zu verhüten
- Gefahrenstellen am Arbeitsplatz so weit wie möglich zu beseitigen
- Verletzte gesundheitlich wieder herzustellen, sie beruflich wieder einzugliedern und durch Geldleistungen sozial abzusichern

Maßnahmen zur Erfüllung der gesetzlich vorgeschriebenen Aufgaben

U n f a l l v e r h ü t u n g s v o r s c h r i f t e n : Durch Sicherheitsrichtlinien, Unfallverhütungsvorschriften, Merkblätter und berufsgenossenschaftliche Schriften wird vorgeschrieben, welche Sicherheitsbedingungen zu erfüllen sind, bevor eine bestimmte Arbeit an einem bestimmten Gerät ausgeführt werden darf.

In dem Verzeichnis „ZH 1", das vom Hauptverband der gewerblichen Berufsgenossenschaften herausgegeben wurde, sind alle für die Industrie verbindlichen Unfallverhütungsvorschriften, Richtlinien und Merkblätter aufgeführt.

T e c h n i s c h e   A u f s i c h t s b e a m t e
- überwachen die Beachtung der Unfallverhütungsvorschriften und deren praktische Durchführung in der Industrie
- beraten in Fragen der Arbeitssicherheit
- untersuchen die Ursachen von Betriebsunfällen und geben diese Erkenntnisse in verbesserten UVV weiter
- bilden in den Betrieben Fachkräfte für den Unfallschutz aus und arbeiten dabei mit Unternehmern und Betriebsräten zusammen
- betreuen und beraten die Sicherheitsbeauftragen in der Industrie.

Fachliche Gliederung und Anschriften der Berufsgenossenschaften im Bereich der Metallverarbeitung
Die Berufsgenossenschaften sind nach Fachbereichen gegliedert und sind in einem Hauptverband zusammengefaßt.

A n s c h r i f t e n :
Hauptverband der gewerblichen Berufsgenossenschaften
Langwartweg 103, 5300 Bonn 1

Hütten- und Walzwerksberufsgenossenschaft
Hoffnungsstr. 2, 4300 Essen 1

Maschinenbau- und Kleineisenindustrie-
Berufsgenossenschaft
Kreuzstr. 45, 4000 Düsseldorf 1

Nordwestliche Eisen- und Stahl-
Berufsgenossenschaft
Hans-Böckler-Allee 26, 3000 Hannover 1

Süddeutsche Eisen- und Stahl-
Berufsgenossenschaft
Postfach 3780, 6500 Mainz 1

Süddeutsche Edel- und Unedelmetall-
Berufsgenossenschaft
Hausmannstraße 6, 7000 Stuttgart 1

Berufsgenossenschaft der Feinmechanik
und Elektrotechnik
Oberländer Ufer 130, 5000 Köln 51

16.2.3 Technische Überwachungsvereine (TÜV)

Die Technischen Überwachungsvereine sind eingetragene Vereine und damit juristische Personen des privaten Rechtes im Sinne des BGB. Sowohl die gewerbliche Wirtschaft als auch die öffentliche Hand bedient sich ihrer Dienstleistungen:

— Die Einhaltung vorher festgelegter und von Herstellern oder Betreibern akzeptierter Güterichtlinien bei der Herstellung oder dem Betrieb technischer Gegenstände zu überwachen.

— Der TÜV macht Güteprüfungen an Dampfkesseln und Druckgefäßen, überwacht die Fertigung solcher Behälter und prüfpflichtiger Aggregate von Atomreaktoren u. ä.

— Er übernimmt auf Antrag von Herstellergruppen oder Behörden Güteprüfungen von Industrieerzeugnissen aller Art, die von Menschen benutzt werden.

— Ein weiteres wichtiges Gebiet ist die Kraftfahrzeugprüfung und -überwachung.

16.2.4 Kontrollfragen zu Abschn. 16.2

1. Welche Aufsichtsbehörden gibt es bezüglich des Arbeitsschutzes?

2. Welche Aufgaben hat das Gewerbeaufsichtsamt?

3. Welche Aufgaben hat die Berufsgenossenschaft (BG)?

4. Welche Organe hat die Berufsgenossenschaft und wie sind sie besetzt?

5. Ist die Berufsgenossenschaft eine staatliche Behörde?

6. Wer ist in der Berufsgenossenschaft versichert?

7. Ist ein Mitarbeiter auch dann versichert, wenn der Unternehmer keine Beiträge an die Berufsgenossenschaft zahlt?

8. Wer muß Mitglied der BG sein?

Antworten zu den Kontrollfragen

1. Gewerbeaufsichtsamt und die Berufsgenossenschaft

2. Es ist die staatliche Aufsichtsbehörde, die die Durchführung der in der Gewerbeordnung § 120a festgelegten Sicherheitsbestimmungen in den Industriebetrieben überwacht.

3. Die wichtigste Aufgabe ist die Unfallverhütung

durch Herausgabe von Unfallverhütungsvorschriften,

durch Beratung der Sicherheitsbeauftragten in den Betrieben,

durch Kontrolle der Sicherheitsmaßnahmen im Betrieb.

4. Vorstand und Vertreterversammlung. Sie sind je zur Hälfte mit Arbeitgebern und Arbeitnehmern besetzt.

5. Nein, sie ist eine Selbstverwaltungskörperschaft des öffentlichen Rechts.

6. Jeder Arbeitnehmer.

7. Ja, der Versicherungsschutz hängt nicht von der Beitragszahlung ab.

8. Jeder Unternehmer, bei der für seinen Gewerbezweig fachlich zuständigen Berufsgenossenschaft

16.3 Unfallschutz

16.3.1 Statistische Auswertung der Unfälle

Häufigkeit der verletzten Körperteile im Bereich der Eisen- und Metallbearbeitung Aus Unterlagen der Berufsgenossenschaften ergeben sich die in Bild 64 angegebenen Prozentzahlen. Aus den Zahlen erkennt man eindeutig, daß die Hände mit 50% am stärksten gefährdet sind. Die Verletzungen an Händen und Armen machen zusammen 56% aller Unfälle aus. Beine und Füße mit ca. 30% stellen

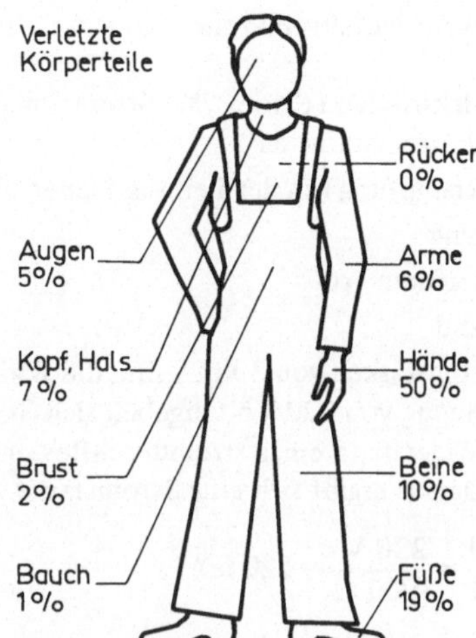

Bild 64
Durch Arbeitsunfälle verletzte Körperteile (entnommen der Broschüre „Sicherheit am Arbeitsplatz" –
herausgegeben von der Bundesanstalt für Arbeitsschutz
und Unfallforschung)

den zweiten Schwerpunkt dar. Die Verletzungen an Kopf und Augen machen 12% der bei Betriebsunfällen entstehenden Verletzungen aus.

Unfallhäufigkeit nach Lebensalter und Geschlecht Wie man aus Bild 65 ersieht, fällt besonders
bei den Männern mit zunehmendem Lebensalter die Anzahl der Unfälle ab. Die höchste Unfallquote
liegt bei den jungen Männern, die noch keine große Berufserfahrung haben.

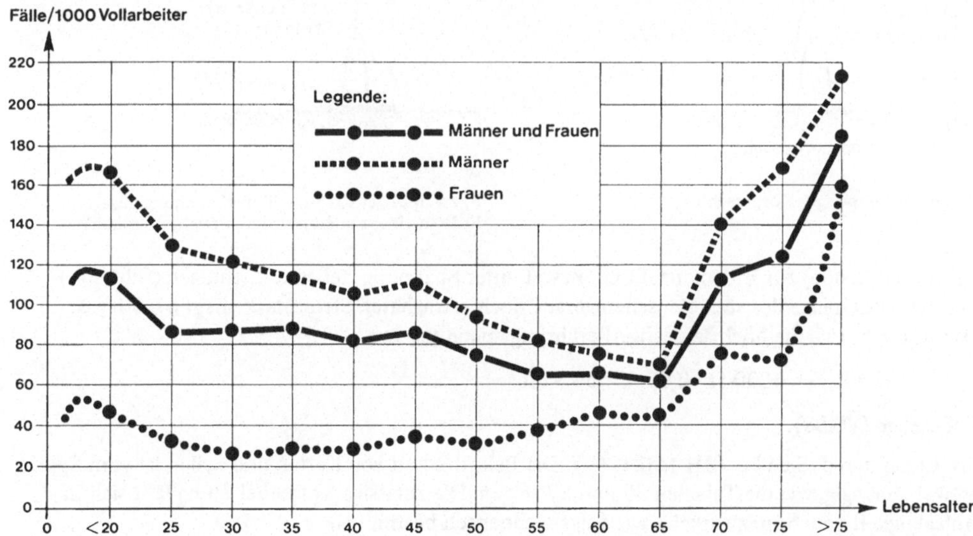

Bild 65 Unfallhäufigkeit nach Lebensalter und Geschlecht (Auszug aus Unfallanalyse 77 von Dr.-Ing. Abt)

Deutlich sichtbar ist der Anstieg der Unfälle bei Männern und Frauen ab dem 65. Lebensjahr. Die
in diesem Alter stark verminderte Leistungs- und Konzentrationsfähigkeit der Menschen spiegelt
sich in der Unfallhäufigkeit wieder.

16.3.2 Regeln zur Unfallverhütung

Umgang mit elektrischem Strom Die Stromeinwirkung auf den menschlichen Körper führt je nach Spannung und Stromstärke zu

— Muskelverkrampfung (an der Leitung kleben bleiben)

— Atemlähmung

— Herzkammerflimmern

— Herzstillstand

Bereits bei Stromstärken von 30 mA sind die Wirkungen des Stromes (starkes Kribbeln) spürbar. Bei einer Spannung von 220 Volt ergeben sich Stromstärken, die bereits zum Tod führen können. Der mittlere Widerstand eines stromdurchflossenen Menschen liegt bei 1000 Ohm (bis max. 1500 Ohm). Daraus ergibt sich eine Stromstärke von:

$$I = \frac{U}{R} = \frac{220 \text{ V}}{1000 \ \Omega} = 220 \text{ mA}$$

Bei dieser Stromstärke tritt bereits nach 30 Sekunden Herzflimmern ein, der Blutkreislauf wird unterbrochen, und es kann zum Herzstillstand kommen.

Da der Strom nur in einem geschlossenen Stromkreis fließen kann, besteht für den Menschen besonders dann Gefahr, wenn der menschliche Körper die Verbindung von spannungsführender

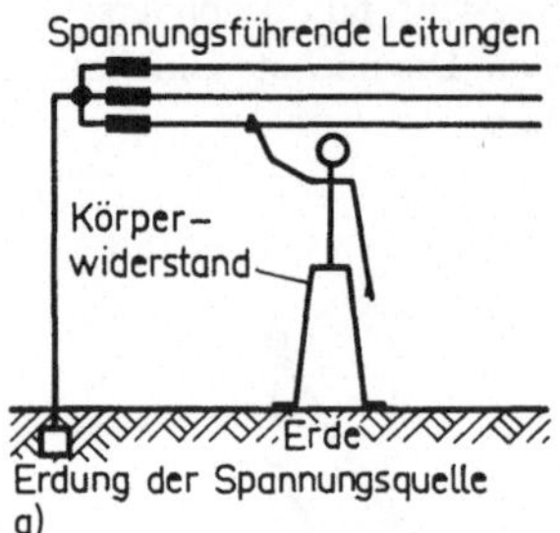

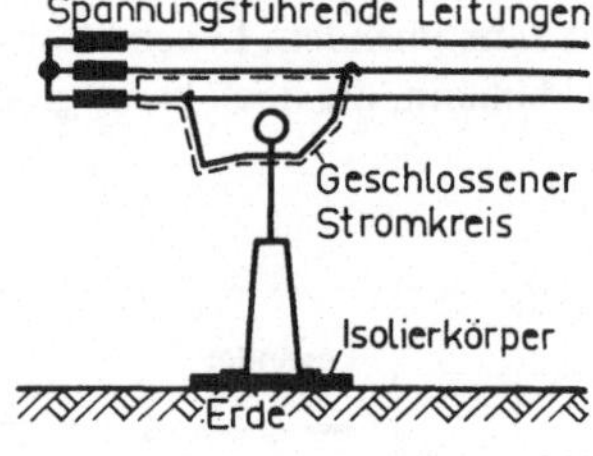

Bild 66 a) einpoliger Körperschluß

b) zweipoliger Körperschluß (Spannung gegen Erde in einem nicht geerdeten Drehstromnetz)

Leitung (Bild 66a) zur Erde herstellt oder zwei unter Spannung stehende Leitungen (Bild 66b) berührt. Die Grenze der vom Menschen gerade noch ertragbaren Stromstärke liegt bei 50 mA. Daraus ergibt sich die höchstzulässige Berührungsspannung von

$$U = R \cdot I = 1000 \ \Omega \cdot 0,05 \text{ A} = 50 \text{ Volt}$$

Hebezeuge (VGB8)

K e t t e n   u n d   S e i l e (ZH 1/321, 49): Die Belastbarkeit von Ketten und Seilen ist vom Spreizwinkel abhängig, wie die Tabellen 56 und 57 zeigen. Die zulässige Kettenbelastung läßt sich in Abhängigkeit vom Spreizwinkel α wie folgt rechnerisch bestimmen.

$$F_{zul} = F_N \cdot \sin\left(\frac{\alpha}{2}\right)$$

F_{zul} in kg   zulässige Belastung der Ketten bei einem Spreizwinkel α

F_N in kg   Nennbelastung der Kette bei einem Spreizwinkel von 0 Grad

α in Grad   Spreizwinkel

Tabelle 56 Zulässige Belastungen für Rundstahlketten in Abhängigkeit vom Spreizwinkel (Auszug
aus DIN 766 und 5684)

Nenn-dicke d	Zulässige Gesamtbelastung				
	Einzel-strang	Doppelstrang Spreizwinkel 0°	Spreizwinkel 45°	Spreizwinkel 90°	Spreizwinkel 120°
mm	kg	kg	kg	kg	kg
7	450	900	800	630	450
⋮					
10	1 000	2 000	1 800	1 400	1 000
13	1 600	3 200	2 900	2 250	1 600
16	2 500	5 000	4 500	3 500	2 500
18	3 150	6 300	5 600	4 400	3 150
20	4 000	8 000	7 200	5 600	4 000
⋮					
39	14 000	28 000	25 000	19 600	14 000

Bei Frost und Temperaturen über + 100 °C verringert sich die zulässige Gesamtbelastung entsprechend nachstehender Tabelle:

Temperaturen in °C	−40	−20	−10	0 bis +100	+150	+200	+250	+350
Tragkraft in %	−	50	75	100	75	50	30	−

K r a n e (VGB 9) (ZH 1/27, 26, 317): Vor Aufnahme des Kranbetriebes ist in jedem Fall zu
prüfen:

— Funktion des Not-Endschalters (Beim Hochfahren mit Feinhub muß in der obersten Stellung
  der Notschalter den Antrieb abschalten)

Dann ist zu beachten:

— Kranbewegungen müssen ruckfrei verlaufen

— Das Schrägziehen, Schleifen und Losreißen von Lasten ist streng verboten, weil die dabei entstehenden Kräfte nicht abschätzbar sind

— Die Last darf nicht über Menschen hinweggeführt werden

— Kransteuergerät erst dann aus der Hand frei geben, wenn die Last abgesetzt ist

— Kranhaken nur im Hakengrund belasten

— Kranhaken, Hakensicherung und Hubseile regelmäßig vom TÜV überprüfen lassen

L e i t e r n (VGB 74) (ZH 1/266, 366, 367, 369, 465): Viele Unfälle entstehen durch den Einsatz
ungeeigneter oder schadhafter Leitern. Deshalb ist folgendes zu beachten:

Stehleitern müssen durch Spannketten, Gurte oder Spanngelenke gesichert sein. Spreizsicherungen
mit Widerlagern (Bild 67) sind verboten, weil dadurch die Holzwangen oft ausbrechen.

Anlegeleitern sind gegen Durchbiegung und Abrutschen zu sichern. Geeignete Abrutschsicherungen

Tabelle 57 Zulässige Belastungen für Stahldraht-Anschlagseile mit einer Nennfestigkeit der Einzeldrähte von 1600 N/mm^2 (Auszug aus DIN 15 060)

Seil-durch-messer	Zulässige Gesamtbelastung				
	Einzel strang	Doppelstrang			
		Spreizwinkel 0°	Spreizwinkel 45°	Spreizwinkel 90°	Spreizwinkel 120°
mm	kg	kg	kg	kg	kg
8 ⋮	445	890	820	625	445
12	1 050	2 100	1 940	1 480	1 050
14	1 450	2 900	2 670	2 050	1 450
16	1 950	3 900	3 600	2 750	1 950
20 ⋮	2 800	5 600	5 170	3 950	2 800
60	16 500	33 000	30 400	23 300	16 500

zeigt Bild 68. Sie sind aber nur dann sicher, wenn der Anstellwinkel stimmt. Mit einer einfachen Methode (Bild 69) kann man den Anstellwinkel, er soll zwischen 68 und 75° sein, prüfen. Weitere Forderungen für Leitern zeigt die Unfallverhütungsvorschrift VGB 74.

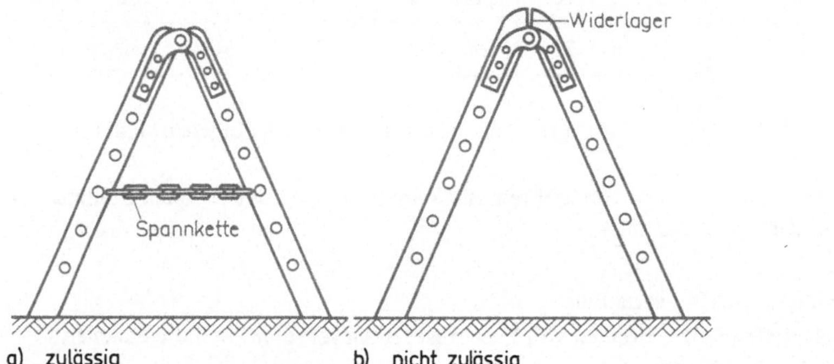

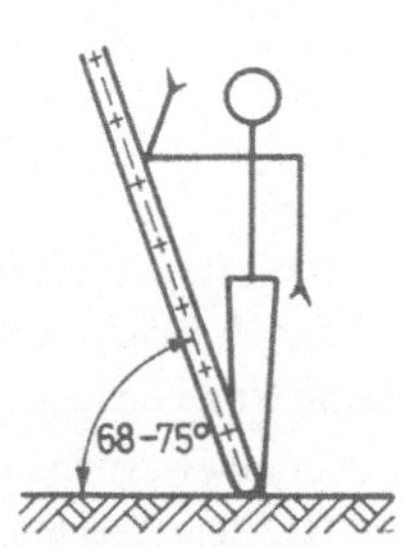

Bild 67 Sicherung der Stehleiter
a) mit Spannkette, b) mit Widerlager

Bild 69 Richtiger Anstellwinkel einer Anlegeleiter

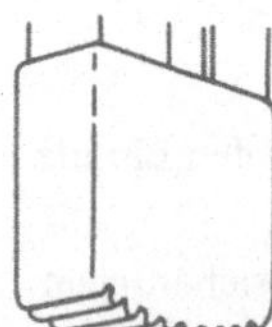
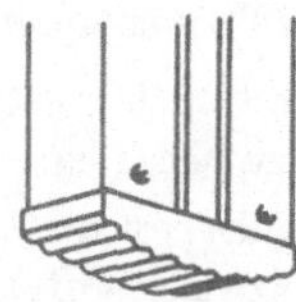
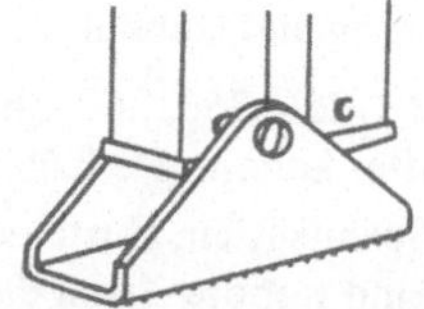
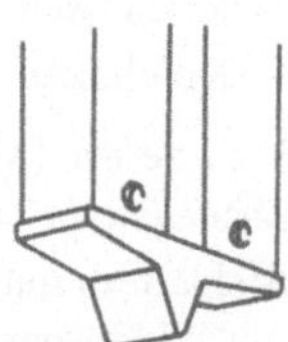

Bild 68 Rutschsicherungen einer Anlegeleiter

Arbeiten an Werkzeugmaschinen Beachten Sie die für alle Maschinen geltenden Sicherheitsregeln:

— Tragen Sie enganliegende Arbeitskleidung und schützen Sie Ihr Haar durch eine Mütze oder ein Haarnetz. (Lose Kleidungstücke und lange Haare werden leicht von umlaufenden Maschinenelementen erfaßt.)

— Setzen Sie keine Maschine in Gang, wenn nicht alle Schutzvorrichtungen angebracht und wirksam sind.

— Spannen Sie das Werkzeug und das Werkstück fest und sicher ein.

— Entfernen Sie keine Späne mit der Hand.

— Setzen Sie beim Messen und Reinigen die Maschine still.

— Informieren Sie sich, wo sich der Not-Ausschalter an der Maschine befindet.

— Schalten Sie bei Störungen oder Gefahr die Maschine sofort aus und melden Sie die Mängel ihren Vorgesetzten.

Bei den nachfolgend aufgeführten Werkzeugmaschinen bedeuten die in Klammern aufgeführten Zahlen die Nummer des Sicherheitsmerkblattes aus dem Verzeichnis ZH1 des Hauptverbandes der gewerblichen Berufsgenossenschaften. In der zweiten Klammer ist die zugeordnete Unfallverhütungsvorschrift VBG angegeben.

Sowohl die Merkblätter als auch die VBG's können direkt vom Carl Heymanns Verlag KG, Gereonstraße 18–32, 5000 Köln 1 bezogen werden.

Spanende Werkzeugmaschinen

D r e h e n (VGB7n) (ZH1/248):

— Beim Drehen von sprödem Material Schutzbrille tragen

— Spannschlüssel (Bild 70) nach dem Benutzen sofort aus dem Spannfutter nehmen

— Nur verkleidete Sicherheitsmitnehmereinrichtungen bei Dreharbeiten zwischen den Spitzen verwenden

— Nur Spänehaken mit Handschutz (Bild 71) und glattem Griff verwenden

— Sicherung gegen unbeabsichtigtes Betätigen des Einrückhebels (Bild 72) überprüfen

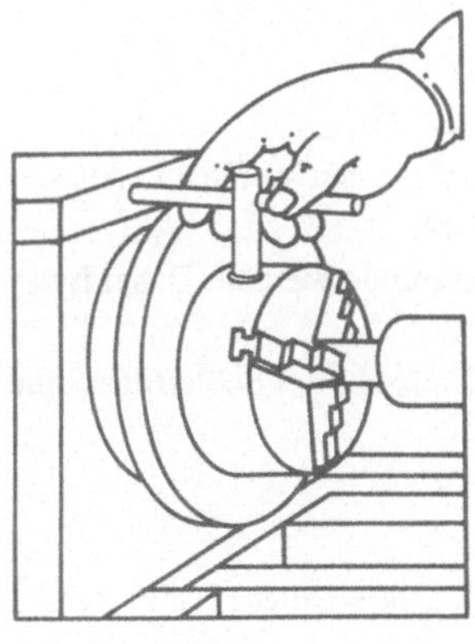

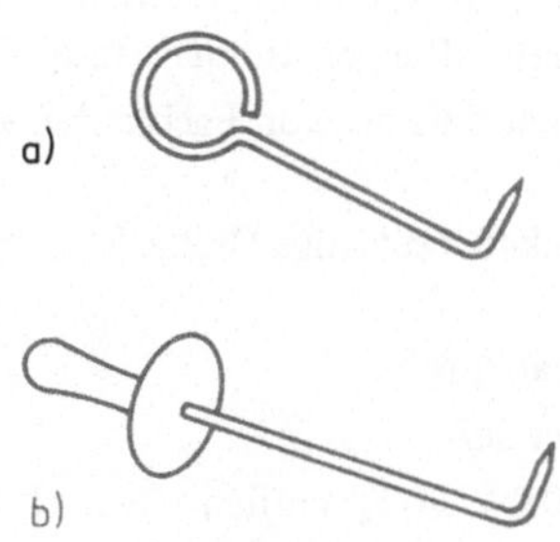

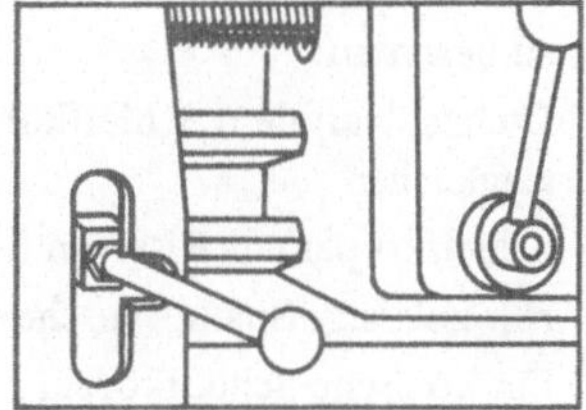

Bild 70 Spannschlüssel sofort
           entfernen

Bild 71 Spänehaken
           a) mit Öse nicht erlaubt,
           b) mit Handschutz und
           glattem Griff gefordert

Bild 72 Sicherung gegen ungewolltes Einschalten der Drehmaschine

B o h r e n (VGB 7n) (ZH1/316):
— Werkstücke festspannen bzw. gegen Drehen (Bild 73) sichern
— Nicht mit der Hand Späne entfernen
— Keine Handschuhe tragen — Mitreißgefahr (Handschuhe können leicht vom Bohrer erfaßt werden.)

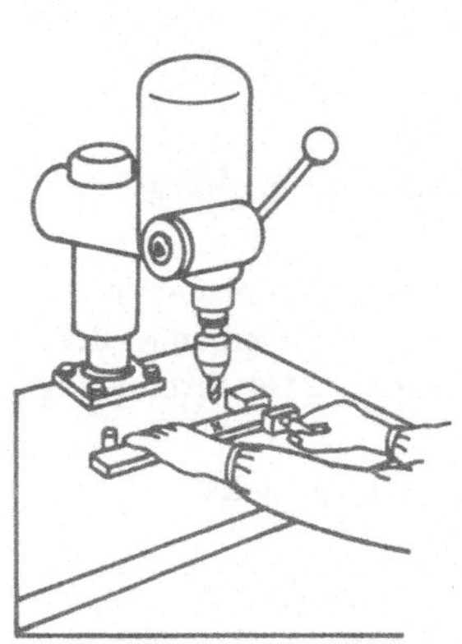

Bild 73 Werkstück gegen Herumschleudern sichern

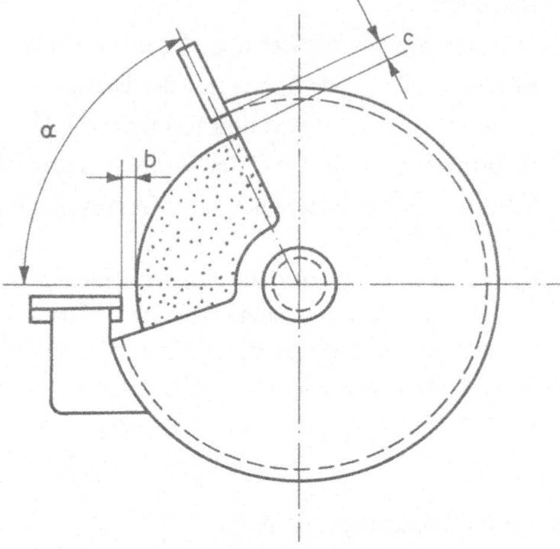

Bild 74 Nachstellbare Schutzhaube für Werkstatt-schleifmaschine $\alpha_{max} = 65°$, $b \leqslant 3$ mm, $c \leqslant 5$ mm

F r ä s e n (VGB 7n) (ZH1/417, 574):
— Beim Aufspannen der Werkstücke Maschine still setzen
— Werkstücke sicher spannen
— Bei hydraulischen oder pneumatischen Spannvorrichtungen Hände vor dem Spannen aus dem Gefahrenbereich nehmen
— Nicht unter oder über den laufenden Fräser greifen

S c h l e i f e n (VGB 7n6) (ZH 1/31, 33, 196):
— Augen vor abspringenden Splittern und Funken durch Schutzbrille schützen
— Schleifmaschinen müssen mit nachstellbaren Schutzhauben (Bild 74) die einen auseinanderflie-genden Schleifkörper mit Sicherheit auffangen können, ausgerüstet sein
— Das Aufspannen neuer Schleifkörper darf nur von Fachleuten vorgenommen werden. Dabei ist zu beachten:

  Drehzahl auf dem Schleifkörperetikett (zulässige Drehzahl) mit der Drehzahl der Schleifmaschine vergleichen

  Schleifkörper auf Risse prüfen (Klangprobe)

  Nur zulässige Spannflansche verwenden

  Für konische Schleifkörper nach DIN 190 Spannflansche nach Bild 75a verwenden. Dabei soll $D_1 \geqslant D/2$ sein. Weiche Zwischenlagen verwenden!

  Bei geraden Schleifkörpern (Bild 75b) muß $D_1 \geqslant 2/3 \cdot D$ sein.

— Nach jeder neuen Aufspannung ist der neue Schleifkörper in einem Probelauf von 5 Minuten Dauer, bei maximaler Geschwindigkeit, auf Funktionssicherheit zu prüfen.

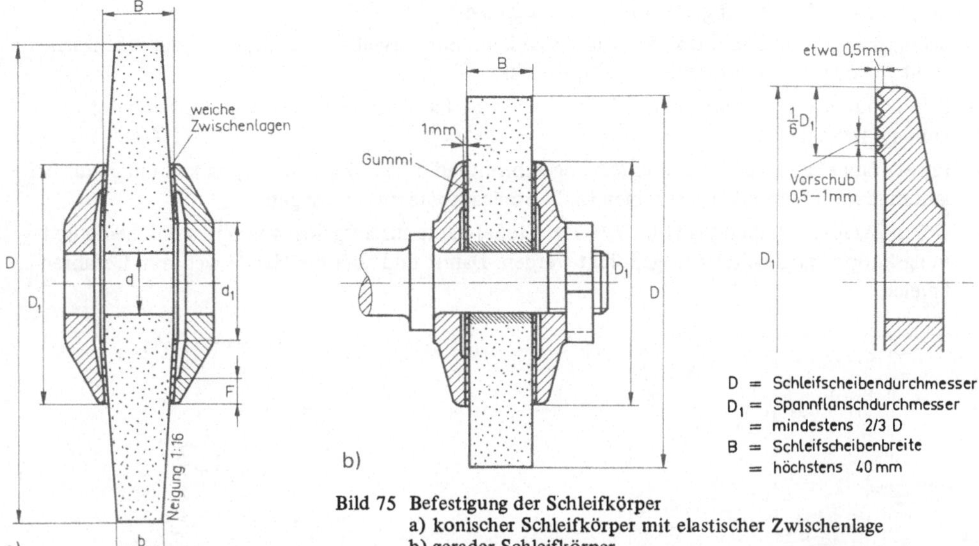

Bild 75 Befestigung der Schleifkörper
a) konischer Schleifkörper mit elastischer Zwischenlage
b) gerader Schleifkörper

Werkzeugmaschinen der spanlosen Formgebung

P r e s s e n (VBG 7n, 7n5.1−5.3) (ZH1/281, 456, 457, 508): Pressen aller Art gehören zu den gefährlichsten Arbeitsmaschinen in der Eisen- und Metallverarbeitung. Weil Pressen meist von angelernten Mitarbeitern bedient werden, die die Gefahren nicht bzw. nur z. T. kennen, dürfen Pressen nur von E i n r i c h t e r n eingestellt oder verstellt werden.

Besondere Gefahren entstehen bei mechanischen Pressen durch Versagen der Kupplung (Maschine läuft durch) oder durch Versagen der Steurung (ZH1/457).

Bei hydraulischen Pressen entsteht Gefahr durch Absinken des Stößels bei abgeschaltetem Antrieb. Deshalb muß der Stößel vor dem Abschalten des Hauptantriebes in der oberen Stellung mechanisch verriegelt sein.

Neben der Sicherheit der wichtigsten Maschinenfunktionen müssen auch die zum Pressen notwendigen Werkzeuge und der Gefahrenbereich der Presse selbst so abgesichert sein, daß vor allem die Hände und Arme des Menschen nicht in den Gefahrenbereich gelangen können.

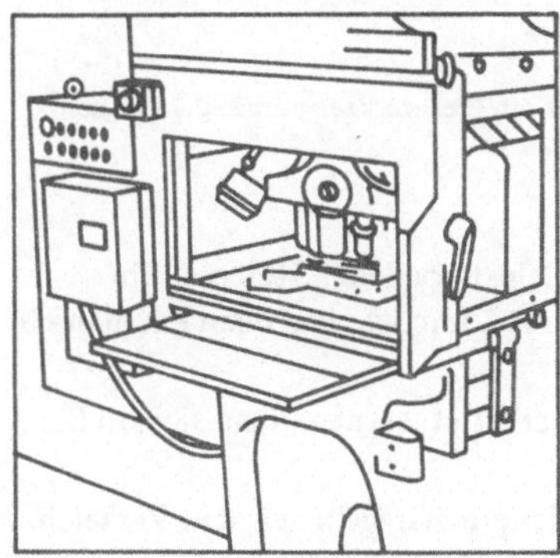

Bild 76 Bewegliche Schutzscheibe

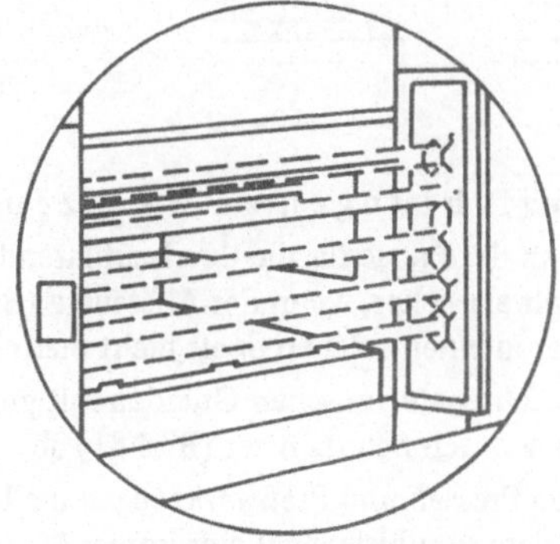

Bild 77 Schutz durch Lichtschranken

Schutzeinrichtungen an der Presse:

- Schutzscheiben und Schutzgitter. Die Presse kann nur ausgelöst werden, wenn die Schutzscheibe (Bild 76) oder das Schutzgitter geschlossen ist.
- Schutz durch Lichtschranken (Bild 77). Die Presse kann nur ausgelöst werden, wenn der Lichtvorhang frei ist.
- Pressenraum bzw. Gefahrenzone fest abgeschirmt (Bild 78). Diese Sicherung kann man nur bei automatisch arbeitenden Maschinen (z. B. Stanzautomaten) anbringen.
- Durch Zweihandbedienung (Bild 79). Der Stößel kann nur ausgelöst werden, wenn beide Bedienungsknöpfe zu gleicher Zeit gedrückt werden. Damit sind aber die Hände weg vom Gefahrenbereich.

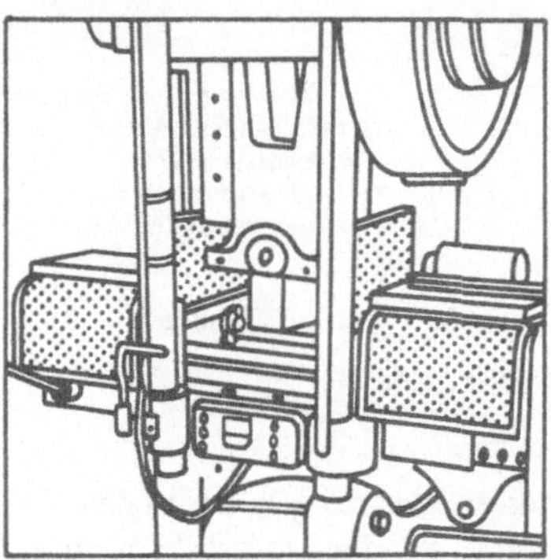

Bild 78 Durch Plexiglasscheibe und Schutzgitter vollkommen abgeschlossener Pressenraum

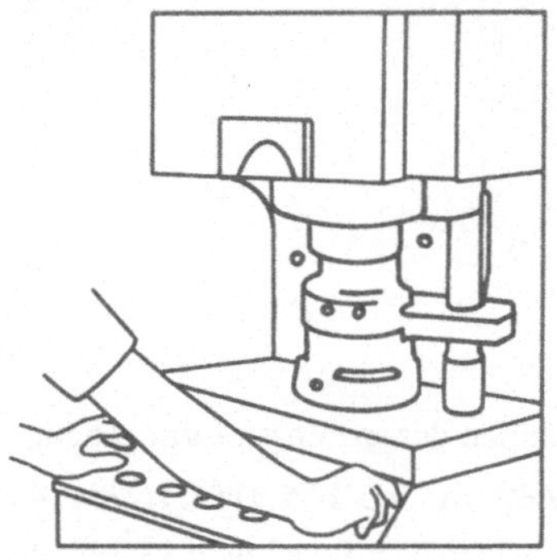

Bild 79 Schutz des Menschen durch Zweihandbedienung

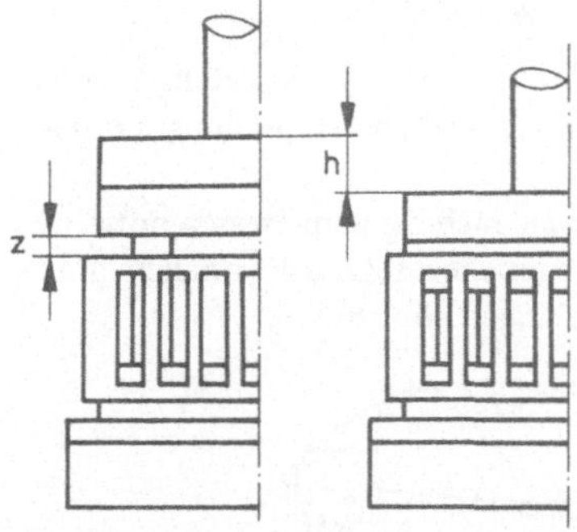

Bild 80
Klemmabstand z am Preßwerkzeug muß < 4 mm sein (Fingerdicke 8 mm)

Schutzeinrichtungen an Werkzeugen:

- Stellen Sie an der Presse für die durchzuführende Arbeit den kleinstmöglichen Hub ein. Ein Werkzeug gilt als sicher, wenn der Abstand z (Bild 80) kleiner als 4 mm ist, weil dann ein menschlicher Finger in einen solchen Spalt nicht mehr hineingeht.
- Muß aus verfahrenstechnischen Gründen mit größerem Hub gearbeitet werden, dann sichern Sie das Werkzeug durch Schutzgitter (Bild 81) ab.

Beachten Sie an Pressen und Preßwerkzeugen die UVV und die Sicherheitsregeln aus dem Verzeichnis ZH1 besonders sorgfältig, weil hier immer Menschenleben oder die gesunden Glieder eines Menschen (Hände, Arme) in akuter Gefahr sind.

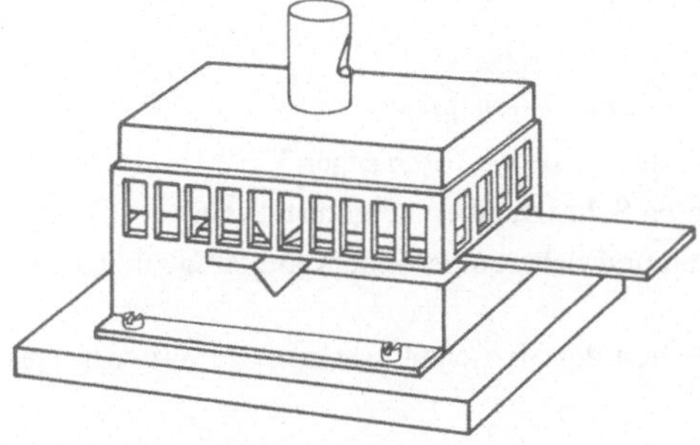

Bild 81 Werkzeugabschirmung mit perforiertem Blech

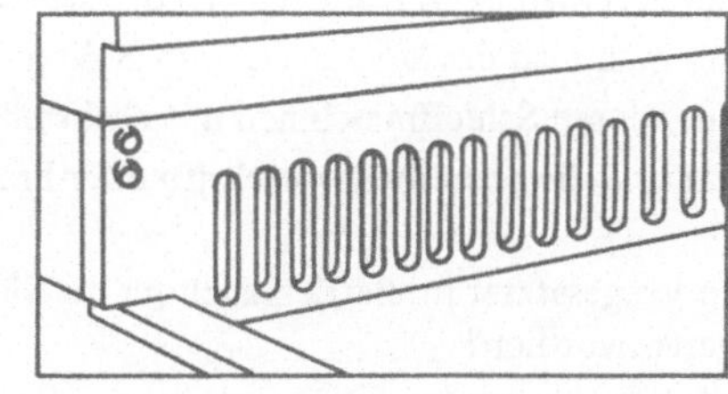

Bild 82 Sicherheitsleiste an einer Tafelschere

S c h e r e n (VGB 7n2): Bei Tafelscheren muß die ganze Schnittlinie (Messerbreite) durch eine Schutzleiste gesichert sein. Wenn diese (Bild 82) fehlt, kann es zu schweren Verletzungen der Finger oder Hände kommen:

— Schwere Quetschungen entstehen, wenn die Finger unter den Niederhalter kommen. Deshalb den Niederhalterspalt möglichst kleiner als 5 mm einstellen.

— Wenn Hände oder Finger vom Schermesser erfaßt werden, führt es immer zum Verlust der Gliedmaßen.

W e i t e r e U n f a l l v e r h ü t u n g s v o r s c h r i f t e n : Es gibt praktisch für alle Arbeitsverrichtungen und Maschinen Unfallverhütungsvorschriften und Sicherheitsrichtlinien. Hier sollte an Hand von wenigen Beispielen gezeigt werden, wo überall Gefahrenquellen im Betrieb vorhanden sind.

Jeder Vorgesetzte im Betrieb ist gut beraten, wenn er sich in seinem Bereich mit diesen Sicherheitsregeln und Unfallverhütungsvorschriften vertraut macht, um Unfälle zu verhindern. Dies sollte er aus ethischen Gründen tun, um Gesundheit und Leben der ihm anvertrauten Menschen zu sichern.

Jeder Vorgesetzte ist aber zugleich auch durch das Arbeitssicherheitsgesetz § 8 Abs. 2 und 3 für die Sicherheit der Menschen in seinem Verantwortungsbereich verantwortlich: „Unabhängig von der Verantwortung der Sicherheitsbeauftragten im Betrieb tragen Arbeitgeber und betriebliche Vorgesetzte weiterhin ihre eigene Verantwortung."

16.3.3 Kontrollfragen zu Abschn. 16.3

1. Welche maximale Spannung in Volt kann der menschliche Körper ertragen, ohne dabei Schaden zu nehmen?

2. Woraus ergibt sich der Grenzwert für die zulässige Spannung?

3. Warum muß man vor Beginn der Arbeiten an elektrischen Anlagen immer zuerst den Strom abschalten?

4. Welche 3 Sicherheitsregeln sind bei Arbeiten an elektrischen Anlagen immer zu beachten?

5. Warum dürfen gespreizte Ketten nicht mit der vollen Nennlast belastet werden?

6. Warum dürfen Stehleitern keine Widerlager haben?

7. Warum muß man beim Arbeiten an Werkzeugmaschinen enganliegende Kleidung tragen?

8. Welche Kurzbezeichnung tragen die Unfallverhütungsvorschriften der gewerblichen Berufsgenossenschaften?

9. Woher kann man die VGB-Vorschriften beziehen?

10. Welche Sicherheitsschriften gibt es noch?

11. Warum darf man beim Drehen keine Spänehaken mit Öse verwenden?

12. Warum muß man das Werkstück beim Bohren auf dem Aufspanntisch gegen Verdrehung sichern?

13. Warum müssen Schleifmaschinen mit nachstellbaren Schutzhauben ausgerüstet sein?

14. Warum sind die Sicherheitsvorschriften für Pressen und Scheren besonders sorgfältig zu beachten?

15. Ist ein Vorgesetzter im Betrieb auch für die Sicherheit der Menschen in seinem Verantwortungsbereich verantwortlich?

Antworten zu den Kontrollfragen

1. 50 bis 75 Volt.

2. Er ergibt sich aus dem Ohmschen Gesetz und der zulässigen Stromstärke, die ein Mensch ertragen kann. Sie liegt bei 30 bis 50 mA = 0,05 A.

Der menschliche Widerstand (bei Stromdurchfluß durch den Körper liegt im Mittel bei 1250 Ohm. Daraus folgt:

$$U = R \cdot I = 1250 \, \Omega \cdot 0,05 \, A = 62,5 \, \text{Volt}$$

3. Weil es sonst zum Körperschluß kommt, d. h. der Strom fließt von der spannungsführenden Leitung über den Menschen zur Erde.

4. Vor Beginn der Arbeiten Spannung abschalten, Spannungsfreiheit prüfen und Spannungsfreiheit sichern (durch verschließbaren Schalter).

5. Weil in den gespreizten Kettensträngen wesentlich größere Kräfte entstehen, die zur Überlastung der Kette führen.

6. Weil das Widerlager den Leiterholm zusätzlich beansprucht und der Holm dadurch reißen kann.

7. Lose Kleidungsstücke können von drehenden Maschinenelementen (Bohrer, Drehbankfutter, Zugspindel einer Drehmaschine) leicht erfaßt werden und den Mann in die Gefahrenzone hineinziehen.

8. VGB-Vorschriften.

9. Von Carl Heymanns Verlag, Gereonstraße 18–32, 5000 Köln 1.

10. Sicherheitsregeln, Richtlinien und Merkblätter, die man aus dem Verzeichnis ZH1 des Zentralverbandes der BG ersehen kann.

11. Weil sonst leicht die Hand, die den Haken hält, mit hineingezogen werden kann, wenn sich der Haken in umlaufenden Spänen verfängt.

12. Weil sonst das Werkstück beim Verhaken des Bohrers aus der Hand gerissen werden kann und dann mit der Drehzahl des Bohrers umläuft und den Mann schwer verletzen kann.

13. Damit sie einen auseinanderfliegenden Schleifkörper mit Sicherheit auffangen können.

14. Weil bei Arbeiten an Pressen die Hände der Menschen besonders gefährdet sind.

15. Ja, nach dem Arbeitssicherheitsgesetz § 8 Abs. 2 und 3 sind „betriebliche Vorgesetzte" auch für die Sicherheit verantwortlich.

16.4 Der Arbeitsschutzausschuß

In Betrieben, in denen mehr als 3 Sicherheitsbeauftragte sowie Betriebsärzte und Fachkräfte für Arbeitssicherheit bestellt sind, ist ein Arbeitsschutzausschuß zu bilden. Dieser setzt sich zusammen aus (Bild 83):

— zwei vom Betriebsrat bestimmten Betriebsratsmitgliedern

— den Betriebsärzten

— den Fachkräften für Arbeitssicherheit

— drei Sicherheitsbeauftragten

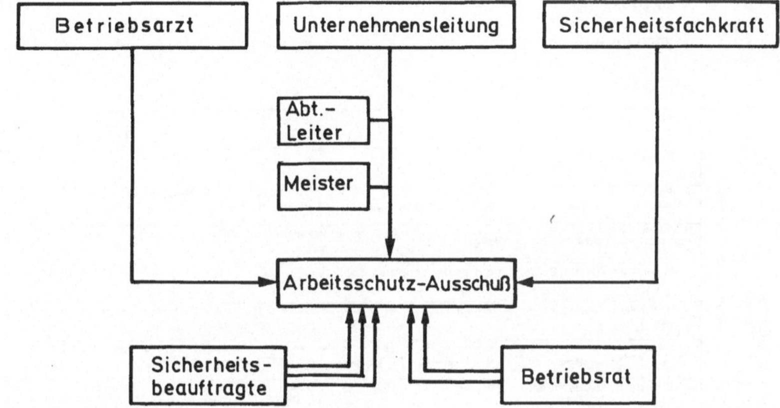

Bild 83 Zusammensetzung des Arbeitsschutzausschusses

Die Zusammensetzung wird in der Betriebsvereinbarung festgelegt.

Der Arbeitsschutzausschuß tritt mindestens vierteljährlich einmal zusammen. Er wacht darüber, daß die von den Sicherheitskräften vorgeschlagenen Maßnahmen auch ausgeführt werden. Lehnt der Arbeitgeber eine vorgeschlagene Sicherheitsmaßnahme ab, muß er dies schriftlich begründen. Dies gibt dem Betriebsrat und dem Arbeitsausschuß dann die Möglichkeit, aktiv zu werden.

16.5 Was ist zu tun, wenn ein Arbeitsunfall eingetreten ist?

Ein Arbeitsunfall liegt nach § 548 RVO vor, wenn:
— Eine versicherte Person bei einer betrieblichen Tätigkeit
— durch ein zeitlich begrenztes, von außen kommendes Ereignis (Hieb, Schlag, Stoß)
— körperlich geschädigt wird.
Kein Arbeitsunfall liegt vor, wenn auch nur eines der drei Unfallmerkmale fehlt.
Bei Eintritt eines Arbeitsunfalles ist nach dem folgenden Ablaufschema zu verfahren.

1. Einleitung einer sofortigen wirksamen Ersten Hilfe und ärztlichen Versorgung des Verletzten.

2. Fachgerechter Transport zum Facharzt oder ins Krankenhaus.

3. Arbeitsplatz am Unfallort für die Beweissicherung absperren, Unfallort fotografieren und bis zum Eintreffen der Beamten von der Gewerbeaufsicht und der Berufsgenossenschaft nicht verändern.

Tabelle 58 Unfallanzeige

Absender (Stempel)

Firma
Max Kluge
7750 Konstanz

4 Anschriftfeld für den Empfänger der Unfallanzeige

Süddeutsche Eisen- und
Stahl-Berufsgenossenschaft
Postfach 45

7000 Stuttgart 1

UNFALLANZEIGE

① Mitgliedsnummer (linksbündig)
3 3 6 / 0 0 1 5 / 1 - 0

② Gewerbeaufsichtsamt/Bergamt
Sigmaringen

③ Betriebsnummer des Arbeitsamtes
6 5 6 1 7 2 8 4

Eingangsstempel

Unfallart

Meldejahr

Vers.-Träger

Gefahrtarif

Unfallnummer

Die mit ○ gekennzeichneten Fragen sind im Vorblatt erläutert

Diese Unfallanzeige gilt zugleich als Anzeige gem. § 1503 RVO der Betriebskrankenkasse

Angaben zum Verletzten

5 Name, Vorname

⑥ Versicherungsnummer oder Geburtsdatum (Tag, Monat, Jahr)

7 Postleitzahl, Ort — Straße

8 Familienstand: ledig / verheiratet / verwitwet / geschieden

9 Geschlecht: männlich / weiblich

10 Staatsangehörigkeit

zu 9 — zu 10

11 Zahl der Kinder unter 18 Jahren / zwischen 18 und 25 Jahren, soweit in Schul- oder Berufsausbildung

⑫ Als was ist der Verletzte regelmäßig eingesetzt?

⑬ Seit wann bei dieser Tätigkeit? (Monat, Jahr)

⑭ In welchem Teil des Unternehmens ist der Verletzte ständig tätig?

15 Ist der Verletzte Leiharbeitnehmer? nein / ja

zu 12

16 Ist der Verletzte minderjährig, entmündigt oder steht er unter Pflegschaft? Ggf. Name und Anschrift des gesetzlichen Vertreters
nein

17 Ist der Verletzte der Unternehmer, Mitunternehmer, Ehegatte des Unternehmers oder mit diesem verwandt? — Art der Verwandtschaft
nein / Unternehmer / Mitunternehmer / Ehegatte / verwandt

⑱ Krankenkasse des Verletzten (Name, Ort)

19 Anspruch auf Arbeitsentgelt besteht bis (Tag, Monat)

20 Hat der Verletzte die Arbeit wieder aufgenommen? nein / ja am (Tag, Monat)

Angaben zur Verletzung

㉑ Verletzte Körperteile

㉒ Art der Verletzung

zu 21 — zu 22

23 Welcher Arzt hat den Verletzten nach dem Unfall **zuerst** versorgt? (Name, Anschrift)

24 Ist der Verletzte tot? nein / ja

zu 24

25 Welcher Arzt behandelt den Verletzten **zur Zeit**? (Name, Anschrift)

26 Falls sich der Verletzte im Krankenhaus befindet, Anschrift des Krankenhauses:

㉗ Unfallzeitpunkt (Tag, Monat, Jahr, Stunde, Minute)

Angaben zum Unfall

28 Hat der Verletzte die Arbeit eingestellt? nein / sofort / später, am (Tag, Monat)

29 Beginn der Arbeitszeit des Verletzten am Unfalltage (Stunde, Minute)

30 Ende der Arbeitszeit des Verletzten (Stunde, Minute)

zu 29

㉛ Unfallstelle (genaue Orts- u. Straßenangabe, auch bei Wegeunfällen)

32 An welcher Maschine ereignete sich der Unfall? (auch Hersteller, Typ, Baujahr)

㉝ Welche technische Schutzvorrichtung oder Maßnahme war getroffen?

㉞ Welche persönliche Schutzausrüstung hat der Verletzte benutzt?

zu 33 — zu 34

35 Welche Maßnahmen wurden getroffen, um ähnliche Unfälle in Zukunft zu verhüten?

36 Wer hat von dem Unfall zuerst Kenntnis genommen? (Name, Anschrift des Zeugen)

War diese Person Augenzeuge? nein / ja

㊲ Ausführliche Schilderung des Unfallherganges (bei Verkehrsunfällen auch Angabe der aufnehmenden Polizeidienststelle)

Arbeitsbereich

unfallauslösender Gegenstand

Bewegung des Gegenstandes

Tätigkeit des Verletzten

Bewegung des Verletzten

38 Datum — 39 Unternehmer oder Stellvertreter — ㊵ Betriebsrat (Personalrat) — 41 Sicherheitsbeauftragter

4. Eintragen des Unfalls und der Erste Hilfe Leistungen in das Erste-Hilfe-Buch. Die Eintragung muß folgende Angaben enthalten:

— Zeit, Ort und Hergang des Unfalls

— Art und Umfang der Verletzung

— Zeitpunkt und Art und Weise der Erste-Hilfe-Maßnahmen

— Name des Verletzten

— Namen der Zeugen

— Namen der Personen die die Erste Hilfe geleistet haben.

5. Verständigung der zuständigen Betriebsstellen (Sicherheitsingenieur, Betriebsleitung, Werksleitung).

6. Erstattung der Unfallanzeige mit Unfallanzeige-Meldeblatt (Tabelle 58):

— an die Berufsgenossenschaft (bei tödlichen Unfällen Meldung telefonisch vorab),

— an das zuständige Gewerbeaufsichtsamt,

— an die Ortspolizeibehörde (nur bei tödlichen Unfällen),

— an die zuständigen Betriebsstellen.

Alle Unfallanzeigen sind vom Betriebsrat mit zu unterzeichnen.

7. Unfallanalyse durch den Arbeitsschutzausschuß.

8. Einleitung von Maßnahmen um eine evtl. neu erkannte Gefahrenquelle zu beseitigen.

Bild 84 zeigt den schematischen Ablauf einer Unfallmeldung.

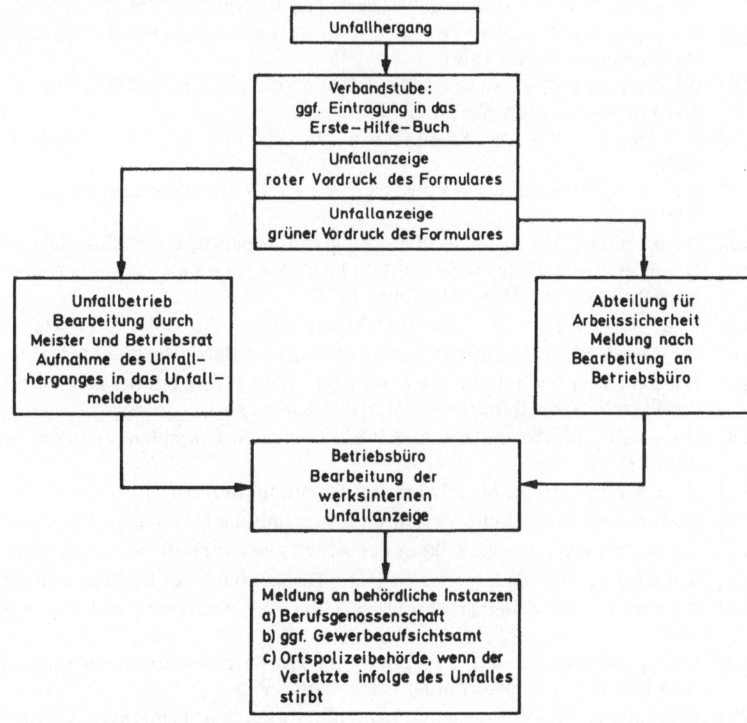

Bild 84 Schematische Darstellung des Unfallmeldeweges

Anhang

Literaturverzeichnis

[1] A r n o l d , G.: Fertigungsvorbereitung mit EDV aus der Sicht der Werkleitung. Herne 1975

[2] A r b e i t s g e m e i n s c h a f t d e r E i s e n - u n d M e t a l l B G : Unfallverhütung will gelernt sein. Köln 1980

[3] A u t o r e n k o l l e k t i v d e r B G : Broschüren für Fachleute und Arbeitsmappen zum Selbststudium für Arbeitsschutzfragen. Köln 1979/80

[4] B a i e r l , F.: Lohnanreizsysteme, Mittel zur Produktivitätssteigerung. München 1981

[5] B ö r k e , W.: Bildzeichen für Produktions- und Transportabläufe . . . (RKW/RAFA-Betriebstechnische Reihe). Berlin 1977

[6] B r a n k a m p , K.: Leitfaden zur Einführung einer Fertigungssteuerung. Methoden, Hilfsmittel, Fallstudien gt 17. Essen 1977

[7] D e u t s c h e G e s e l l s c h a f t f ü r Q u a l i t ä t D G Q : Begriffe und Formelzeichen im Bereich der Qualitätssicherung. Berlin 1979

[8] D e u t s c h e G e s e l l s c h a f t f ü r Q u a l i t ä t D G Q : Organisation der Qualitätssicherung. Teil I: Aufbauorganisation. Teil II: Abläufe. Berlin 1976/77

[9] D e u t s c h e G e s e l l s c h a f t f ü r Q u a l i t ä t D G Q : Qualitätssicherung in kleineren Unternehmen. Berlin 1980

[10] D e u t s c h e G e s e l l s c h a f t f ü r Q u a l i t ä t D G Q : Erstellung von Fehlerlisten und Prüfvorschriften. Berlin 1977

[11] E l l i n g e r , Th.; W i l d e m a n n , H.: Planung und Steuerung der Produktion. Wiesbaden 1978

[12] F u c h s , J.; S c h w a n t a g , K.: AG PlAN-Handbuch zur Unternehmensplanung. Berlin 1980

[13] G r o t h u s , H.: Arbeitsvorbereitung von Reparaturen. Berlin, New York 1973

[14] G u m m e r s b a c h / B e r g / B ü l l e s / S c h i e f e r e c k e : Arbeitsvorbereitung – Betriebswirtschaftslehre. Hamburg 1980

[15] v. d e m H a g e n , P.: Kostenrechnung kurz und bündig. Würzburg 1980

[16] H a s e n a c k , W.: Arbeitshumanisierung und Betriebswirtschaft. München 1980

[17] H a u p t v e r b a n d d e r g e w e r b l. B e r u f s g e n o s s e n s c h a f t e n : Verzeichnis der Einzelunfallverhütungsvorschriften. Köln 1980

[18] H e r b s t , M.: Grundlagen der funktionalen Auftragsplanung in der industriellen Fertigung. Berlin 1972

[19] H e n n i n g , H.-J.: Mittelwert und Streuung. Berlin 1977

[20] J o h n , B.: Statistische Verfahren für technische Meßreihen. München 1979

[21] K a m i n s k y , G.: Praktikum der Arbeitswissenschaft. München 1980

[22] K n e b e l , H.; S c h n e i d e r , H.: Taschenbuch zur Stellenbeschreibung. Heidelberg 1978

[23] K r a u s e , R.: Arbeitsorganisation – Planung, Steuerung und Überwachung. Braunschweig 1972

[24] L a n g g u t h , R.; R a u t e n b e r g , H.: Betriebswirtschaftslehre für Ingenieure. Finanzierung und Investitionsrechnung. Düsseldorf 1976

[25] M ä n n e l , W.: Vorbeugende Instandhaltung. Schriftenreihe „Arbeitsvorbereitung", Heft 6 (AWF). Berlin 1971

[26] M a s i n g , W.: Qualitätslehre. Berlin 1979

[27] M e t z l a f f , F.: Fabrikationsbetriebslehre. Düsseldorf 1971

[28] R E F A - V e r b a n d   f ü r   A r b e i t s s t u d i e n : Methodenlehre der Planung und Steuerung Bd. 1–3. München 1978

[29] R E F A   V e r b a n d   f ü r   A r b e i t s s t u d i e n : Methodenlehre des Arbeitsstudiums. Bd. 1–4. München 1971

[30] R E F A - V e r b a n d : Methodenlehre des Arbeitsstudiums. Bd. 5: Lohndifferenzierung. München 1977

[31] R e s c h k e , H.: Betriebswirtschaft. Bd. 1 bis 15 (Reihe „Studium und Praxis") Stuttgart 1972

[32] R o s c h m a n n , K. H.: Fertigungssteuerung. München 1980

[33] R o s c h m a n n , K. H.: Datentechnik, Mittel für die Organisation der Fertigung (T 56). Düsseldorf 1974–1979

[34] R o s c h m a n n , K. H.: AWV: Betriebsdatenerfassung in Industrieunternehmen. München 1979

[35] S c h l i e p h a c k e , J.: Juristische Broschüren zum Arbeitsschutz (IB 1–IB 11). Köln 1978/79

[36] S o n n e n b e r g , H.: Arbeitsvorbereitung und Kalkulation. Braunschweig 1972

[37] S t a n g e , K.: Stichprobenpläne für messende Prüfung. Berlin 1979

[38] S t e i n , G.: K u n z e , G.: Erste Hilfe. Aufgaben der Unternehmer, Führungskräfte . . . Bochum 1980

[39] V D I - A D B : Elektronische Datenverarbeitung. (Taschenbuchreihe: z. B. T 10, T 23, T 60, T 77, T 78.) Düsseldorf 1970–1977

[40] V o ß , E.: Industriebetriebslehre für Ingenieure. München 1981

[41] Z e n t r a l s t e l l e   f ü r   U n f a l l v e r h ü t u n g   u n d   A r b e i t s m e d i z i n : Verzeichnis „ZH 1" (Hauptverband der BG) Richtlinien, Sicherheitsregeln, Merkbkätter. Köln

DIN-Normen

Qualitätssicherung und Statistik

DIN-Nr.	Ausgabe-datum	Titel
40 080	4.79	Verfahren und Tabellen für Stichprobenprüfung anhand qualitativer Merkmale (Attributprüfung)
55 301	9.78	Gestaltung statistischer Tabellen
55 302 T 1	11.70	Statistische Auswertungsverfahren; Häufigkeitsverteilung, Mittelwert und Streuung, Grundbegriffe und allgemeine Rechenverfahren
55 302 T 2	1.67	–; –, Rechenverfahren in Sonderfällen
E 55 303 T 2	5.78	Statistische Auswertung von Daten; Schätz- und Testverfahren für Mittelwerte und Varianzen
E 55 303 T 3	5.78	–; Mittelwertsvergleich im Falle gepaarter Beobachtungen
E 55 303 T 4	9.78	–; Macht von Tests für Mittelwerte und Varianzen
E 55 303 T 5	9.78	–; Bestimmung eines statistischen Anteilsbereichs
V 55 350 T 11	9.80	Begriffe der Qualitätssicherung und Statistik; Begriffe der Qualitätssicherung, Grundbegriffe
V 55 350 T 12	7.78	–; –, Merkmalsbezogene Begriffe
E 55 350 T 13	4.79	–; –, Genauigkeitsbegriffe
E 55 350 T 21	4.79	–; Begriffe der Statistik, Zufallsgrößen und Wahrscheinlichkeitsverteilungen

DIN-Nr.	Ausgabe-datum	Titel
E 55 350 T 22	6.79	—; —, Spezielle Wahrscheinlichkeitsverteilungen
E 55 350 T 23	2.80	—; —, Beschreibende Statistik
E 55 350 T 24	6.80	—; —, Schließende Statistik
E 55 355	11.79	Grundelemente für Qualitätssicherungssysteme
E 5 725 (DIN, ISO)	3.78	Präzision von Prüfverfahren; Bestimmung von Wiederholbarkeit und Vergleichbarkeit

Instandhaltung

DIN-Nr.	Ausgabedatum	Titel
11 042 T 1	11.78	Instandhaltungsbücher; Bildzeichen, Benennungen
31 051 T 1	12.74	Instandhaltung; Begriffe
V 31 051 T 10	10.77	—; —
E 31 051 T 11	9.79	—; —, Ergänzungen zu DIN 31 051 Teil 1
E 31 052	1.80	—; Aufbau und Inhalt von Instandhaltungsanleitungen
32 541	5.77	Betreiben von Maschinen und vergleichbaren technischen Arbeitsmitteln; Begriffe für Tätigkeiten
40 150	10.79	Begriffe zur Ordnung von Funktions- und Baueinheiten
51 519	7.76	Schmierstoffe; ISO-Viskositätsklassifikation für flüssige Industrie-Schmierstoffe
51 502	11.79	Bezeichnung der Schmierstoffe und Kennzeichnung der Schmierstoffbehälter, Schmiergeräte und Schmierstellen

Arbeitsschutz

DIN-Nr.	Ausgabedatum	Titel
31 000	3.79	Allgemeine Leitsätze für das sicherheitsgerechte Gestalten technischer Erzeugnisse (diese Norm ist zugleich aus VDE-Bestimmung im Sinne von VDE 0022)
31 001 T 1	12.76	Schutzeinrichtungen; Sicherheitsgerechtes Gestalten technischer Erzeugnisse
3088	5.76	Zulässige Belastung von Stahldraht-Anschlagseilen
5684	9.78	Zulässige Belastung von Rundstahlketten
3179	11.77	Einteilung von Atemgeräten
E 4840	2.80	Industrieschutzhelme
E 4841	7.80	Schutzhandschuhe
4843	10.75	Sicherheitsschuhwerk

DIN-Normen sind zu beziehen durch den Beuth Verlag GmbH, Berlin

VDI-Richtlinien

Grundlagen und Planung

Bestell-Nr.	Ausgabe-datum	Titel
2220	5.80	Produktplanung; Ablauf, Begriffe und Organisation
2225	4.77	Bl. 1 Konstruktionsmethodik; Technisch-wirtschaftliches Konstruieren, Anleitung und Beispiele
2225	4.77	Bl. 2 —; —, Tabellenwerk
2800	1.66	Planungsgrundlagen der Betriebstechnik; Wirtschaftlichkeit

Bestell-Nr.	Ausgabe- datum	Titel
2802	8.76	Wertanalyse; Vergleichsrechnung
2811	10.73	Nummernschlüssel für die Produktionsplanung und -steuerung
2815	5.78	Bl. 1 Begriffe für die Produktionsplanung und -steuerung; Einführung, Grundlagen
2815	5.78	Bl. 2 —; Material, Erzeugnis, Handelsware
2815	5.78	Bl. 3 —; Stücklisten
2815	5.78	Bl. 4 —; Materialbedarfsermittlung
2815	5.78	Bl. 5 —; Betriebsmittel
2815	5.78	Bl. 6 —; Kapazität
2815	5.78	Bl. 7 —; Fertigungsarten, Fertigungsablaufarten
2816	6.77	Bl. 1 Ablauf u. Verfahren der Investitionsbeurteilung von EDV-unterstützten Fertigungssteuerungssystemen
2816	6.77	Bl. 2 —; Fallbeispiel
3221	5.70	Bl. 1 Wirtschaftlichkeitsrechnung in der industriellen Fertigung; Allgemeines
3221	5.70	Bl. 2 —; Formblatt für Einzweckmaschinen, -anlagen und -einrichtungen

Betriebsüberwachung

Bestell-Nr.	Ausgabe- datum	Titel
1000	1.78	Entwurf. Richtlinienarbeit; Grundsätze und Anleitungen
2262	12.73	Staubbekämpfung am Arbeitsplatz
2485	2.70	Planmäßige Instandhaltung von Krananlagen
2564	6.71	Bl. 1 Lärmminderung bei der Blechbearbeitung; Übersicht
2564	6.71	Bl. 2 —; Pressen
2564	6.71	Bl. 3 —; Transporteinrichtungen (Zubringeeinrichtungen)
2853	6.79	Entwurf. Sicherheitstechnische Anforderungen an Handhabungsgeräte und Industrie-Roboter
3004	7.78	Entwurf, Personalplanung im Instandhaltungsbereich
3005	10.77	Organisation der Instandhaltung
3006	4.66	Inspektionsanleitungen für Werkzeugmaschinen
3007	1.65	Inspektionsanleitung für Textilmaschinen
3008	10.70	Inspektionsanleitung für maschenbildende Textilmaschinen (Strick- und Wirkmaschinen)
3009	12.68	Organisation des Schmierdienstes
3010	1.78	Instandhaltung der elektrischen Einrichtungen an Produktionsmaschinen und -anlagen
3011	4.63	Anleitung zur Pflege von Spitzendrehmaschinen
3012	3.60	— Fräsmaschinen
3013	11.60	— Rund- und Flächenschleifmaschinen
3014	5.59	— mechanischen Pressen (Exzenter-, Kurbel- und Spindelpressen)
3015	4.60	— Bohrmaschinen
3016	3.60	— Waagerecht-Bohr- und -Fräswerken
3017	9.67	— Wälzfräsmaschinen (Zahnrad-Fräsmaschinen)
3018	9.67	— Wälzstoßmaschinen (Zahnrad-Stoßmaschinen)
3019	9.67	— Wälzschleifmaschinen (Zahnrad-Schleifmaschinen)
3020	6.64	— Langhobelmaschinen
3021	6.60	— Schnellhoblern (Shaping-Maschinen)
3022	4.60	— Karusselldrehmaschinen
3023	9.59	— Kurbelscheren und Abkantpressen
3024	10.70	Schmierstoffe für Maschinen in Druck- und Papierverarbeitungs-Betrieben
3026	3.64	Mineralöl-Schmierstoffe für Werkzeugmaschinen
3027	11.67	Inbetriebnahme und Instandhaltung; Ölhydraulische Anlagen

Bestell-Nr.	Ausgabe-datum	Titel
3030	2.60	Instandhaltung von Hartmetall-Werkzeugen
3032	7.69	Inspektionsanleitungen für kunststoffverarbeitende Maschinen und Anlagen

Instandhaltung

3033	10.74	Wärmeübertragungsanlagen mit anderen Wärmeträgern als Wasser, Aufbau, Betrieb und Instandhaltung
3034	7.72	Numerisch gesteuerte Fertigungsanlagen; Instandhaltung
3035	10.69	Anforderung an spanende Werkzeugmaschinen bei Verwendung von Kühlschmierstoffen, vor allem wasserhaltiger
3036	3.72	Auftragswesen in der Instandhaltung
3037	7.73	Flächenbedarf und Standortwahl für Instandhaltungswerkstätten
3100	8.65	Erhaltung und Schutz außer Betrieb befindlicher Werkzeugmaschinen
3102	4.61	Anleitung zur Pflege von Luftverdichtern bis 15 bar Enddruck (Kolben- und Rotationsverdichter)
3105	4.61	Anleitung zur Wartung und Pflege elektrischer Werkstattkrane
3392	12.67	Diamantabrichtwerkzeuge für Schleifkörper
3396	1.72	Kühlschmierflüssigkeiten; Grundlagen und Anwendung insbesondere beim Schleifen
3397	4.80	Entwurf. Bl. 1 Pflege von Kühlschmierstoffen
3397	4.80	Entwurf. Bl. 2 Entsorgung von Kühlschmierstoffen
3822	4.80	Entwurf. Bl. 1 Schadensanalyse; Grundlagen, Begriffe und Definitionen, Ablauf einer Schadensanalyse
3822	7.80	Entwurf. Bl. 3 Schäden durch Korrosion in wäßrigen Medien
3822	7.80	Entwurf. Bl. 4 Schäden durch thermische Beanspruchungen

Bewertung gebrauchter Werkzeugmaschinen

2527	2.51	Bewertung gebrauchter Werkzeugmaschinen; Prüfverfahren
2527a	3.51	—; Ständer- und Säulenbohrmaschinen, Prüf- und Bewertungsbogen
2527b	6.51	—; Vertikal- und Horizontal-Fräsmaschinen, Prüf- und Bewertungsbogen
2527c	6.51	—; Mechanische und hydraulische Pressen, Prüf- und Bewertungsbogen
2527d	10.52	—; Leit- und Zugspindeldrehbänke, Prüf- und Bewertungsbogen
2527e	5.51	—; Zahnrad-Abwälzfräsmaschinen, Prüf- und Bewertungsbogen

VDI-Richtlinien sind durch den Beuth-Verlag GmbH, Berlin, zu beziehen.

AWF-Schriften und AWF-Blätter

AWF-Schriften

RKW/AWF-Schriftenreihe
RKW-Nr. 594 Clemens/Weber: Die Lagerung und Verwaltung von Werkzeugen, Vorrichtungen und Modellen. 1979
RKW-Nr. 633 Rühl: Strategien und Organisationsmethoden eines erfolgreichen Maschinenbaubetriebes. 1979
RKW-Nr. 646 Eversheim/Falkenhausen: Terminplanung und -steuerung in der Konstruktion mit Hilfe eines Kleinrechners. 1980

RKW-Nr. 647 Krankenhagen/Zobel: Beherrschung des Ausschusses in der Einzel- und Kleinserien-
fertigung. 1980
RKW-Nr. 669 Sämann/Weertz: Die manuelle Terminplanung in der Konstruktion. 1980
RKW-Nr. 673 Krankenhagen/Zobel: Die Planung von Montagevorrichtungen in metallverarbeiten-
den Betrieben. 1980

32261 AWF/AV 2 Schwachstellenforschung und Maßnahmen zur Rationalisierung des Betriebes.
1969
32265 AWF/AV 5 Marx/Kammann: Planung, Steuerung, Kontrolle und Wirtschaftlichkeitsüber-
wachung von Flurförderzeugen, Behältern, Verpackung und Lagerwesen
32268 AWF/AV 6 Vorbeugende Instandhaltung. 1972
32282 AWF/AV 7 Entlohnung an NC-Maschinen und anderen automatischen Fertigungsmitteln.
1971
32283 AWF/AV 8 Ablaufplan zur Einführung von NC-Maschinen. 1971
32300 AWF/AV 9 Beurteilung des wirtschaftlichen Einsatzes von NC-Maschinen. 1977
32298 AWF/AV 12 Berufsbilder zur Netzplantechnik. 1976
32299 AWF/AV 13 Rationalisierung durch Teileklassifizierung. 1976
32038 AWF 4001 Schulte/Pursche: Höhere Rentabilität durch Wertanalyse. 1967

AWF-Vordrucke für die Arbeitsplanung

Arbeitspläne
32029 AWF 430 Arbeitsplan
32030 AWF 431 Arbeitsplan (Fortsetzung)

Ergänzende Vorschriften
32020 AWF 411 Arbeitsunterweisung für spanende Bearbeitung
32021 AWF 412 Arbeitsunterweisung für spanlose Formung
32022 AWF 413 Arbeitsunterweisung für Zusammenbau

Kalkulationsblätter
32034 bis 32036 AWF 471 bis 473 AWF-Einzelteil-Kalkulationsblatt Nr. . . .
32037 AWF 474 Herstellkosten — Berechnungsblatt zum Kalkulationsblatt Nr. . . .
32314 AWF 475 Ergänzungsblatt zu AWF-Beobachtungsbogen
32269 AWF 4004 Kalkulationsblatt für Planzeitwerte

Beobachtungsbogen
32017 AWF 403 Auswertungsbogen
32018 AWF 405 Verteilzeitbogen
32031 AWF 432 Arbeitszeit-Vorrechnung
32032 AWF 433 Arbeitszeit-Vorrechnung
32033 AWF 435 Zeitaufnahmeantrag
32019, 32023 bis 32028 AWF 407, 414 bis 416, 427 bis 429 Beobachtungsbogen

AWF-Betriebsmittelkarten nach Sachgebieten geordnet

Hilfseinrichtungen
3148 Entgratmaschine
3157 Maschinenkarte für Aufspanntisch
3159 und 3159-S Absaug-, Lüftungs- und
    Klimaanlage
3031 Druckluftwerkzeug
3045 Verdichter
3049 und 3049-S Saug- und Druckpumpe
    (Kolben- und Kreiselpumpe)

3205 Kolbenpumpe (druckluftbetrieben)
3169 Strahlanlage
3170 Oberflächenbehandlung, Beiz-Galvanisier-
    Phosphatieranlagen
3184 Lichtpausanlage

Fördermittel und Fahrzeuge

3013 Fördermittelkarte	3127 Elektrisch betriebener Laufkran
3053 Kraftfahrzeugkarte	3133 Dampflokomotive
3165 Anlagenkarte für Stetigförderer	3134 Elektrolokomotive
3121 Ortsfester Stetigförderer	3135 Diesellokomotive
3122 Ortsveränderlicher Stetigförderer	3147 Elektro-Fahrzeugkarte
3126 Hebebühne mit mech./elektr./hydr./	3173 VDI/AWF-Anlagenkarte für Krane
pneumatischem Antrieb	3174 VDI/AWF-Reparaturkarte für Krane
3201 Gliederfördererkarte	3176 Anlagenkarte für Flurförderzeuge
3202 Gurtfördererkarte	3196 Maschinenkarte für Aufzug

Ersatzteile, Änderungen und Instandhaltung

3044 Ergänzungskarte für Ersatzteile usw. (E, F)	3094 Maschinen-Instandhaltungskarte (E, F)
3044-Z Maschinen-Zubehör- und Werkzeugkarte	3104 Maschinen-Schmierstoffkarte (E, F, I, Sp)

Bestandserfassung

3000R Arbeitsmittelkarten-Register (Leitkarte für Kartei)	3019 Stanzereiwerkzeugkarte
3131 Werkzeug-Bestandskarten	3019d Stanzereiwerkzeug- und Überwachungskarte (Doppelkarte)
3131a Bestandskarte (allgemeine Lager-)	3019El Einlegeblatt zu 3019d
3061a Werkzeugkarte für Kreissägeblatt	3020 Nebenkarte zu 3019
3130 Werkzeugkarte für Schleifkörper	3021 Vorrichtungskarte
3185 Elektrowerkzeug-(EW)-Karte	3060 Lehren- und Werkzeugkarte

Antriebsmittel (Treibriemen, Elektromotoren u. a.)

3012 Elektromotor	3054 Dampfturbine
3047 Verbrennungsmotor	3144 Treibriemenkarte (Flach- und Keil-)
3048 Wasserturbine	3166 Getriebe

Soll- und Istzeiten

3140 Soll- und Istzeitkarte	2006a Radialbohrmaschine (Handzeitenkarte)
3141 Soll- und Istzeitübersichtskarte	2007 Rund- und Innenschleifmaschine (Handzeitenkarte)
2003 Drehmaschine (Handzeitenkarte)	
2004 Revolverdrehmaschine (Handzeitenkarte)	2025 Gewindefräsmaschine (Handzeitenkarte)
2006 Senkrechtbohrmaschine (Handzeitenkarte)	

Metallverarbeitende Industrie

Bohrmaschinen

3006 Bohrmaschine (E, F)	3052 Koordinaten-Bohr- und Fräsmaschine (Lehrenbohrwerk)
3006a Reihenbohrmaschine	
3156 Radial-Bohrmaschine (E, F)	2006 Senkrechtbohrmaschine (Handzeitenkarte)
3011 Waagerecht-Bohr- und Fräsmaschine (E, F)	
3185 Handbohrmaschine = Elektrowerkzeug-(EW)-Karte	2006a Radialbohrmaschine (Handzeitenkarte)

Drehmaschinen

3003 Drehmaschinen (E, F)	3028 Anbohr- und Zentriermaschine (F)
3042 Vielstahldrehmaschine (F)	3157 Aufspanntisch
3138 Schwerdrehmaschine	2003 Drehmaschine (Handzeitenkarte)
3022 Karusselldrehmaschine (E, F, I)	2004 Revolverdrehmaschine (Handzeitenkarte)
3004 Revolverdrehmaschine (E, F)	
3029 Abstechmaschine	

Drehautomaten

3050   Einspindel-Drehautomat (E, F, I)
3050a Senkrecht-Drehautomat
3004   Revolverdrehmaschine (E, F)

3051   Mehrspindel-Drehautomat
       (E, F, I, Sp)

Hobel-, Stoß-, Räummaschinen

3009   Stoßmaschine (Kurzhobler, Shaping)
       (E, F)
3005   Einständer-/Zweiständer-Hobelmaschine
       (E, F, I)

3078   Stirnrad-Wälzstoßmaschine (E, F)
3080   Kegelrad-Hobelmaschine
3136   Räummaschine

Sägemaschinen

3034   Metall-Bügelsägemaschine (F)
3033   Metall-Kreissägemaschine (F)
3032   Metall-Bandsäge- und Feilmaschine (F)

3061a Werkzeugkarte für Kreissägeblatt
3185   Handsägemaschine = Elektrowerkzeug-
       (EW)-Karte

Fräsmaschinen

3008   Konsol-Fräsmaschine (E, F)
3008a Planfräsmaschine
3008-S Masch.-K. für . . . Fräsmaschine
3011   Waagerecht-Bohr- und Fräsmaschine
       (E, F)
3093   Bett-Fräsmaschine, Ein-/Mehrspindel-
       Langfräsmaschine (E, F)
3023   Zahnräder-Wälzfräsmaschine (E, F, Sp)

3025   Kurzgewindefräsmaschine
3145   Langgewinde- und Abwälzfräsmaschine
3164   Nachform-(Kopier-)Fräsmaschine,
       für Formen, Kurven und Raum-Kurven

3172   Gravierfräsmaschine

Schleifmaschinen

3007   Rundschleifmaschine (E, F)
3007-S Spitzenlose Rundschleifmaschine
       (E, F)
3010   Flachschleifmaschine (E, F, I)
3041   Werkzeug-Schleifmaschine (E, F)
3079   Zahnflanken-Schleifmaschine
3024   Gewindeschleifmaschine
3146   Spiralbohrer-Anschnitt-Ausspitz-
       Schleifmaschine
3161   Messerkopf-Schleifmaschine
3175   Bandschleifmaschine Holz/Metall/
       Kunststoff
3130   Werkzeugkarte für Schleifkörper

2007   Rund- und Innenschleifmaschine
       (Handzeitenkarte)
3185   Handschleifmaschine =
       Elektrowerkzeug-(EW)-Karte
3035   Handspindelpresse
3017   Reibtrieb-Spindelpresse (F)
3015   Exzenterpresse (P)
3016   Kniehebel-(zieh)-Presse
3036   Kurbel- und Kurbelziehpresse
3018   Hydraulische Druckpresse (E, F)
3018a Hydraulische Ziehpresse (E, F, P)
3167   Hydraulische Schlagpresse
3014   Revolverpresse

Pressen, Stanzereiwerkzeugkarte

3111   Mutternkaltpresse
3111a Schlagpresse, Nieten, Bolzen-,
       Muttern-Schlagpresse für kalt und
       warm
3030   Schmiedehammer
3031   Druckluftwerkzeug
3160   Abkantpresse
3160a Schwenkbiegemaschine

3119   Sicken-, Bördel-, Drahteinlege-
       maschine
3019   Stanzereiwerkzeugkarte
3019d Stanzereiwerkzeug- und Überwachungs-
       karte (Doppelkarte)
3019 BI Einlegeblatt zu 3019d
3020   Nebenkarte zu 3019
3186   Heizplattenpresse, hydraulisch

Scheren und Abkantmaschinen

3040   Kurzmesserschere
       (Blech- und Formstangen-Schere)
3037   Langmesserschere (Tafelschere)
3039   Langschnittschere mit rundem
       Obermesser (Streifenschere)
3038   Kreis- und Kurvenschere

3143   Streifen-(Bänder-)Schere mit mehreren
       Messern
3160a Abkantmaschine
3185   Handschere = Elektrowerkzeug-
       (EW)-Karte

Kaltwalz- und Richtmaschinen

3090	Kaltwalzmaschine	3108	Rund- bzw. Bandmaterialricht- und
3142	Blech-(Band-)Richtmaschine		Abschneidemaschine
	(Walkmaschine)	3188	Blechrundbiegemaschine

AWF-Unterlagen sind zu beziehen vom: Beuth Verlag GmbH, Berlin und vom AWF — Ausschuß für wirtschaftliche Fertigung e. V., Eschborn.

Werkstattblätter

Werkstattgestaltung

437   Werkstatt- und Arbeitsplatzleuchtung
450   Farbige Raumgestaltung von Werkstätten
713   Methoden der Maschinenaufstellung
717   Planung der Anlagen zur betrieblichen Energiewirtschaft

Rechtsfragen im Betrieb

374   Anmeldung und Genehmigung von Betrieben und Betriebseinrichtungen
451   Die Beschäftigung von Jugendlichen

Normung

460   Normung im Betrieb I
461   Normung im Betrieb II
589   Grundsätze für die Standardisierung technologischer Kenngrößen spanabhebender Werkzeugmaschinen

Qualitätssicherung

682   Qualitätssicherung Teil 1: Einführung
712   Qualitätssicherung, Teil 2: Technische Statistik
719   Qualitätssicherung, Teil 3: Sitchprobenprüfung
730   Qualitätssicherung, Teil 4/1: Qualitätsregelkarten
731   Qualitätssicherung, Teil 4/2: Qualitätsregelkarten

Lagerwesen

409   Lagerung von Heizöl
518   Größere Wirtschaftlichkeit im Lager

Unfallschutz

531   Lärm I
543   Lärm II
603   Aufgaben und Maßnahmen auf dem Gebiet des Unfallschutzes

Betriebsabrechnung

484   Wertanalyse
485   Wirtschaftlichkeitsrechnungen
538   Betriebsabrechnung
552   Der Jahresabschluß

Betriebsorganisation

472   Netzplantechnik
590   Aufgaben der Organisationsabteilung
601   Die Aufgaben des Meisters im Industriebetrieb
609   Die planmäßige Rationalisierung in gewerblichen Unternehmen
610   Die planmäßige Instandsetzung und Instandhaltung im Industriebetrieb
625   Die A-B-C-Klassifizierung als Rationalisierungsinstrument
631   Zeitsparende Verfahren zur Herstellung von Leitertafeln
643   Grundbegriffe der Betriebsorganisation
644   Durchführen der Planung und Steuerung
665   Betriebsdatenerfassung — Grundlagen, Möglichkeiten und Mittel
685   Methoden zur optimalen Betriebsmittelanordnung. Teil 1: Konventionelle Verfahren
686   Einführung in die Netzplantechnik II. Zeit- und Terminplanung bei Großprojekten
695   Einführung in die Netzplantechnik, Teil III: Kosten- und Kapazitätsplanung
697   Methoden zur optimalen Betriebsmittelanordnung
704   Einführung in die Netzplantechnik, Teil IV: Ablaufkontrolle

Werkstattblätter sind zu beziehen beim Fikentscher Verlag, Darmstadt.

Sachverzeichnis